Elías José Hurtado Pérez
María Hurtado Abad

Máquinas eléctricas

Vol. 2: dinámicas

Colección Académica http://tiny.cc/edUPV_aca

Para referenciar esta publicación utilice la siguiente cita:
Hurtado Pérez, Elías José y Hurtado Abad, María (2024). *Máquinas eléctricas. Vol. 2: dinámicas*. edUPV.

Venta: www.lalibreria.upv.es / Ref.: 0337_05_01_01

ISBN: 978-84-1396-281-8
ISBN OC 978-84-1396-280-1
DL: V-3974-2024

Maquetación: Enrique Mateo, *Triskelion Diseño Editorial*
Imprime: Byprint Percom, S. L.

Si el lector detecta algún error en el libro o bien quiere contactar con los autores, puede enviar un correo a edicion@editorial.upv.es

edUPV se compromete con la ecoimpresión y utiliza papeles de proveedores que cumplen con los estándares de sostenibilidad medioambiental, https://editorialupv.webs.upv.es/compromiso-medioambiental

Impreso en España

Prólogo

Con este libro se completa el estudio de las máquinas eléctricas, iniciado con el volumen 1 dedicado a transformadores, de los mismos autores y de la misma editorial y, en su conjunto, pretende ser un apoyo al estudio de las máquinas eléctricas en las carreras de Ingeniería Industrial. Como continuación al anterior, se ha realizado la numeración iniciándola por el 7, ya que en la obra citada se concluyó en el 6. También se pretende que pueda servir de apoyo para que los profesionales de la ingeniería eléctrica conozcan el funcionamiento y las aplicaciones de las diversas máquinas eléctricas dinámicas.

Los autores quieren destacar la importancia de las máquinas eléctricas dinámicas ya que, al realizar la transformación de energía eléctrica en mecánica o, al contrario, son las que producen más del 80 % de la energía eléctrica que se genera en la actualidad en todo el mundo y, por otro lado, gran parte de esta energía vuelve a transformarse en energía mecánica por medio de estas máquinas. Los últimos avances en numerosos campos de la ingeniería eléctrica han determinado el desarrollo de numerosas máquinas eléctricas como son las utilizadas en movilidad eléctrica o como los que se utilizan en los aerogeneradores. Además de estar presentes en numerosas actividades cotidianas como ascensores, transporte ferroviario, equipos de climatización, electrodomésticos, etc., y a nivel industrial en robots, bombas sumergibles, ventiladores sistemas de transporte industrial, entre otros.

El objeto de este libro es proporcionar los conocimientos adecuados para ser capaz de realizar la selección del tipo de máquina eléctrica dinámica más adecuada para cada aplicación industrial, partiendo del conocimiento de las magnitudes que caracterizan dicha utilización. Por otro lado, poder valorar el funcionamiento de cada una de estas máquinas, a través de la obtención de los parámetros más importantes y, consecuentemente, realizar la modelización necesaria.

Para conseguir estos objetivos, en los primeros cuatro temas, se dan a conocer los principios fundamentales de funcionamiento de las máquinas eléctricas dinámicas, para ello se parte del estudio de las leyes físicas, base del funcionamiento de estas máquinas, y de las formas más sencillas de máquinas eléctricas rotatorias, como son el convertidor lineal y el rotatorio elemental. A partir de ellos se construyen las diferentes máquinas. Se estudian, en estos primeros capítulos, cuestiones generales a todas las máquinas, como el campo magnético en el entrehierro, la fuerza electromotriz inducida y el par. En los tres capítulos siguientes se analizan cada una de las tres máquinas eléctricas más importantes como son la sincrónica, la asincrónica de inducción y la de corriente continua, mencionando máquinas especiales como la *Brushless* o los servos de continua.

Al final de algunos capítulos se han incluido problemas correspondientes a los conceptos e ideas de las teorías desarrolladas. Al resolverlos, el lector estará capacitado para abordar otros de la misma temática. Cuando el estudiante logra resolver ejercicios relativos a la temática estudiada se puede asegurar que ha asimilado, de forma satisfactoria, los conocimientos correspondientes.

Índice

7

Principios de la conversión mecanoeléctrica

7.1. Introducción a la conversión mecanoeléctrica

La forma de energía más utilizada en aplicaciones industriales es la energía mecánica. Esta se utiliza en aplicaciones domésticas, para transporte, etc. En muchas de estas aplicaciones, la energía mecánica se obtiene de la eléctrica, ya que esta última es la forma más sencilla de transportar energía.

Por otro lado, en un porcentaje próximo al 100 %, la energía eléctrica se obtiene de la mecánica en las centrales térmicas, hidráulicas y eólicas. Así pues, es necesaria la existencia de dispositivos que realicen la transformación de energía o potencia eléctrica, determinada por las variables tensión e intensidad, en la correspondiente mecánica, determinada por los valores de par y velocidad y, de la misma forma, que transformen la mecánica en eléctrica.

Estos dispositivos se conocen como convertidores electromecánicos o máquinas eléctricas dinámicas. De modo que se pueden definir como sistemas que realizan la transformación de potencia mecánica en potencia eléctrica (o de potencia eléctrica en mecánica). Como se estudiará más adelante, el mismo dispositivo, sin cambios estructurales, puede realizar la transformación de potencia mecánica en eléctrica o la transformación inversa.

Una máquina eléctrica dinámica funciona como generador si, partiendo de potencia mecánica, se obtiene potencia eléctrica. En cambio, si realiza la transformación inversa, el convertidor se dice que funciona como motor (Figura 7.1).

Figura 7.1.

Los elementos básicos que configuran un convertidor electromecánico son los indicados en la Figura 7.2.

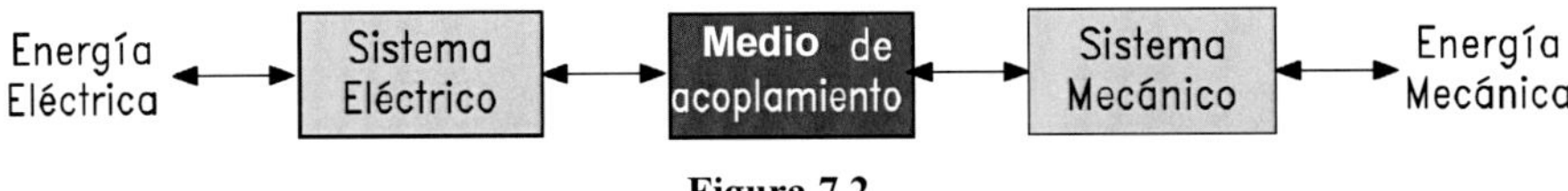

Figura 7.2.

El sistema eléctrico es el conjunto de elementos de la máquina por los que recibe o entrega potencia eléctrica, siendo el sistema mecánico el conjunto de elementos por los que, igualmente, recibe o entrega potencia mecánica. El medio de acoplamiento está constituido por los elementos que realizan la transformación electromecánica; estos sirven de soporte físico a los campos magnéticos y eléctricos, ya que la transformación se realiza en el seno de estos campos. En la mayoría de convertidores el medio de acoplamiento son los campos magnéticos, ya que la energía acumulada por unidad de volumen es muy superior a la que se puede obtener en los campos eléctricos. Por lo tanto, el estudio que se realiza se centrará en máquinas electromagnéticas.

A continuación, se estudiarán las leyes fundamentales que rigen el funcionamiento de las máquinas eléctricas dinámicas.

7.1.1. Funcionamiento como generador

El principio de funcionamiento de la máquina eléctrica dinámica como generador de energía eléctrica está basado en la **ley de inducción electromagnética de Faraday**, cuya expresión es la siguiente:

$$e = -\frac{d\varphi}{dt}$$

en la que:

e = f.e.m. (V); $d\varphi/dt$ = variación temporal del flujo magnético

El significado físico de esta ley es que, en un circuito eléctrico cerrado concatenado por las líneas de un campo magnético variable en el tiempo, se induce una f.e.m. que es proporcional a la variación temporal del campo.

7.1.2. Funcionamiento como motor

El principio de funcionamiento de la máquina eléctrica dinámica como motor se basa en la **ley de Biot y Savart,** cuya expresión es:

$$df = i\left[\vec{dl} \times \vec{B}\right]$$

y en valores finitos, si todo el conductor eléctrico mantiene la misma posición respecto del campo magnético es:

$$F = B \cdot \ell \cdot i \cdot \text{sen}(I\hat{}B)$$

F = fuerza (N) ; B = inducción (T) ; ℓ = longitud (m) ; i = intensidad (A)

Según esta ley, en un conductor eléctrico, por el que circula una corriente de valor I y que está sometido a la acción de un campo magnético de inducción B, se produce una fuerza electromagnética de valor F, cuya dirección queda determinada por el producto vectorial indicado en la expresión.

7.2. Convertidor lineal: reversibilidad

El estudio del convertidor lineal es la forma más simple y fácil de entender el funcionamiento de una máquina eléctrica dinámica. Este convertidor está constituido por un conductor que se puede desplazar sobre otros dos conductores que hacen de guías del desplazamiento. Al desplazarse el conductor corta las líneas del campo magnético (Figura 7.3).

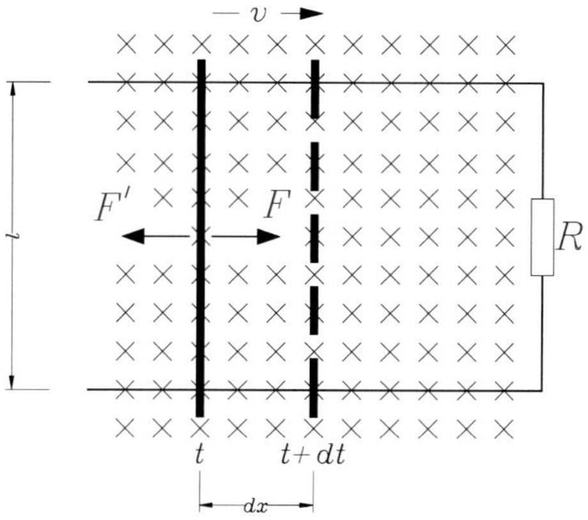

Figura 7.3.

Al aplicar una fuerza F al conductor que produzca su desplazamiento hacia la derecha en el circuito eléctrico cerrado constituido por el conductor, las guías y el receptor, se produce una variación de campo magnético, lo que induce una f.e.m., cuyo valor queda determinado por la ley de inducción electromagnética de Faraday:

$$e = -\frac{d\varphi}{dt} = -\frac{B \cdot d \cdot s}{dt} = -\frac{B \cdot \ell \cdot dx}{dt} \left\{ \frac{dx}{dt} = v \right\}$$

por lo que la expresión se puede poner como:

$$e = -B \cdot \ell \cdot v$$

Si la dirección del desplazamiento no fuera perpendicular a las líneas de campo, el segundo término de la expresión anterior se debe multiplicar por el seno del ángulo que forma el vector velocidad (desplazamiento) y la dirección de las líneas de campo:

$$e = -B \cdot \ell \cdot v \cdot \text{sen } \alpha$$

Si las líneas de campo son paralelas al desplazamiento del conductor, el ángulo que forman es **α=0** y, por lo tanto, la f.e.m. será **e=0**.

La intensidad de corriente en el circuito se determina por aplicación de la ley de Ohm:

$$i = \frac{e}{R}$$

Así, cuando un conductor, por el que circula una intensidad de corriente, está en un campo magnético, según la ley de Biot y Savart, se produce en él una fuerza electromagnética de valor:

$$F = B \cdot \ell \cdot i$$

Como el conductor es perpendicular a las líneas de campo, el seno del ángulo vale la unidad. La dirección de esta fuerza queda determinada por el producto vectorial, está indicada en la figura como F' y es opuesta al movimiento.

De este modo, sobre el conductor se produce a la vez una f.e.m. inducida y una fuerza electromagnética, además de la corriente y el desplazamiento correspondientes. Por lo tanto, se pueden deducir las expresiones de los valores instantáneos de la potencia mecánica y eléctrica:

Potencia eléctrica $P_e = e \cdot i = B \cdot \ell \cdot v \cdot i$

Potencia mecánica $P_m = F \cdot v = B \cdot \ell \cdot i \cdot v$

Como se observa ambos productos son iguales, por lo que se puede asegurar que existe reversibilidad. Esta afirmación es válida siempre que no se produzcan pérdidas, que es el caso que se ha contemplado en este estudio introductorio.

Las direcciones y sentidos de la f.e.m. (en el caso del funcionamiento como generador) y del movimiento (en el funcionamiento como motor) se pueden obtener de las leyes de inducción electromagnética y de Biot-Savart, respectivamente.

En el primer caso, la f.e.m. tendrá la dirección del conductor en el que se induce y el sentido será aquel que proporciona una corriente que cumpla la ley de Lenz, esto es que se oponga a la variación de flujo, de modo que, si en el desplazamiento el campo magnético en el interior de la espira queda reducido, la corriente creada tenderá a aumentarlo.

En el caso de funcionamiento como motor, la dirección y sentido quedarán determinados por el producto vectorial de la dirección de la corriente y el campo magnético. No obstante, se pueden obtener estas direcciones y sentidos aplicando las reglas de la mano derecha (para el funcionamiento como generador) e izquierda (para el funcionamiento como motor). Estas consisten en poner los dedos pulgar, índice y corazón de una u otra mano formando un triedro trirrectángulo, de modo que cada dedo indique las direcciones siguientes:

Pulgar → v (movimiento)

Índice → B (inducción)

Corazón → i (intensidad o f.e.m.)

Así pues, en el funcionamiento como generador, se parte de las direcciones de desplazamiento y campo, y el dedo corazón indica la dirección de la f.e.m. En el funcionamiento como motor, se parte de las direcciones de la intensidad de corriente y del campo, y el dedo pulgar determina la dirección de la fuerza electromagnética.

En el estudio anterior se ha analizado el funcionamiento del convertidor como generador eléctrico. Para el funcionamiento como motor se conectan las guías a una fuente de tensión, la cual produce una corriente eléctrica que determina una fuerza en el conductor y, por lo tanto, un desplazamiento. Este desplazamiento determina la generación de una f.e.m. que se opone a la tensión aplicada. Si no se considera c.d.t. en el conductor, la tensión aplicada y la f.e.m. serán iguales y de sentido opuesto, así como las potencias eléctrica y mecánica también serán del mismo valor.

En definitiva, sin ningún cambio estructural este dispositivo puede funcionar como generador y como motor.

7.3. Convertidor rotatorio elemental: par motor

7.3.1. Obtención de la ecuación la f.e.m.

El convertidor rotatorio elemental está constituido por una espira que gira, en el seno de un campo magnético, alrededor de un eje fijo, según se muestra en la Figura 7.4

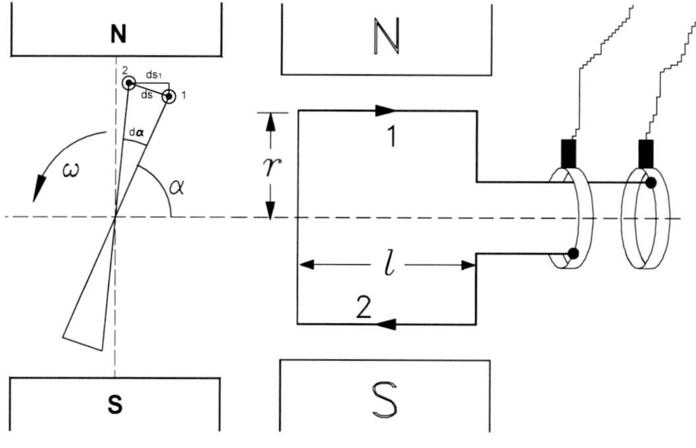

Figura 7.4.

La f.e.m. inducida en la espira en el instante dt, al pasar del punto 1 al 2, de acuerdo con la ley de inducción electromagnética de Faraday, es:

$$e = -\frac{d\varphi}{dt}$$

donde:

$$d\varphi = 2 \cdot B \cdot ds_1 = 2 \cdot B \cdot ds \cdot \operatorname{sen}\alpha = 2 \cdot B \cdot l \cdot r \cdot d\alpha \cdot \operatorname{sen}\alpha$$

luego:

$$e = -\frac{d\varphi}{dt} = -2B \cdot l \cdot r \cdot \operatorname{sen}\alpha \frac{d\alpha}{dt} = -2B \cdot l \cdot r \cdot \omega \cdot \operatorname{sen}\alpha = -2B \cdot l \cdot v \cdot \operatorname{sen}\alpha$$

En esta expresión queda de manifiesto que la f.e.m. inducida tiene una variación senoidal en el dominio del tiempo, siempre que la velocidad sea constante. Es evidente que cuando el convertidor de una vuelta completa se producirá un ciclo de f.e.m., por lo que se deduce

$$f = n$$

El valor eficaz de la f.e.m. en la espira es:

$$E = \frac{\hat{e}}{\sqrt{2}} = \frac{2 \cdot B \cdot l \cdot v}{\sqrt{2}} = \frac{2 \cdot B \cdot l \cdot \omega \cdot r}{\sqrt{2}} = \frac{2 \cdot B \cdot l \cdot 2\pi \cdot n \cdot r}{\sqrt{2}} = \frac{2\pi}{\sqrt{2}} \hat{\varphi} \cdot n = 4.44 \cdot \hat{\varphi} \cdot f$$

en el caso de tener N_e espiras unidas en serie:

$$E = 4.44 \cdot \hat{\varphi} \cdot f \cdot N_e$$

y si se cuentan por conductores, como es lo habitual en máquinas eléctricas dinámicas, el valor de la f.e.m. se obtiene por la expresión:

$$E = 2.22 \cdot \hat{\varphi} \cdot f \cdot N$$

siendo N el número total de conductores en serie.

De las expresiones de la f.e.m. se deduce que, actuando, en principio, sobre cualquiera de los parámetros **f, φ, N** se puede variar la f.e.m., pero hay que tener en cuenta que la frecuencia es un valor fijo (50 Hz en España) y el número de conductores es difícil de modificar una vez la máquina está construida, por tanto, la forma de modificar la f.e.m. en una máquina eléctrica será actuando sobre el flujo.

7.3.2. Obtención de la ecuación del par electromagnético.

Cuando se conecta un receptor al convertidor rotatorio elemental, circulará una corriente, lo que producirá una fuerza electromagnética y un par, cuyos valores se determinarán a continuación.

Suponiendo que el receptor es puramente óhmico, la f.e.m. y la corriente estarán en fase, por lo que la corriente se obtiene mediante la expresión:

$$i = \hat{I} \cdot \text{sen}\alpha$$

La fuerza electromagnética instantánea, en un conductor, deducida de la ley de Biot-Savart, vale:

$$F = B \cdot l \cdot i = B \cdot l \cdot \hat{I} \cdot \text{sen}\alpha$$

siendo la dirección de esta fuerza la indicada en la Figura 7.5.

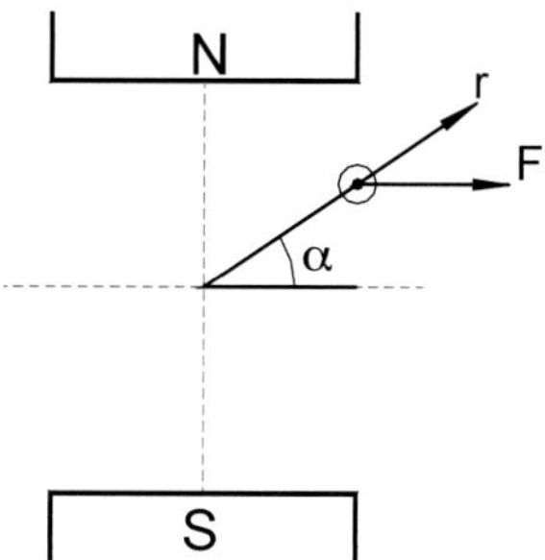

Figura 7.5.

La expresión del par instantáneo se deduce a continuación:

$$T_i = \vec{F} \wedge \vec{r} = F \cdot r \cdot \text{sen}\alpha = B \cdot l \cdot i \cdot r \cdot \text{sen}\alpha = B \cdot l \cdot \hat{I} \cdot r \cdot \text{sen}^2\alpha$$

y el par medio de un conductor en un ciclo:

$$T = \frac{1}{2\pi}\int_0^{2\pi} B \cdot l \cdot \hat{I} \cdot r \cdot \text{sen}^2\alpha \cdot d\alpha = 0.7 \cdot B \cdot l \cdot I \cdot r$$

para una espira:

$$T = 0.7 \cdot \varphi \cdot I$$

y, por último, si el convertidor es una bobina formada por N conductores:

$$T = 0.35 \cdot \varphi \cdot I \cdot N$$

en la que N es el número de conductores en serie.

Si, por el contrario, el receptor no fuese puramente óhmico, la expresión del valor instantáneo de las corrientes sería:

$$\varphi \neq 0 \rightarrow i = \hat{I} \cdot \text{sen}(\alpha \pm \varphi)$$

y el par motor para el convertidor de N conductores resulta:

$$T= 0{,}35 \cdot \varphi \cdot I \cdot N \cdot \text{sen}\varphi$$

De la expresión anterior se deduce una conclusión válida para todas las máquinas eléctricas: el par motor es siempre proporcional al campo magnético producido por el sistema primario o inductor (en este caso, "φ") y al campo magnético inducido en el sistema secundario (en este caso, "I · N").

En el estudio precedente se ha partido del funcionamiento del convertidor rotatorio elemental como generador, aunque, en último término, se ha obtenido el valor del par electromagnético que se produce en los conductores. Este es el par que debe vencer el accionamiento mecánico para producir el giro del convertidor.

Para que este dispositivo funcione como motor, es necesario alimentarlo con una fuente de tensión. Asimismo, para conseguir un par electromagnético siempre en la misma dirección, es necesario invertir la dirección de la corriente en el convertidor: cuando uno de los conductores esté situado frente a un polo, debe tener una dirección de corriente, y cuando esté frente al polo opuesto, se debe invertir la dirección de la corriente. Esto se puede conseguir alimentando el convertidor con c.a. cuya frecuencia sea igual a la velocidad angular (medida en revoluciones por segundo) y para conseguir el par máximo de la máquina se deberá cumplir que, en el mismo instante en que un conductor pase de la influencia de un polo al otro, se invierta el sentido de la corriente. De lo contrario, habrá instantes en el que la fuerza mecánica generada en un conductor tenga una dirección y otros instantes en que tenga el sentido opuesto, lo que restará el par medio de la máquina.

Al analizar el funcionamiento como motor, en la determinación del par y la f.e.m., se habrían obtenido las mismas expresiones de ambas magnitudes, ya que, para su obtención, lo único que se ha tenido en cuenta es que son conductores en el interior de campos magnéticos. Al igual que en el convertidor lineal, se puede comprobar la reversibilidad; en este caso se llega fácilmente a la igualdad:

$$P_M = T\omega = 0.707 \cdot \Phi \cdot I \cdot N_e \cdot \omega = 0.707 \cdot \Phi \cdot I \cdot N_e \cdot 2 \cdot \pi \cdot n = 4.44 \cdot \Phi \cdot I \cdot N_e \cdot n$$

$$P_E = E \cdot I = 4.44 \cdot \Phi \cdot I \cdot N_e \cdot f$$

Luego, en este convertidor, como f=n

$$P_M = T\omega = E \cdot I = P_E$$

7.3.3. Funcionamiento del convertidor elemental en c.c.

Para obtener una tensión y corriente unidireccional en el convertidor rotatorio, basta unir sus extremos al circuito exterior mediante un colector constituido por dos semianillos aislados eléctricamente (Figura 7.6). Sobre estas piezas, llamadas delgas, hacen contacto dos escobillas que se unen al circuito exterior. De este modo, en la espira, la tensión es alterna, pero fuera de ella, en el receptor, la tensión es unidireccional. Esto se debe a que, sea cual sea el conductor situado en la parte superior, la dirección de la f.e.m. y corriente en él es hacia la derecha, por lo que la escobilla de arriba es la positiva, de la misma forma, en el conductor de abajo, la dirección de la f.e.m. es hacia la izquierda y, por ello, la escobilla inferior es la negativa.

Cuando este conjunto funciona como motor, alimentado por c.c., el conjunto colector-escobillas es el encargado de invertir la corriente para que, cuando un conductor esté situado frente a un polo, tenga una dirección de corriente y esta se invierta cuando pase a estar frente al polo opuesto.

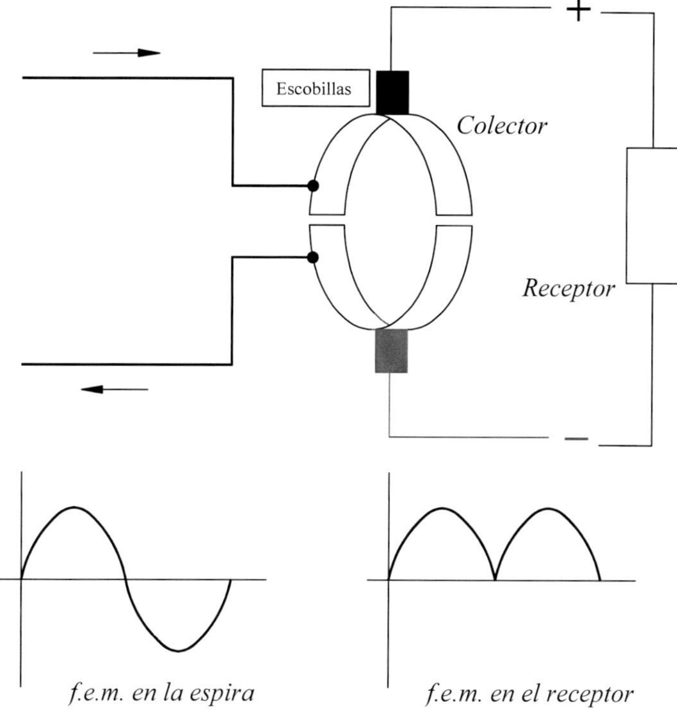

Figura 7.6.

7.4. Circuito magnético del convertidor elemental: estructura general de las máquinas eléctricas dinámicas

El circuito magnético utilizado en el convertidor rotatorio elemental, como se puede observar en la Figura 7.7, tiene un gran componente paramagnético debido al amplio espacio vacío que existe entre los polos norte y sur. Esto resulta en una reluctancia de un valor muy elevado, y por tanto será necesario una gran excitación magnética para conseguir un pequeño flujo. Dado que la f.e.m. y el par dependen directamente del flujo, los valores de estas magnitudes también serán pequeños.

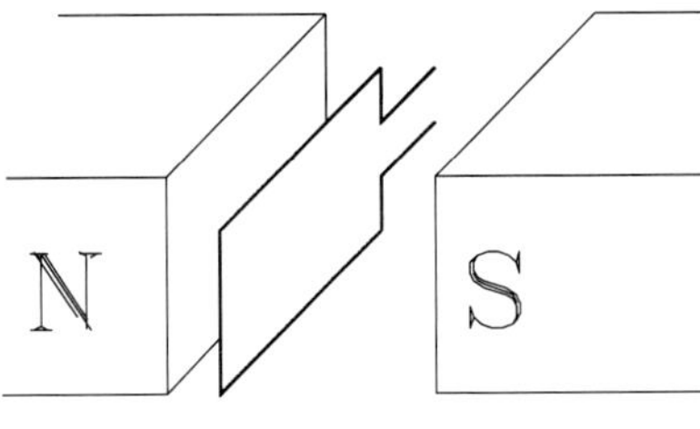

Figura 7.7.

Este problema se puede resolver disponiendo entre los polos otro núcleo magnético, lo que consigue que el flujo se canalice a través de él y que, con un menor número de amperios-vuelta (NI), se obtenga un flujo mucho mayor. En la Figura 7.8 se ilustra la máquina que resulta al disponer el núcleo magnético rotatorio.

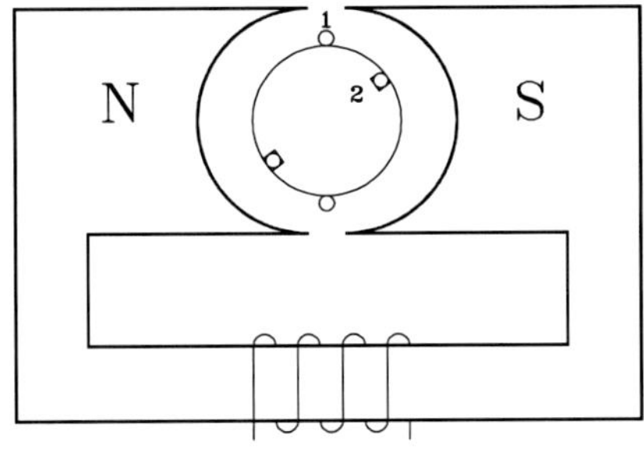

Figura 7.8.

Los conductores rotóricos pueden disponerse de dos formas distintas:

> Solución 1: En este caso el hierro interior es fijo y solamente giran los conductores. Con esta disposición no se producen pérdidas en el hierro y se consigue una máquina con inercia reducida. Esta solución se suele adoptar en máquinas pequeñas para aplicaciones en las que se necesiten movimientos rápidos y sea imprescindible reducir la inercia del sistema.
>
> Solución 2: En este tipo de máquinas, tanto el conductor como el hierro son giratorios, por lo que los conductores se disponen en ranuras practicadas en el hierro. Con esta solución se consigue que los esfuerzos magnéticos se produzcan sobre los dientes de la armadura y no sobre los conductores. Las máquinas de este tipo son más fáciles de construir y tienen una mayor consistencia. Esta es la solución más utilizada en la construcción de las máquinas eléctricas. El inconveniente es la mayor inercia y las mayores pérdidas en el hierro.

La estructura de la máquina indicada en la Figura 7.8 se utiliza en algunas aplicaciones, generalmente máquinas de pequeña potencia. En máquinas más grandes el sistema estatórico es circular o poligonal, como se representa en la Figura 7.9.

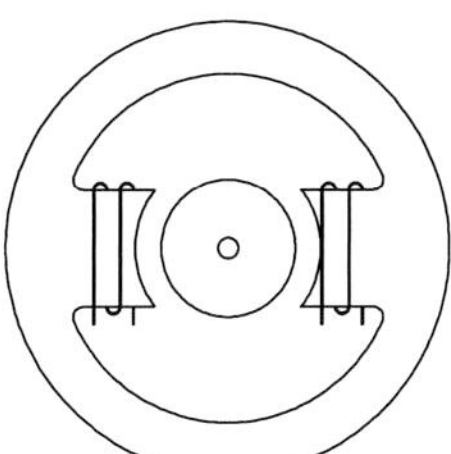

Figura 7.9.

7.4.1. Cálculo de la f.e.m. inducida en una espira dispuesta en una armadura rotórica

Como se ha indicado, es conveniente limitar el circuito paramagnético, por lo que las expresiones generales de la f.e.m. y el par pueden modificarse debido a la nueva estructura. A continuación, se calculará el valor de la f.e.m. inducida en una espira que está situada sobre una armadura rotórica.

Según se observa en la Figura 7.10, al pasar el conductor superior de la posición 1 a la 2 el flujo concatenado por la espira se reduce, por lo que se induce una f.e.m. cuyo valor se obtiene según la ley de inducción electromagnética de Faraday:

$$e = -\frac{d\varphi}{dt}$$

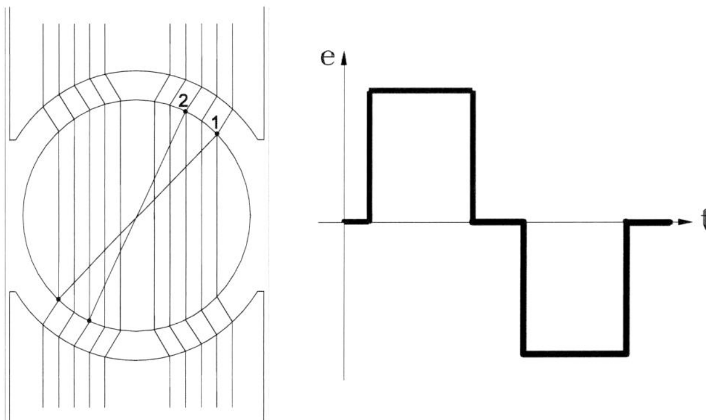

Figura 7.10.

Teniendo en cuenta que las trayectorias de las líneas de campo en el entrehierro son perpendiculares a la superficie del hierro (según la ley de refracción de líneas de campo)

$$d\varphi = 2 \cdot B \cdot ds = 2 \cdot B \cdot l \cdot r \cdot d\alpha$$

$$e = -\frac{d\varphi}{dt} = -2 \cdot B \cdot l \cdot r \cdot \omega = -2 \cdot B \cdot l \cdot v$$

De modo que la f.e.m. instantánea inducida en un conductor es proporcional al valor de la inducción en el punto considerado y a la velocidad instantánea del conductor respecto al campo magnético.

Al observar la expresión de la f.e.m. deducida anteriormente, se infiere que, si el entrehierro es uniforme, la densidad de líneas de campo no varía. Por lo tanto, la variación de la f.e.m. con el tiempo será la que se muestra en la Figura 7.10 derecha: constante cuando el conductor está sometido a la acción del campo magnético y de valor nulo en los espacios interpolares.

Como es lógico, cuando un conductor está enfrentado a un polo, el sentido de la f.e.m. será uno; y, cuando se enfrente al otro polo, este sentido se invertirá. Cuando funcione como motor, será necesario que la inversión de la corriente se produzca en los espacios interpolares, donde el campo magnético sea nulo. Si esta inversión se produjera cuando el conductor está situado bajo la acción de un polo, la dirección de la fuerza generada sería de un sentido en un instante y del sentido opuesto en otro momento, lo que restaría par medio a la máquina.

En la Figura 7.11a se observa que, si el sentido de la intensidad de corriente en el conductor se mantiene mientras está situado bajo el mismo polo, en la evolución de par y potencia (según se indica en la figura inferior), está presente más tiempo que si hay un desfase. Esto resulta en que, en un momento dado hay inducción, pero no corriente; y en otro hay corriente, pero no inducción, restando, por tanto, par medio (Figura 7.11b). El caso extremo sería que la inversión se realizara cuando el conductor estuviera situado bajo la acción de un polo, como se muestra en la Figura 7.11c., resultando un par negativo en algunos instantes y, consecuentemente, obteniendo un par medio más reducido.

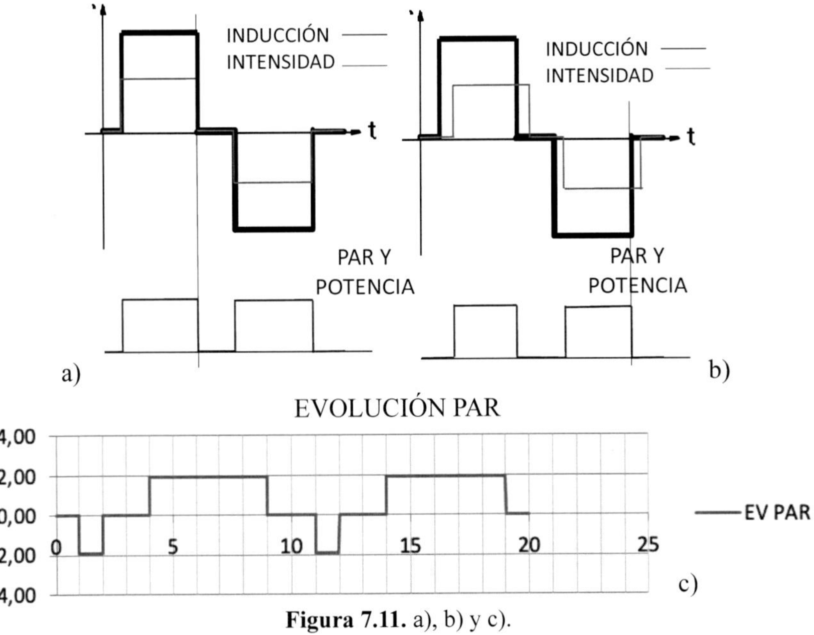

Figura 7.11. a), b) y c).

7.4.2. Estructura general de las máquinas eléctricas dinámicas

Dado que todas las máquinas eléctricas dinámicas funcionan según los mismos principios (ley de inducción electromagnética de Faraday y ley de Biot y Savart), básicamente todas están constituidas de forma análoga. La diferencia entre los diversos tipos de convertidores radica en algunos elementos estructurales (por ejemplo: una máquina sincrónica y una máquina de corriente continua difieren en el rectificador mecánico de corriente que incorpora la segunda).

Así pues, todas las máquinas eléctricas giratorias están constituidas por dos núcleos magnéticos en forma de anillo situados uno en el interior del otro (Figura 7.12). En las caras enfrentadas de ambos (cara exterior del núcleo interior y cara interior del núcleo exterior) se realizan unos pequeños entrantes, denominados ranuras o, bien, entrantes más pronunciados formando polos. En dichos entrantes se disponen conductores eléctricos que configuran los correspondientes circuitos eléctricos.

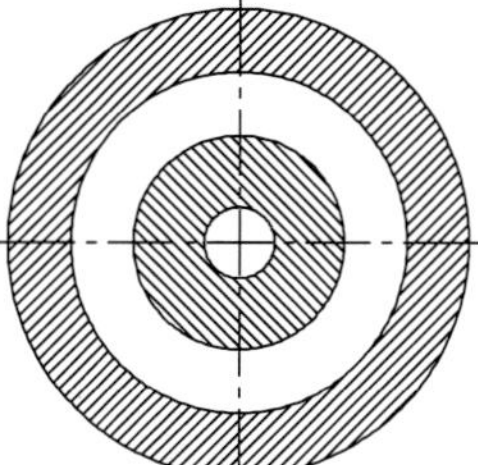

Figura 7.12.

El conjunto exterior (núcleo y devanados), que generalmente es estático, se denomina estátor, y el conjunto interior, rotor. Uno de ellos (rotor o estátor) forma el sistema inductor, es decir, el creador del campo magnético primario, y el otro, el sistema inducido, en cuyos conductores se induce la f.e.m. El espacio entre rotor y estátor se denomina entrehierro y garantiza la no colisión entre ambas partes.

Consecuentemente, todos los convertidores están formados por dos elementos principales:

- Hierro, que conforma el circuito magnético y es por donde circulan las líneas de campo magnético. En aquellas zonas donde el campo magnético es variable, se realiza dicho núcleo con chapa aislada y apilada para evitar corrientes de Foucault.
- Cobre o aluminio, por donde circula la corriente eléctrica (en algunas máquinas el sistema inductor está constituido por imanes permanentes, por lo que esta parte no dispondrá de elementos conductores).

Además de estos elementos básicos comunes a todos los convertidores, existen otros elementos imprescindibles para realizar la transformación que no intervienen directamente en ella, como son los aislantes (que separan puntos a diferente potencial) y los estructurales (rodamientos, ventilador, patas, etc.).

7.5. Introducción a las máquinas de C.A. Sincrónicas

7.5.1. Introducción

Las máquinas de corriente alterna sincrónicas tienen su mayor aplicación en la producción de energía eléctrica, de modo que su funcionamiento principal es como generadores. El término sincrónicas se debe a que su velocidad de funcionamiento es siempre constante y determinada, dependiendo directamente de la frecuencia y del número de polos.

Estas máquinas son las de mayor potencia unitaria que se fabrican, superando en muchos casos el GW. Lo que determina que las intensidades de corriente generadas sean de valor muy elevado, de modo que, disponer el circuito inducido en el rotor, como se había analizado con el convertido elemental, no es una buena solución, ya que los devanados del rotor tendrían que conectarse al exterior mediante unas escobillas por las que pasaran centenares o millares de amperios.

Así pues, para solucionar este problema, se ha optado por poner el sistema inducido en el estátor y que sea el campo magnético el que gire. La máquina funciona exactamente igual en ambos casos, ya que lo que importa es el desplazamiento relativo entre los dos sistemas. Este campo magnético se obtendrá mediante imanes permanentes (pequeñas máquinas) o mediante electroimanes, si bien en este caso la corriente necesaria para crear el campo magnético habrá que introducirla mediante un sistema de anillos colectores y escobillas. Se puede intuir que el valor de esta intensidad de corriente es muy inferior a la del inducido, de ahí que se adopte esta solución.

Dado que la energía eléctrica utilizada presenta una variación de tensión de forma senoidal, la energía eléctrica generada debe cumplir con esta especificación, es decir, que la tensión tenga una variación temporal de forma senoidal.

En el caso del convertidor rotatorio elemental, situado en el entrehierro de un circuito magnético sin armadura rotórica, se dedujo que la forma de onda de la f.e.m. en el tiempo era de variación senoidal.

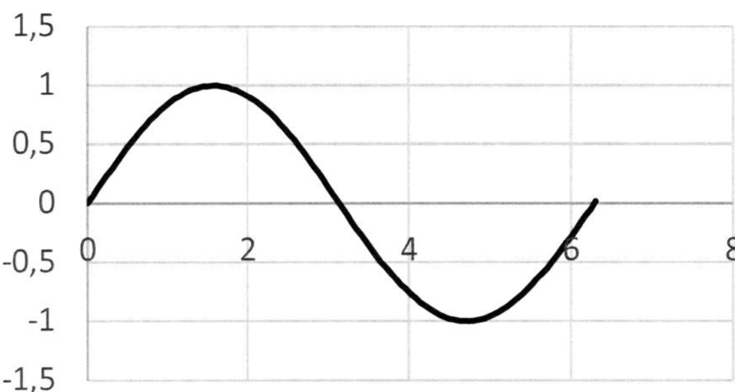

Figura 7.13.

No obstante, como se indicó anteriormente, a fin de evitar que las líneas de campo tengan un elevado recorrido por el aire, se disponen los conductores sobre una armadura rotórica (Figura 7.8). En este caso, se dedujo que la variación de la f.e.m. con el tiempo tiene la misma distribución que la de la inducción en el entrehierro, de modo que, si esta distribución es de variación senoidal en el espacio, también lo será la de la f.e.m. en el tiempo (Figura 7.13).

Hay dos métodos para conseguir una onda de f.e.m. con variación senoidal. El primero consiste en modificar la longitud radial del entrehierro, según la Figura 7.14. En ella se observa que el entrehierro es variable, de esta forma se consigue que en la zona donde el entrehierro es menor (eje polar), existe mayor número de líneas de campo, y, por tanto, mayor inducción, siendo mayor la f.e.m. instantánea del conductor que ocupa esta posición en un momento determinado. Construyendo adecuadamente las expansiones de los polos, denominadas piezas polares, se consigue que la inducción varíe de forma próxima a la senoidal y, por tanto, la f.e.m. inducida varíe, con el tiempo, de esta misma forma. Estas máquinas son denominadas de **polos salientes** (Figura 7.16) y se utilizan para velocidades reducidas (centrales hidráulicas y grupos electrógenos de baja velocidad).

Otro tipo de máquinas sincrónicas son las denominadas de **rotor cilíndrico o entrehierro constante**, en las que el estátor tiene la misma forma que en la máquina anterior y el rotor es el representado en la Figura 7.15. En estas, la onda de f.e.m. de variación senoidal se produce al disponer en el sistema inductor bobinas concéntricas, que producen mayor intensidad de campo y, por tanto, incrementan la inducción en los ejes de las bobinas. Por el contrario, el valor de estas magnitudes disminuye en las zonas separadas del eje, donde la tensión magnética es menor debido al número reducido de conductores de excitación. Estos rotores se utilizan en máquinas que funcionan a velocidades elevadas, a fin de limitar los esfuerzos centrífugos en los órganos en movimiento. Su uso es común en generadores ubicados en centrales térmicas.

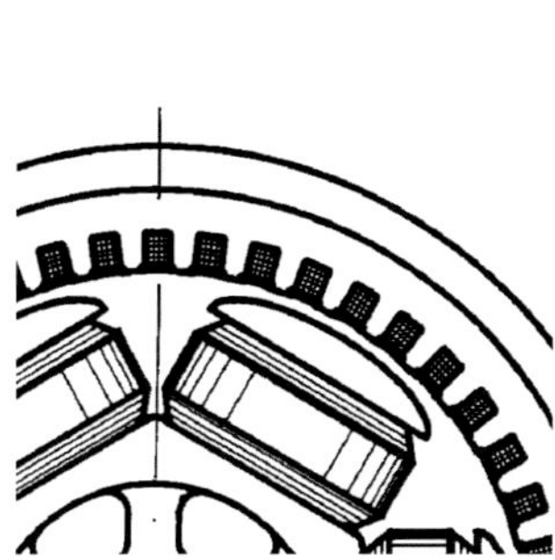

Figura 7.14.

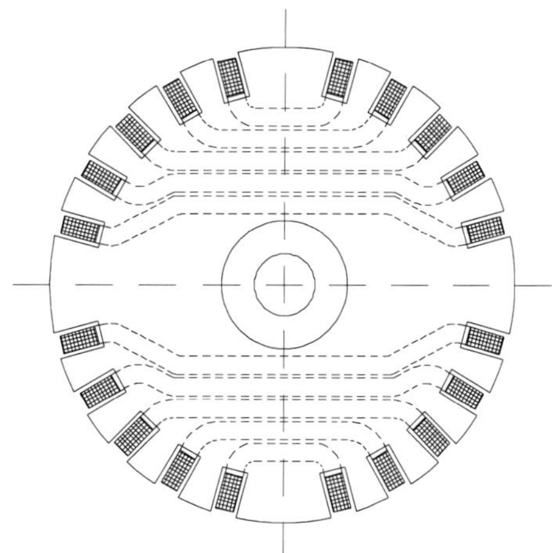

Figura 7.15. Rotor cilíndrico o de entrehierro constante.

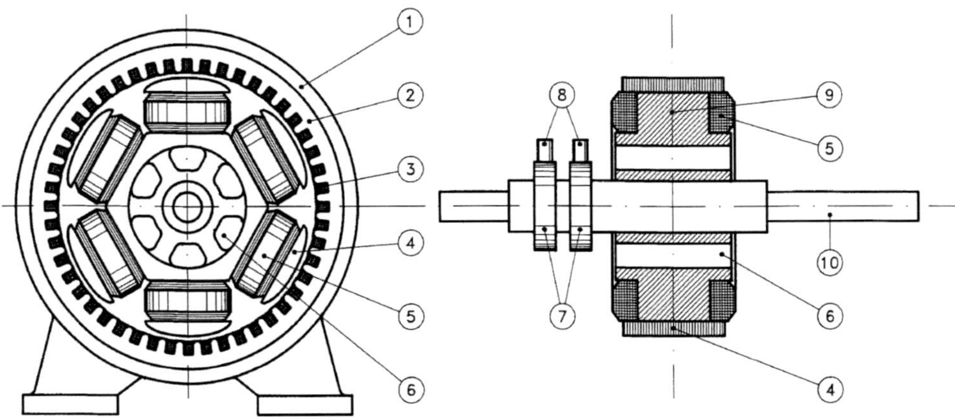

Figura 7.16. Máquina sincrónica de polos salientes. 1. Carcasa. 2. Armadura de inducido 3. Ranura de inducido. 4. Pieza polar. 5. Bobina inuctura. 6. Canal de ventilación. 7. Colector de anillos. 8. Escobillas. 9. Nucleo inductor. 10. Eje.

Figura 7.17. a) Detalle de las escobillas en una máquina de elevada potencia. b) Rotor de una máquina sincrónica.

7.5.2. Frecuencia de la f.e.m. inducida

En el convertidor rotatorio elemental se demostró que la frecuencia de la f.e.m. inducida es igual a la velocidad de giro en r/s. En aquel caso se trataba de un campo bipolar. Para el caso general, en máquinas con un número de pares de polos superior a uno, para completar un ciclo de f.e.m. en un conductor, es necesario que al final del ciclo se repitan las mismas condiciones que al principio. Es decir, si al inicio del ciclo el conductor está enfrentado a un polo norte, al final deberá estar enfrentado a otro polo norte. Esto implica que, cuando el rotor dé una vuelta completa, en los conductores del estátor se habrán descrito "p" ciclos de f.e.m., siendo "p" el número de pares de polos de la máquina. De modo que la frecuencia de la f.e.m. inducida se obtiene por la expresión:

$$f = n \cdot p$$

f = frecuencia (Hz); p = número de pares de polos; n = velocidad (r.p.s.)

Por tanto, en una vuelta completa del rotor se producen "p" ciclos de f.e.m. De esto se infiere la relación entre grados eléctricos y grados geométricos de una máquina eléctrica rotatoria, que es la siguiente:

$$^{\circ}e = {}^{\circ}g \cdot p$$

°e = grados eléctricos; °g = grados geométricos; p = nº pares de polos

Si la distribución de la inducción en el entrehierro de la máquina sincrónica es senoidal, la expresión de la f.e.m. inducida en los N conductores que forman una bobina, y están situados en el estátor —donde la distancia entre los conductores de ambos lados de la bobina coincide con la distancia entre dos polos consecutivos— es la que ya se obtuvo para el convertidor rotatorio elemental. Esto se debe a que la variación temporal de flujo que enlaza la bobina es senoidal, igual que en el convertidor citado:

$$E = 2.22 \cdot f \cdot \hat{\varnothing} \cdot N$$

7.5.3. Funcionamiento de la máquina sincrónica como motor

El giro de la máquina sincrónica funcionando como motor es posible debido a las fuerzas electromagnéticas que se originan entre conductores del estátor y el campo magnético del rotor. Supóngase que, en un determinado instante, la corriente que circula por un conductor del estátor (Figura 7.14 y Figura 7.16 tiene dirección determinada, por ejemplo, saliente del plano. Si en ese momento hay un polo norte rotórico frente a él, se produce una fuerza electromagnética sobre el polo que tiende a hacer girar el rotor de la máquina en el sentido de las agujas del reloj. Para que este sentido de giro se mantenga es necesario que cuando este conductor esté enfrentado con un polo sur (debido al giro de la máquina), se invierta la dirección de la corriente que circula por él (deberá ser entrante). Ello determina que deba existir una relación entre la velocidad de giro de la máquina y la frecuencia de alimentación de los conductores del estátor. Así, para un valor fijo de frecuencia, la máquina girará a una velocidad concreta y solo a esa velocidad, conocida como velocidad sincrónica.

Otra forma de entender el funcionamiento de las máquinas sincrónicas como motor es partir del hecho de que, como se demostrará más adelante, cuando un devanado trifásico se alimenta con un sistema trifásico de corrientes se crea un campo magnético giratorio que se desplaza a la velocidad sincrónica n (r/s) = f/p. Si el rotor está constituido por imanes permanentes o electroimanes, tenderá a seguir este campo magnético a la velocidad que él gira y solo a esa velocidad. Para que el par sea el máximo con la misma intensidad de corriente en los conductores del estátor y el mismo campo magnético del rotor, las intensidades de los conductores del estátor que estén enfrentados con un polo rotórico deben tener todas el mismo sentido. Esta situación es equivalente a que los campos magnéticos estatórico y rotórico formen 90° eléctricos.

Otro tipo de máquina sincrónica ampliamente utilizada en la industria eléctrica es la máquina de reluctancia. Su funcionamiento se basa en que los materiales magnéticos tienden a situarse en la posición de mínima reluctancia. Así, cuando el sistema estatórico crea el campo magnético giratorio, el rotor, que presenta asimetría magnética, tiende a situarse en la posición de mínima reluctancia y, por lo tanto, girará a la misma velocidad que el campo del estátor.

Estátor y rotor de una máquina brushless.

Rotor de una máquina de reluctancia.

7.6. Introducción a las máquinas de corriente continua

Así como en las máquinas sincrónicas el devanado del inducido está dispuesto en el estátor para facilitar la salida de tensión y corriente, en las máquinas de corriente continua es necesario que el inducido esté situado en el sistema rotórico para conseguir, mediante el colector y las escobillas, que se produzca la rectificación (funcionamiento como generador) o la inversión (funcionamiento como motor) de las magnitudes eléctricas de tensión y corriente.

En el estudio de las máquinas sincrónicas, se dedujo que es necesario que la inducción magnética se distribuya senoidalmente en el entrehierro, para ello, en las máquinas de polos salientes el entrehierro es variable y en las máquinas con entrehierro constante se disponen bobinas concéntricas en el rotor. Las máquinas de c.c. se realizan con polos salientes y entrehierro constante, ya que no es necesario obtener f.e.m.s. de variación senoidal en el tiempo, puesto que esta f.e.m. posteriormente será rectificada.

Se analizará, a continuación, la forma de onda de la f.e.m. inducida en una espira de una máquina de c.c. En la Figura 7.18 se representa una espira o bobina dispuesta en la armadura y sometida a la acción de un campo magnético bipolar.

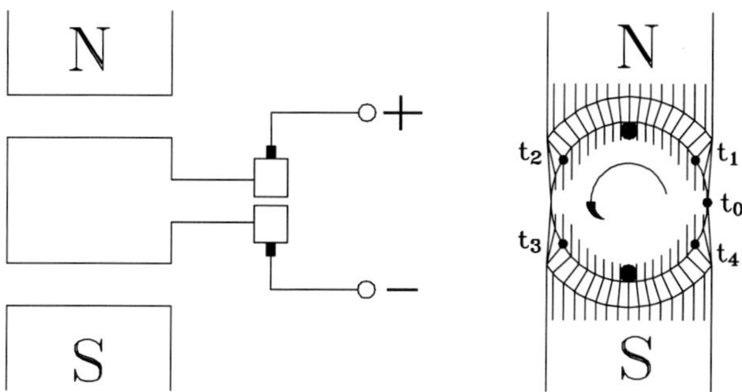

Figura 7.18.

En el instante $\mathbf{t_0}$, en el que uno de los conductores de la espira está situado en la posición indicada como t_0, el plano de la espira es perpendicular a las líneas de campo. Desde este instante hasta que el conductor referido comience a cortar líneas de campo (en el instante t_1), la f.e.m. inducida en la espira es igual a cero. Entre los tiempos $\mathbf{t_1}$ **y** $\mathbf{t_2}$, la f.e.m. en la espira alcanza un valor de $e = 2 \times B \times l \times v$ y se mantiene constante en ese intervalo, debido a que el entrehierro también es constante. Entre $\mathbf{t_2}$ **y** $\mathbf{t_3}$, ningún conductor de la espira corta líneas de campo, por lo que no hay variación de flujo en ella y la f.e.m. inducida vuelve a ser cero. Entre $\mathbf{t_3}$ **y** $\mathbf{t_4}$, la f.e.m. vuelve a tener de nuevo el valor que entre los instantes $\mathbf{t_1}$ **y** $\mathbf{t_2}$, esto es $e = 2 \times B \times l \times v$, pero de sentido opuesto al caso anterior. Posteriormente, el conductor vuelva a estar en la posición t_0 y se vuelve a repetir el ciclo.

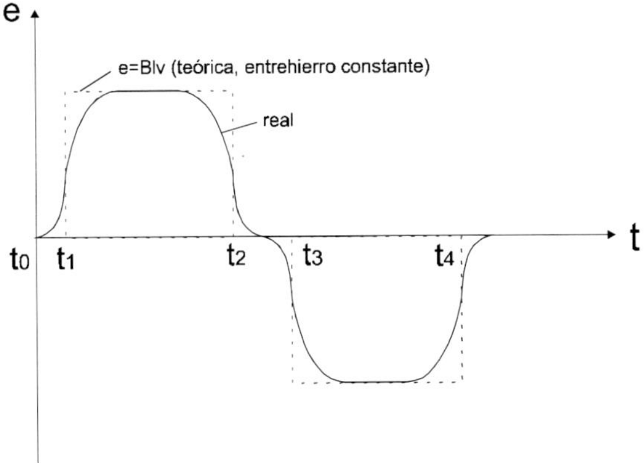

Figura 7.19.

En la descripción realizada se ha supuesto que las líneas de campo en el entrehierro discurren solamente por las zonas enfrentadas con los polos, y la f.e.m. obtenida es la que se muestra con trazo discontinuo en la Figura 7.19. Hay que indicar que esta situación es ideal, ya que las líneas de campo afectan a las zonas interpolares, resultando en una forma de onda de f.e.m. representada con trazo continuo.

La forma de onda de la f.e.m. descrita anteriormente es la que se obtiene en la espira; sin embargo, debido al conjunto colector y escobillas, esta onda es rectificada, obteniéndose a salida de las escobillas una onda como la que se muestra en la Figura 7.20.

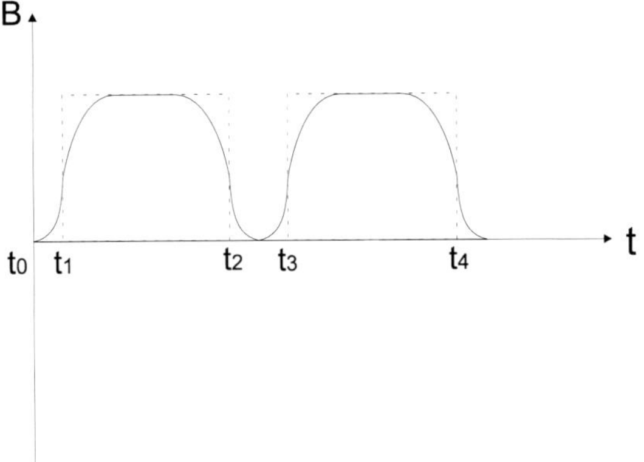

Figura 7.20.

Cuando se disponen varias espiras en el inducido se necesita un colector con más delgas, y la f.e.m. resultante es la suma de los valores instantáneos de las f.e.m.s. de todos los conductores puestos en serie. Este hecho se ilustra en la Figura 7.21a, que presenta una máquina de c.c. en la que se disponen un total de 16 espiras en la periferia de la armadura, cada una de estas espiras queda conformada por dos conductores representados con el mismo número, sin apóstrofe para la capa exterior y con apóstrofe para la interior (por ejemplo, una espira está constituida por los conductores 1 – 1'). Estas espiras están unidas al colector por la parte anterior de la armadura. En el instante considerado, según el sentido de giro de la máquina, las f.e.m.s inducidas en los conductores son las indicadas en la figura: entrantes en el plano para los conductores situados frente a un polo S y salientes para los situados frete al polo N. El circuito eléctrico equivalente a esa posición queda representado a la derecha de la figura. Hay que hacer notar que este circuito eléctrico siempre tiene la misma forma para cualquier posición del rotor: 8 fuentes de tensión en serie en cada rama del circuito, aunque, en cada momento, los conductores que ocupan cada rama serán diferentes. A cada uno de estos circuitos serie, que están comprendidos entre dos escobillas, se les denomina **vía de arrollamiento** del devanado. El número pares de vías de arrollamiento de la máquina se representa por "c".

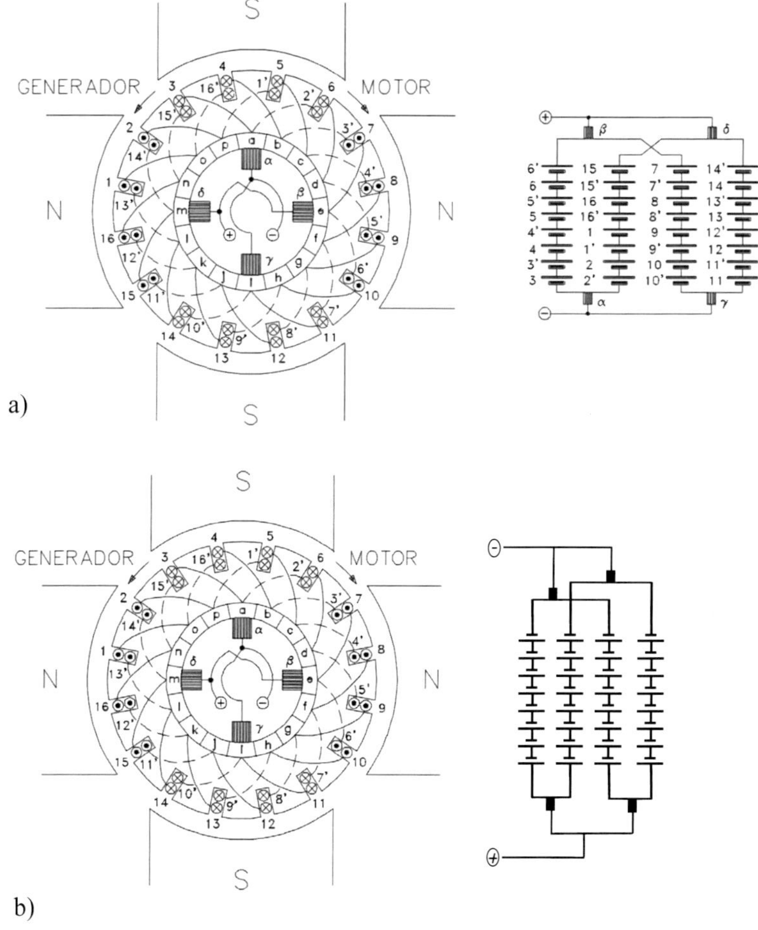

Figura 7.21. a) y b).

7.6.1. Cálculo de la f.e.m. en una máquina de corriente continua en N conductores

La f.e.m. obtenida en los bornes de la máquina es, en cada momento, la suma de los valores instantáneos de las f.e.m.s inducidas en los conductores o en las espiras que conforman un circuito en serie, como se muestra en la Figura 7.21. Para un número elevado de conductores, la suma de los valores medios de las f.e.m.s inducidas en los conductores puestos en serie, esto es:

$$E = \bar{e} \cdot N_s$$

El valor medio de la f.e.m. inducida en una máquina de corriente continua es igual a la suma de los valores medios de las f.e.m.s. inducidas en los conductores puestos en serie, N_S. La relación entre los valores medio y máximo de la f.e.m. inducida en un conductor se deduce fácilmente de la Figura 7.22, siendo esta:

$$\bar{e} = \frac{t_2}{t_1} \cdot \hat{e} = \frac{a_p}{y_p} \cdot \hat{e}$$

donde:

- $\bar{e}$ es el valor medio de la f.e.m. inducida en un conductor.
- $\hat{e}$ es el valor máximo de la f.e.m. inducida en un conductor.
- a_p, ancho polar, que es la longitud del arco de circunferencia delimitado por la cara de un polo, de donde parten las líneas de campo producidas por un polo.
- y_p, paso polar, esto es, el arco de circunferencia delimitado por dos ejes interpolares.

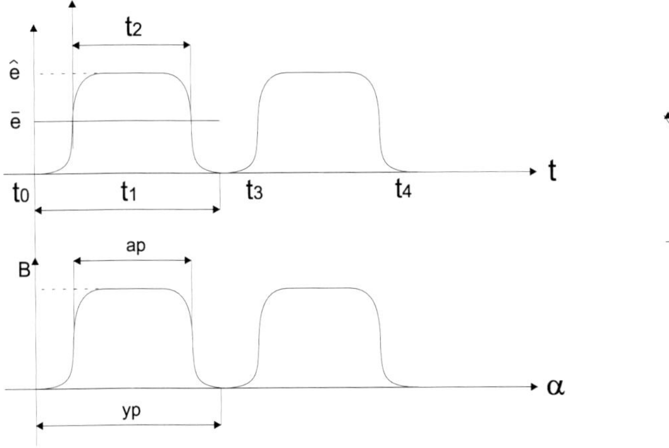

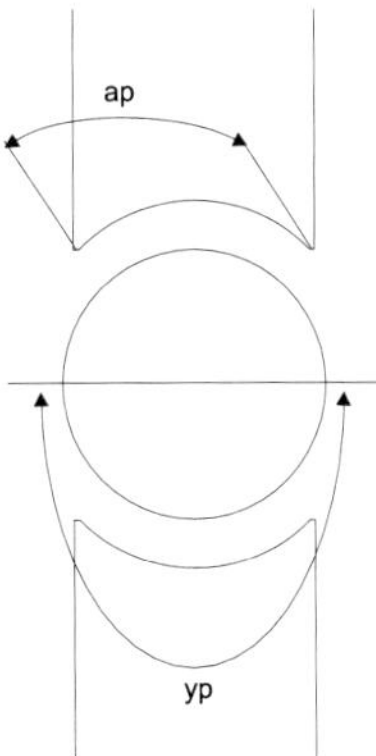

Figura 7.22

de la expresión anterior se deduce:

$$\bar{e} = \frac{t_2}{t_1} \cdot \hat{e}$$

y como:

$$\hat{e} = \hat{B} \cdot \ell \cdot v = \hat{B} \cdot \ell \cdot (2\pi \cdot r \cdot n)$$

se obtiene:

$$\bar{e} = \frac{a_p}{y_p} \cdot \hat{B} \cdot \ell \cdot (2\pi \cdot r \cdot n)$$

por otro lado el flujo y el número de pares de polos se puede obtener por las expresiones:

$$\phi = a_p \cdot \hat{B} \cdot \ell$$

$$y_p = \frac{2\pi \cdot r}{2 \cdot p}$$

obteniéndose por último:

$$\bar{e} = 2 \cdot p \cdot \Phi \cdot n$$

como en la máquina existen "c" pares de vías de arrollamientos, la f.e.m. será en definitiva:

$$E = \frac{2p}{2c} N \cdot \Phi \cdot n = \frac{p}{c} N \cdot \Phi \cdot n$$

en la que:

p, nº de pares de polos

c, nº de pares de vías de arrollamiento.

N, número de conductores totales dispuestos en el rotor de la máquina

n, velocidad en r/s.

ϕ, flujo por polo

7.6.2. Estudio de la conmutación

El principal inconveniente de la máquina de c.c. es la necesidad de un rectificador mecánico para realizar la conmutación, cuyo proceso se estudiará a continuación (Figura 7.23):

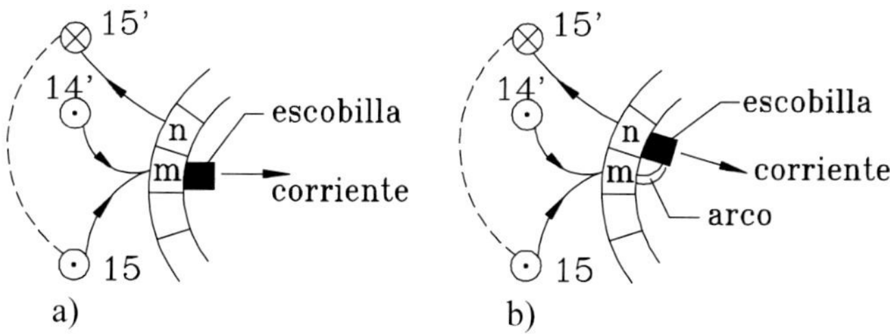

Figura 7.23.

- **Posición a.** Corresponde al instante en que la escobilla hace contacto con la delga m. En este momento, la dirección de la corriente de la espira 15-15' es el que se indica en la Figura 7.23a, es decir, pasa desde la delga n, a los conductores 15', 15, y luego a la delga m, junto con la corriente en el conductor 14', para salir por la escobilla.

- **Posición b.** Un instante después de que esto suceda, la escobilla pasa a estar situada sobre la delga n, por lo que la corriente que tiene que salir por esta delga provendrá del conductor 14' y se cerrará por la espira 15-15', en la que se debe invertir la corriente respecto a la posición anterior.

Dado que el tiempo que transcurre desde la posición "a" a la posición "b" es muy reducido (por ejemplo, una máquina de 1500 r.p.m. con 200 delgas, este tiempo sería de 0'2 ms), sobre la espira 15-15' se induce una f.e.m. que se opone a esta inversión. Por lo tanto, la única forma de pasar la corriente del conductor 14' y de la vía de arrollamiento correspondiente a la escobilla es a través del aire, mediante arcos eléctricos, con el consiguiente deterioro del colector.

Puesto que hay una f.e.m. que se opone a ese cambio de corriente, para resolver el problema de la conmutación, se deberá producir otra f.e.m., igual y de sentido contrario que contrarreste la indicada. Esto se consigue realizando la conmutación cuando la espira está sometida a un campo magnético que genera en ella la f.e.m. necesaria de compensación.

Hay dos soluciones para ello:

- **Decalar las escobillas.** Consiste en desplazar las escobillas, de modo que en la espira que conmute se produzca una f.e.m. igual y de sentido opuesto a la que se necesita contrarrestar. Dado que la f.e.m. a eliminar depende de la corriente que circula por la espira en conmutación y la f.e.m. a crear depende de la posición angular de las escobillas, esta solución resuelve el problema únicamente para una corriente de inducido. Por lo que se adopta exclusivamente en pequeñas máquinas.
- **Disponer polos auxiliares de conmutación.** En este caso, las escobillas se sitúan en la línea neutra, de modo que los conductores conmutan cuando están en los ejes interpolares. Para contrarrestar la f.e.m. de conmutación, se disponen unos polos auxiliares que generan la f.e.m. necesaria. Alimentando estos polos con la misma corriente de inducido, para cualquier régimen de carga, ambas f.e.m.s serán siempre del mismo valor, por lo tanto, siempre se compensarán.

Estos polos auxiliares de conmutación se colocan entre cada dos polos principales, esto es en la zona de conmutación, como se puede observar en la siguiente Figura 7.24:

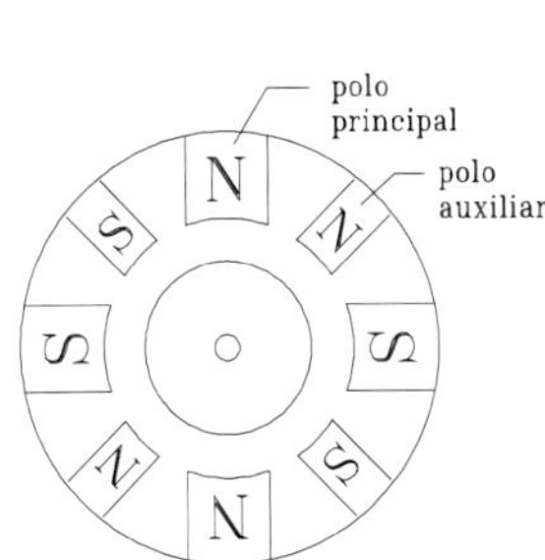

Figura 7.24.

7.6.3. Funcionamiento de la máquina de corriente continua como motor

Al igual que las máquinas sincrónicas, para que una máquina de c.c. funcione como motor es necesario que se produzca la inversión de las corrientes en los conductores del rotor. De este modo cuando un conductor del rotor esté situado frente a un polo norte, tendrá una dirección de corriente, y esta dirección se invertirá cuando esté sometido a la acción del polo sur. Esta inversión de corriente queda garantizada por el colector. Si la posición de las escobillas es la indicada en la Figura 7.21b, los sentidos de las intensidades de corriente serán tales que, frente a los polos norte, la corriente será saliente del plano, y frente a los polos sur, será entrante. Así, todos los conductores ejercerán un par en la misma dirección. Si las escobillas se disponen fuera de esa posición, habrá conductores frente a un polo con un sentido de intensidad y otros conductores con sentidos opuestos. Esto, lógicamente, restaría par a la máquina con la misma intensidad de corriente en ellos.

De modo que, en una máquina de c.c., la disposición óptima para asegurar que todos los conductores frente a un polo tengan el mismo sentido de corriente se garantiza con la disposición de las escobillas sobre el colector. En cambio, en una máquina sincrónica funcionando como motor deberá hacerse mediante un inversor, controlando la apertura y cierre de los interruptores de estado sólido en el momento adecuado. Las máquinas que funcionan de esta forma se les denomina máquina *brushless*, esto es de c.c. sin escobillas. Así pues, en las máquinas *brushless* la inversión la realizan unos interruptores de estado sólido y en las máquinas de c.c. el conjunto colector-escobillas. Lo importante, en uno y otro caso es conseguir el par máximo realizando la conmutación de cada conductor, o grupo de ellos, en el momento preciso.

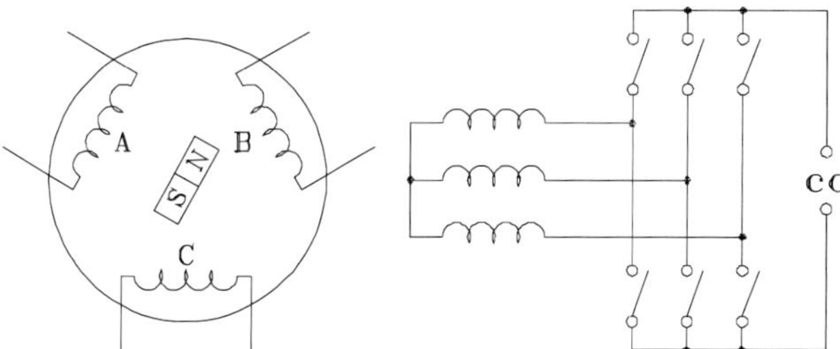

Figura 7.25. Máquina de c.c. sin escobillas o máquina *brushless.*

Máquina de c.c.

El par producido por una máquina de c.c. se puede obtener de la conversión de energía eléctrica en mecánica:

$$E \cdot I = T \cdot \omega \rightarrow \frac{p}{c} N \cdot \Phi \cdot n \cdot I = T \cdot 2 \cdot \pi \cdot n \rightarrow T = \frac{1}{2\pi} \frac{p}{c} N \cdot I \cdot \Phi$$

Como se observa, es proporcional al campo magnético producido por el estátor Φ y por el del rotor: N I

7.7. Introducción a las máquinas asincrónica de inducción

Esta máquina tiene su principal aplicación como motor. De hecho, un porcentaje muy amplio de la energía eléctrica transformada en mecánica se realiza mediante este tipo de máquina.

En las máquinas sincrónicas y en las de c.c., el sistema inductor crea un campo magnético que es producido por imanes permanentes o por electroimanes, estando el sistema inducido conectado a un circuito exterior, el cual suministra o recibe energía eléctrica. A diferencia de estas máquinas, en la máquina asincrónica de inducción se produce un campo magnético en el estátor y es este el que induce corrientes en el otro sistema, por lo que no hay conexión eléctrica del último con el exterior. Por esta razón, se la denomina máquina de inducción, ya que su funcionamiento depende de la inducción de corrientes en el sistema rotórico. El adjetivo "asincrónica" se debe a que funciona a una velocidad diferente de la sincrónica, estando esta última determinada por la expresión:

$$n_s = \frac{f}{p} \text{ (r/s)}$$

En cuanto a su constitución, existen dos tipos de máquinas eléctricas asincrónicas de inducción: las máquinas de rotor bobinado y las máquinas con rotor de jaula de ardilla. En ambos casos el estátor tiene la misma forma constructiva e igual al de las máquinas sincrónicas: una corona magnética con ranuras interiores donde se dispone un devanado. La función del estátor es crear un campo magnético giratorio de velocidad constante (sincrónica), determinada por la expresión mencionada anteriormente. El rotor es lo que diferencia a los dos tipos de máquinas asincrónicas.

a) Máquinas con rotor bobinado (Figura 7.26): En este tipo de máquinas el rotor tiene la misma estructura que el sistema estatórico, es decir, una corona de chapa magnética con ranuras en la parte exterior, en las que se dispone un devanado, generalmente trifásico. Así, ambos sistemas están formados por devanados dispuestos en las ranuras de las coronas magnéticas. La Figura 7.27 ilustra la disposición de los conductores en estas ranuras. El devanado rotórico se conecta a través de un conjunto de anillos colectores y escobillas a unas resistencias exteriores, utilizadas durante el arranque y que son cortocircuitadas una vez realizado el mismo (Figura 7.28). Estas resistencias también se emplear para la variación de velocidad.

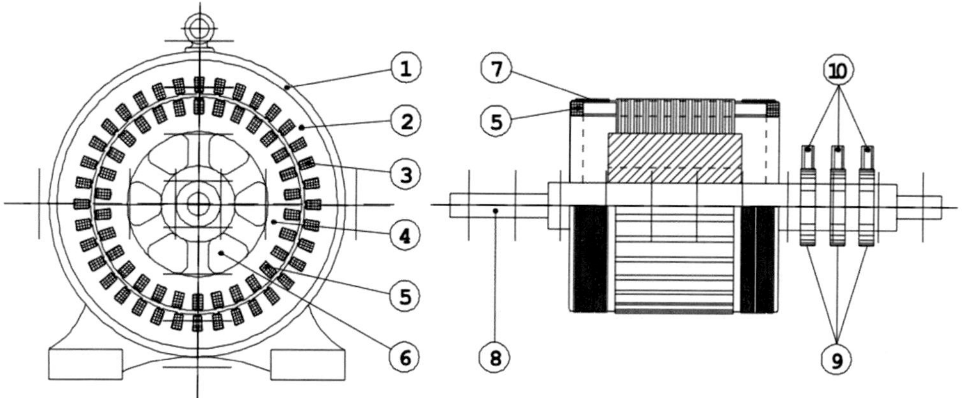

Figura 7.26. 1. Carcasa. 2. Estator o inductor. 3. Devanado estatórico. 4. Rotor o inducido. 5. Devanado rotórico. 6. Canal de ventilación. 7. Zunchado cabezas devanado rotórico. 8. Eje. 9. Colector de anillos. 10. Escobillas.

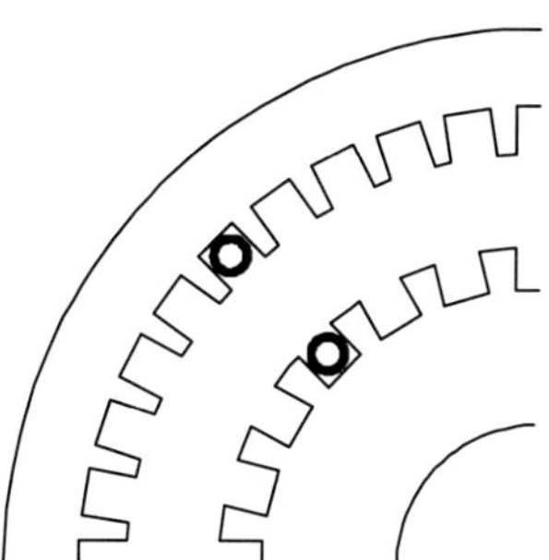

Figura 7.27.

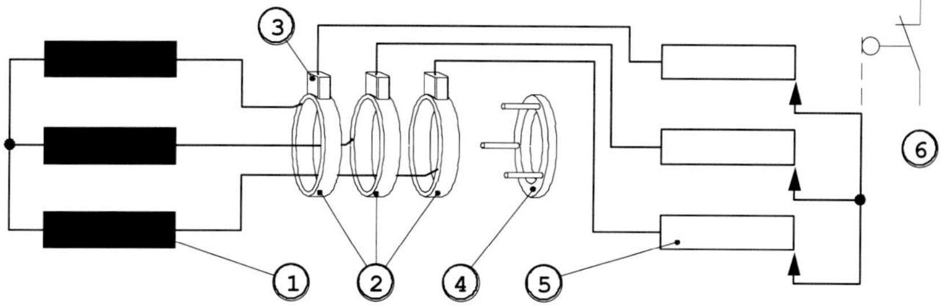

Figura 7.28. 1. Devanado rotórico. 2. Colector de anillos. 3. Escobilla. 4. Anillo de cortocircuito. 5. Resistencias de arranque. 6. Final de carrera de posición de arranque.

b) Máquinas con rotor de jaula de ardilla (Figura 7.29 y Figura 7.30): También denominado rotor en cortocircuito o rotor de barras. El devanado rotórico, como se observa en la Figura 7.30, está formado por unas barras axiales cortocircuitadas mediante dos anillos, lo que recuerda a una jaula de ardilla, de la que recibe su nombre. En realidad, las barras no son exactamente paralelas al eje, sino que tienen una pequeña inclinación respecto de él, que se corresponde con una ranura rotórica. Este conjunto está dispuesto en una armadura magnética y en su interior se inserta el eje (Figura 7.29). De la descripción efectuada, se deduce la facilidad constructiva de este tipo de máquina y, por tanto, su reducido precio, lo que la convierte en la máquina eléctrica más utilizada como motor en aplicaciones industriales.

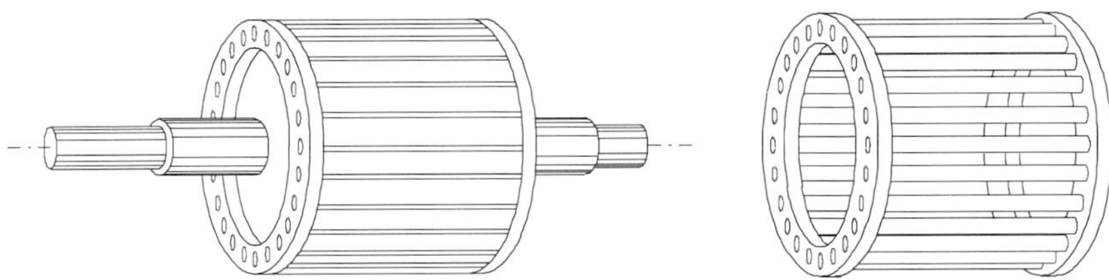

Figura 7.29. **Figura 7.30.**

Rotor en cortocircuito de máquina de inducción.

Rotor bobinado de máquina de inducción.

Detalles del estátor de máquinas de corriente alterna, válido para las sincrónicas y de inducción.

7.7.1. Funcionamiento

Cuando el devanado estatórico, generalmente trifásico, es alimentado por un sistema trifásico de corrientes, se produce, como se demostrará en el próximo tema, un campo magnético que gira a la velocidad sincrónica (supóngase que este giro es hacia la derecha, como se observa en la Figura 7.31). El giro de este campo magnético hace que los conductores del rotor, en principio estáticos, corten las líneas de campo, por lo que en ellos se induce una f.e.m y, por estar en cortocircuito, una intensidad de corriente cuyo sentido es saliente del plano en los conductores situados frente a un polo norte y entrante en los situados frente al polo sur. En esta situación se generan unas corrientes en el seno de un campo magnético (el estatórico), por lo que, según la ley de Biot y Savart, se produce una fuerza electromagnética que determina el giro el rotor en la misma dirección del campo magnético estatórico.

En referencia al par producido, como se trató en epígrafes anteriores, para que, con una determinada corriente, se consiga el máximo par, es necesario que frente a un polo todas las intensidades de corriente tengan el mismo sentido. Es evidente que las f.e.m. inducidas en los conductores que están enfrentados con un polo, todas ellas tienen el mismo sentido, ya que están producidas por un campo magnético de la misma dirección. Si la reactancia del rotor fuera nula, los sentidos de las f.e.m. y las corrientes coincidirían, logrando así esta situación óptima. Sin embargo, si se produce un desfase entre ellas, ya no se tendrá esta situación óptima. Es decir, frente a un polo habrá conductores que tengan una dirección de corriente y otros con la dirección opuesta, lo que resultará en un par más reducido con la misma corriente. Así pues, que se tenga mayor o menor par para la misma corriente dependerá de la reactancia del rotor. Como se verá más adelante, en el arranque es cuando la reactancia rotórica es mayor y, por lo tanto, se obtiene menor par para una intensidad determinada. En la actualidad, con variadores de velocidad y controladores de campo, se soslaya este problema.

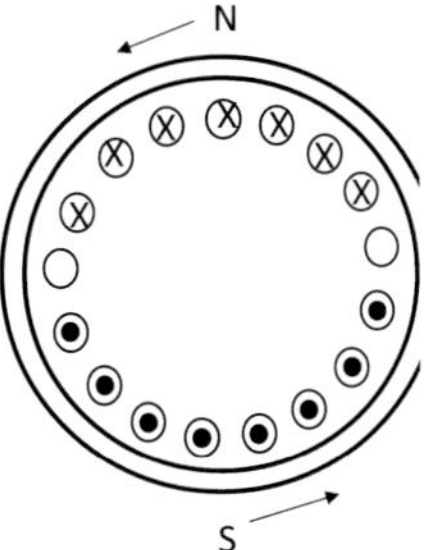

Figura 7.31.

Denominando por n_s a la velocidad sincrónica, cuyo valor es, en r/m

$$n_S = \frac{60 \cdot f}{p}$$

la velocidad de giro del rotor (n_r) es:

$$n_r < n_s \text{(funcionamiento como motor)}$$

$$n_r > n_s \text{(funcionamiento como generador)}$$

suponiendo una máquina asincrónica de 2 pares de polos (p=2) y frecuencia 50 Hz (f=50) la velocidad sincrónica es:

$$n_s = \frac{60 \cdot 50}{2} = 1500 \text{ r/m}$$

Y la de giro del rotor, funcionando como motor, para una máquina de 10 kW, está comprendida entre aproximadamente 1450 r/m y 1497 r/m, según el par resistente, la primera es para el funcionamiento a plena carga y la segunda para el funcionamiento en vacío.

7.8. Pérdidas energéticas en los convertidores mecanoeléctricos: balance energético

Las pérdidas energéticas en las máquinas eléctricas dinámicas se pueden clasificas en:

- Pérdidas en el hierro
- Pérdidas en los conductores
- Pérdidas mecánicas

Las pérdidas en el hierro y en los conductores ya se analizaron cuando se estudiaron las pérdidas en los transformadores. No obstante, hay que hacer alguna matización cuando se evalúan estas pérdidas en máquinas dinámicas. Las pérdidas mecánicas se producen exclusivamente en máquinas dinámicas, por lo que no han sido tratadas anteriormente.

7.8.1. Pérdidas en el hierro

Las pérdidas en el hierro se producen en las partes ferromagnéticas de la máquina que están sometidas a un campo magnético variable. Se clasifican en:

- Pérdidas por histéresis:
  - Pérdidas por histéresis alternativa
  - Pérdidas por histéresis rotativa
- Pérdidas por corrientes de Foucault
- Pérdidas suplementarias por concentración de flujo:
  - En coronas magnéticas
  - En piezas polares
  - Por manufacturado

7.8.1.1. Pérdidas por histéresis

El análisis de estas pérdidas por histéresis se realizó en el contexto del estudio de los transformadores de potencia, en el cual se dedujo la expresión de las pérdidas por unidad de volumen de hierro, que es:

$$P_H = K \cdot f \cdot \hat{B}^2$$

donde:

K = cte. Que depende del tipo de chapa magnética.

f = frecuencia (Hz).

$\hat{B}$ = inducción máxima (T).

7.8.1.1.1. Pérdidas por histéresis alternativa

La expresión indicada anteriormente corresponde a las pérdidas por histéresis alternativa, que se producen en aquellos circuitos magnéticos en los que líneas de campo mantienen la dirección y solo cambia el sentido (como sucede en los transformadores). En la Figura 7.32 se representa una zona de la columna de un transformador en la que se indica la dirección de las líneas de campo según se trate de semiciclo positivo o negativo.

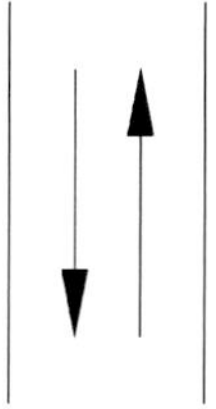

Figura 7.32.

7.8.1.1.2. Pérdidas por histéresis rotativa

En las máquinas dinámicas, además del sentido del campo magnético, también cambia la dirección. Como se observa en la Figura 7.33, cuando el rotor de la máquina está en una posición (a), las líneas de campo en la corona magnética tienen dirección radial. Sin embargo, cuando el rotor está en otra posición (b), estas líneas cambian de dirección. Las pérdidas por histéresis rotativa se producen en estas zonas del circuito magnético en el que cambian la dirección y el sentido de las líneas de campo.

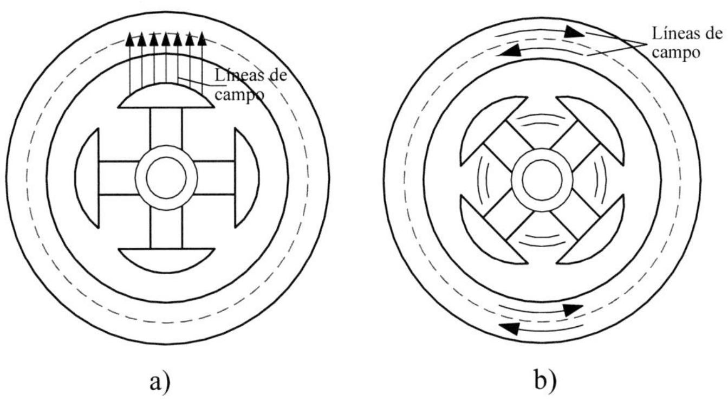

Figura 7.33.

7.8.1.2. Pérdidas por corrientes de Foucault

Estas pérdidas se deben a las corrientes inducidas en el hierro cuando está sometido a variaciones de campo magnético. Se determinan según la expresión obtenida para los transformadores.

7.8.1.3. Pérdidas suplementarias por concentración de flujo

Estas se producen por existir zonas en las que hay concentración de líneas de campo, como es especialmente en los dientes de las coronas magnéticas y en las piezas polares.

7.8.2. Pérdidas en los conductores

Las pérdidas en los conductores dependen del cuadrado de la corriente, excepto en las escobillas en las que las pérdidas dependen de la densidad de corriente en ellas, siendo estas constantes a partir de una densidad de corriente determinada.

Así pues, las pérdidas en los conductores se pueden desglosar en:

- Pérdidas por efecto Joule
  - Pérdidas por efecto superficial (efecto Skin)
- Pérdidas en escobillas

7.8.2.1. Pérdidas por efecto Joule

Son las pérdidas en los conductores eléctricos, se obtienen por la expresión:

$$P_{CU} = R \cdot I^2 \text{ (W)}$$

$$R = \rho \frac{L}{S}$$

donde:

ρ = resistividad del metal ($Cu_{com.}$= 0'01785, Al=0,02778) a 20 °C (Ω mm^2/m)

L = longitud del conductor (m)

S = sección del conductor (mm^2)

la resistencia en corriente alterna será:

$$R_a = K_s \cdot R_c$$

siendo:

R_a = resistencia en corriente alterna (W)

K_s = coeficiente de Skin

R_c = resistencia en corriente continua a 20 °C (W)

7.8.2.2. Pérdidas en escobillas

El valor de estas pérdidas las proporciona el fabricante, puesto que son de difícil cálculo, por depender de múltiples factores, entre ellos:

- **Sentido de la corriente en las escobillas:** (Figura 7.34)

  El contacto entre colector y la escobilla es un contacto entre cobre y carbón. El carbón tiene cuatro electrones de valencia, mientras que el cobre tan solo tiene uno. A partir de aquí se deduce que es más fácil que el electrón de valencia del cobre salga de su orbital y vaya hacia la escobilla que al contrario, lo que va a provocar que la c.d.t. en una escobilla positiva no sea igual a la c.d.t. de una escobilla negativa. De modo que, en un contacto colector-escobilla, según la dirección de la corriente, se producirá una u otra c.d.t. Por ello la c.d.t. en escobillas se dará siempre para una pareja.

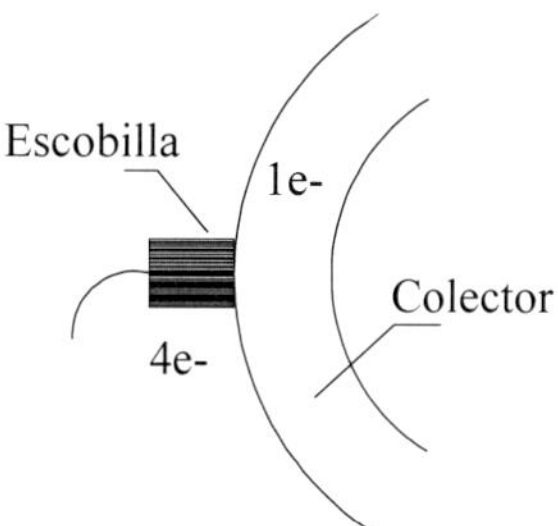

Figura 7.34.

- **Densidad de corriente:** La característica de la c.d.t. en función de la densidad de corriente se indica en la Figura 7.35, de modo que a partir del valor 10-12 A/mm^2 se estabiliza esta c.d.t.

De forma general se puede decir que en colectores de anillos (máquinas sincrónicas, asincrónicas de inducción con motor en anillos) la c.d.t. estará alrededor de 1 V y en máquinas de c.c. alrededor de 2 V.

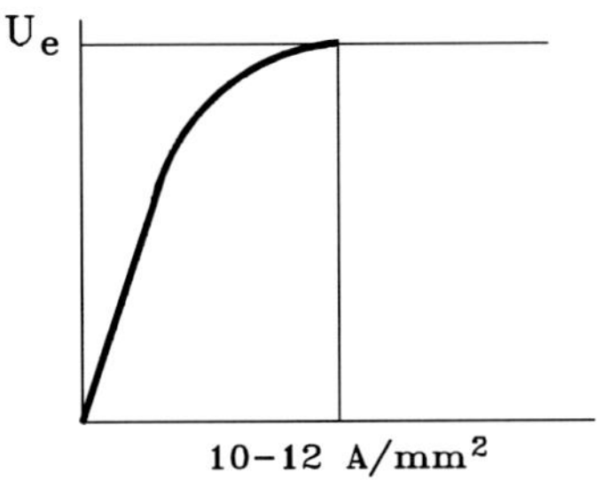

Figura 7.35.

7.8.3. Pérdidas mecánicas

Debidas al giro de la máquina. Se divide en dos, que son:

- Por rozamiento: Debido a los elementos en fricción de la máquina como son los cojinetes y las escobillas.
- Por ventilación: Debido a la potencia que se requiere para el ventilador de refrigeración de la máquina.

7.8.4. Balance de potencias

Introduciendo las pérdidas en el esquema de principio de los convertidores mecanoeléctricos se obtiene la Figura 7.36. En ella se observa que, si el funcionamiento es como motor, la potencia eléctrica absorbida es el producto de tensión por intensidad y factor de potencia. En el caso de c.a. y raíz de tres si es un sistema trifásico. Una parte de esta potencia se pierde en el sistema eléctrico (conductores, escobillas, etc.), mientras que el resto es la potencia eléctrica interna, f.e.m. por intensidad y f.d.p. y raíz de tres, según el caso. Esta potencia eléctrica interna se transforma íntegramente en potencia mecánica interna (par interno por velocidad angular), de cual una parte se pierde en el sistema mecánico (por rozamientos, ventilación, etc.), y el resto es la potencia mecánica externa. Si el funcionamiento es como generador, el proceso es inverso al del motor, la potencia absorbida es la mecánica y se obtiene potencia eléctrica, con los flujos y pérdidas indicados anteriormente.

Como generador el rendimiento será la relación entre la potencia eléctrica externa y la mecánica introducida, al contrario, si el funcionamiento es como motor.

Obsérvese que, independientemente del flujo de potencia, las potencias internas, tanto mecánica como eléctrica, coinciden.

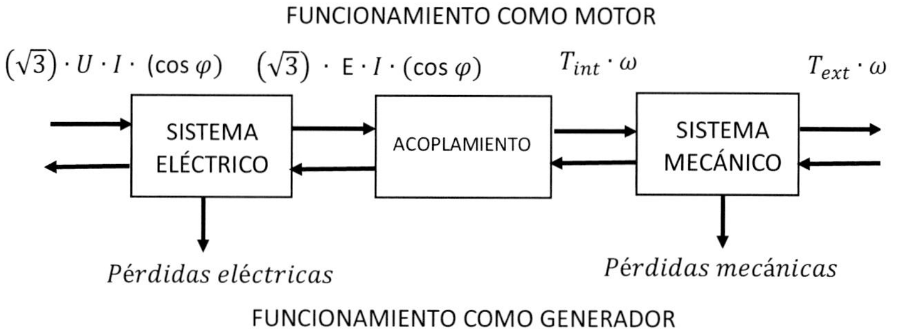

FUNCIONAMIENTO COMO MOTOR

$(\sqrt{3}) \cdot U \cdot I \cdot (\cos\varphi)$ $(\sqrt{3}) \cdot E \cdot I \cdot (\cos\varphi)$ $T_{int} \cdot \omega$ $T_{ext} \cdot \omega$

SISTEMA ELÉCTRICO → ACOPLAMIENTO → SISTEMA MECÁNICO

Pérdidas eléctricas *Pérdidas mecánicas*

FUNCIONAMIENTO COMO GENERADOR

Figura 7.36.

Problemas tema 7

Problema 7.1. Una máquina sincrónica está constituida por una bobina fija de 1 ohmio de resistencia eléctrica que tiene 60 espiras de 180 mm de longitud y 90 mm de diámetro situada en una armadura magnética. El rotor es bipolar y está constituido por imanes permanentes que crean un campo magnético en el entrehierro de variación senoidal y valor máximo igual a 0,8 T. La bobina se alimenta desde un convertidor que produce una intensidad de corriente de variación senoidal. La máquina debe de accionar un mecanismo que requiere un par medio de 6 Nm a la velocidad de 3600 r/m y se considera que las pérdidas mecánicas tienen el valor de 120 W. Calcular:

1. La f.e.m. máxima inducida en la bobina.
2. La intensidad de corriente absorbida para accionar el mecanismo si existe un desfase de 15° entre la f.e.m. inducida y la intensidad introducida.
3. El valor eficaz de la tensión de alimentación y el rendimiento del convertidor.

Ap. 1

$$E_{max} = N \cdot B \cdot l \cdot v = N \cdot B \cdot l \cdot 2\pi \cdot n \cdot r = 120 \cdot 0.8 \cdot 0.18 \cdot 2\pi \cdot \frac{3600}{60} \cdot 0.045 = 293.15 \text{ V}$$

Ap. 2

$$P_{mec} = T \cdot \omega + P_{r,v} = 6 \cdot 2 \cdot \pi \cdot \frac{3600}{60} + 120 = 2262 + 120 = 2382 \text{ W}$$

$$P_{mec} = P_{elect} = E \cdot I \cdot cos\, \varphi = \frac{293.15}{\sqrt{2}} \cdot I \cdot cos 15° \rightarrow I = 11.9 \text{ A}$$

Ap. 3

$$U = E + R \cdot I = \frac{293.15}{\sqrt{2}} + 1 \cdot 11.9 = 219.2\text{V}$$

Despreciando el desfase entre U e I

$$\eta = \frac{P_u}{P_a} = \frac{P_u}{P_u + P_{r,v} + R \cdot I^2} = \frac{2262}{2262 + 120 + 1 \cdot 11.9^2} = 0.896$$

Problema 7.2. Un motor sincrónico bipolar monofásico está formado por una bobina estatórica, con 15 espiras, de 100 mm de longitud y 80 mm de ancho y un rotor de imanes permanentes que produce una distribución senoidal de inducción en el entrehierro, de forma que la variación temporal de la f.e.m. inducida en la bobina para la velocidad de régimen es tal como se muestra en la figura, siendo su valor eficaz de 50 V y el periodo de 10 ms. La corriente introducida en la bobina también es de carácter senoidal de valor eficaz 4 A y desfasada, respecto de la f.e.m. 1 ms. La resistencia del conductor con el que se construye la bobina es de 1 Ω y las pérdidas mecánicas de 15 W. Determinar:

1. El valor de la inducción máxima en el entrehierro de la máquina.
2. La potencia útil suministrada por la máquina.
3. La potencia absorbida y el rendimiento total de la máquina.

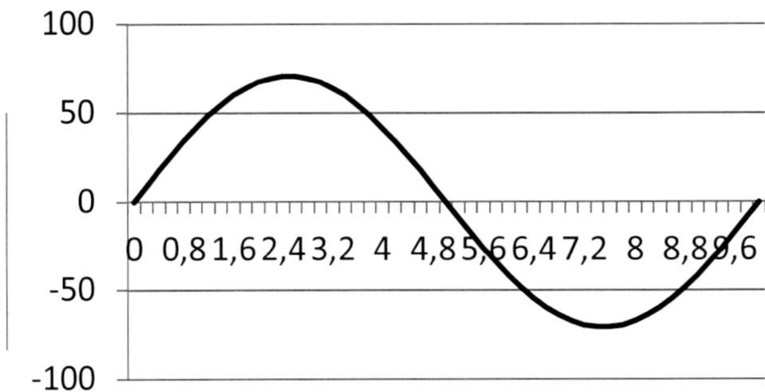

Ap. 1

$$E = N \cdot B \cdot L \cdot v$$

$$E = \sqrt{2} \cdot 50 \;;\; N = 30 \;;\; L = 0.1;$$

$$v = \omega \cdot r = 2 \cdot \pi \cdot n \cdot r = 2 \cdot \pi \cdot f \cdot r = 2 \cdot \pi \cdot 100 \cdot 0.04 = 25.1 \Longrightarrow B = 0.938\ T$$

Ap. 2

$$P_u = P_{m,int} - Perd_{mec} = E \cdot I \cdot cos\varphi - Perd_{mec} = 50 \cdot 4 \cdot cos \frac{1}{10} 360 - 15 = 146.8\,\text{W}$$

Ap. 3

$$P_{abs} = P_{m,int} + Perd_{joule} = E \cdot I \cdot cos\varphi + R \cdot I^2 = 50 \cdot 4 \cdot cos36 + 1 \cdot 4^2 = 177.8\ \text{W}$$

$$\eta = \frac{P_u}{P_{abs}} = \frac{146.8}{177.8} = 0.826$$

Problema 7.3. Una máquina eléctrica de c.a. está constituida por una bobina fija de 1 ohmio de resistencia eléctrica que tiene 50 espiras de 200 mm de longitud y 100 mm de diámetro situada en una armadura magnética. El rotor, bipolar y de entrehierro constante, está constituido por imanes permanentes que crean un campo magnético en el entrehierro de valor constante e igual a 0,8 T. Cada polo del rotor cubre un ángulo de 120°. La bobina se alimenta desde un convertidor que produce una intensidad de corriente cuya variación temporal se indica en la figura, con una frecuencia de 60 Hz. La máquina debe de accionar un mecanismo que requiere un par medio de 5 Nm a la velocidad de 3600 r/m. Calcular:

1. La f.e.m. máxima inducida en la bobina.
2. La tensión máxima de alimentación si la inversión de la corriente se produce de forma que cuando el punto central de paso por cero de la corriente coincide cuando la bobina está en el eje interpolar del rotor.
3. La intensidad de corriente en la bobina si la inversión de la corriente se produce de forma que cuando el punto central de paso por cero de la corriente coincide cuando la bobina está situada a 30 ° del eje interpolar.

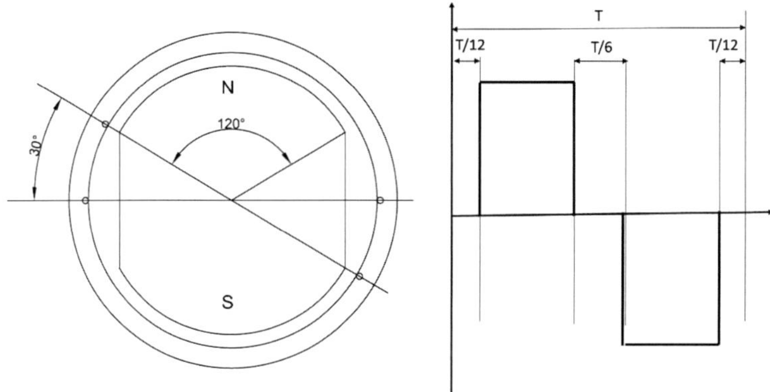

Ap. 1

$$E = N \bullet B \bullet l \bullet v = N \bullet B \bullet l \bullet 2 \bullet \pi \bullet n \bullet r = 100 \bullet 0.8 \bullet 0.2 \bullet 2 \bullet \pi \bullet \frac{3600}{60} \bullet 0.05 = 301.6 \text{ V}$$

Ap. 2

Como hay un recubrimiento de 120° sobre 180°, el par máximo, presente en esos 120°, será:

$$T_{max} = \frac{180}{120} \cdot T_{med} = \frac{180}{120} \cdot 5 = 7.5 \text{ Nm}$$

$$T_{max} = F_{max} \cdot r = N \cdot B \cdot l \cdot I \cdot r \rightarrow \text{I} = \frac{T_{max}}{N \cdot B \cdot l \cdot r} = \frac{7.5}{100 \cdot 0.8 \cdot 0.2 \cdot 0.05} = 9.37 \text{ V}$$

$$U = E + R \cdot I = 301.6 + 1 \cdot 9.37 = 311.0 \text{ V}$$

Ap. 3

En este caso, no habrá intensidad de corriente en la bobina en un doceavo de periodo, equivalente a 30 °, pero sí habrá inducción, luego el par máximo estará presente en 90° sobre 180:

$$T_{max} = \frac{180}{90} \cdot T_{med} = \frac{180}{90} \cdot 5 = 10\,\text{Nm}$$

$$T_{max} = F_{max} \cdot r = N \cdot B \cdot l \cdot I \cdot r \rightarrow I = \frac{T_{max}}{N \cdot B \cdot l \cdot r} = \frac{10}{100 \cdot 0.8 \cdot 0.2 \cdot 0.05} = 12.5\text{ V}$$

$$U = E + R \cdot I = 301.6 + 1 \cdot 12.5 = 314.1\text{ V}$$

Problema 7.4. Una máquina eléctrica bipolar, está formada por una bobina con 100 espiras de 0,1 m de anchura y 0,2 m de longitud, arrollada sobre un núcleo ferromagnético que gira a 40 r/s en un campo magnético bipolar con inducción de variación senoidal y valor máximo de 0,7 T. Sabiendo que la máquina alimenta un receptor de 20 Ω de resistencia y 0,03 H y que la bobina tiene una resistencia de 2 Ω y 0,006 H, calcular:

1. El valor máximo de la f.e.m. inducida en la bobina y la tensión en bornes del receptor.
2. La potencia mecánica absorbida y el par medio necesario para accionarla.

Ap. 1

$$e_{max} = N \cdot B_{max} \cdot l \cdot v = N \cdot B_{max} \cdot l \cdot \omega \cdot r = 200 \cdot 0.7 \cdot 0.2 \cdot 2\pi \cdot 40 \cdot 0.05 = 351.85\text{ V}$$

$$X_i = 2\pi f l_i = 2\pi \cdot 40 \cdot 0.006 = 1.5\Omega$$

$$X_e = 2\pi f l_e = 2\pi \cdot 40 \cdot 0.03 = 7.54\Omega$$

$$Z = \sqrt{(R_i + R_e)^2 + (X_i + X_e)^2} = \sqrt{(2 + 20)^2 + (1.50 + 7.54)^2} = 23.78\Omega$$

$$I_{max} = \frac{E_{max}}{Z} = \frac{351.85}{23.78} = 14.8\text{A}$$

$$I_{ef} = \frac{I_{max}}{\sqrt{2}} = 10.47\text{A}$$

$$Z_{ext} = \sqrt{R_e^2 + X_e^2} = \sqrt{20^2 + 7.54^2} = 21.37\Omega$$

$$U_{max} = I_{max} \cdot Z_{ext} = 14.8 \cdot 21.37 = 316.28\text{V}$$

$$U_{ef} = \frac{U_{max}}{\sqrt{2}} = 223.64\text{V}$$

Ap. 2

$$P = (R_i + R_e)I^2 = (2 + 20) \cdot 10.47^2 = 2411.66\text{W}$$

$$T = \frac{P_m}{\omega} = \frac{2411.66}{40 \cdot 2 \cdot \pi} = 9.60\text{Nm}$$

Problema 7.5. Una máquina eléctrica bipolar, constituida por una bobina con 100 espiras de 0,1 m de anchura y 0,2 m de longitud, arrollada sobre un núcleo ferromagnético que gira a 40 r/s en un campo magnético bipolar con inducción constante en el entrehierro de valor 0,7 T. El arco polar es de 120° y la resistencia interna de la bobina de 1,5 Ω. Sabiendo que la máquina alimenta un receptor de 20 Ω, calcular:

1. El valor máximo de la f.e.m. inducida en la bobina.
2. El par máximo y el medio necesarios para accionarla.
3. La tensión máxima en bornes de la resistencia de 20 Ω.

Ap. 1

$$e_{max} = N \cdot B_{max} \cdot l \cdot v = N \cdot B_{max} \cdot l \cdot \omega \cdot r = 200 \cdot 0.7 \cdot 0.2 \cdot 2\pi \cdot 40 \cdot 0.05 = 351.85 \text{ V}$$

Ap. 2

$$i_{max} = \frac{e_{max}}{R + r_{int}} = \frac{351.85}{20 + 1.5} = 16.37A$$

$$T_{max} = N \cdot B_{max} \cdot i_{max} \cdot l \cdot r = 200 \cdot 0.7 \cdot 16.37 \cdot 0.2 \cdot 0.05 = 22.9 \text{ Nm}$$

$$T_{medio} = T_{max}\frac{120}{180} = 15.28\ Nm$$

Ap. 3

$$U_{max} = \text{R} \cdot I_{max} = 20 \cdot 16.37 = 327.4\text{V}$$

Problema 7.6. La figura representa la sección transversal de una máquina sincrónica bipolar de imanes permanentes de 160 mm de longitud y 80 mm de diámetro. En el estátor se disponen tres bobinas de 20 espiras cada una de ellas y conectadas a las tres fases de un sistema trifásico, considerando que, cuando la intensidad de corriente es positiva, está entrando por los conductores indicados como R, S y T, y sale por R' S' T', tal como se indica en la figura y, si la corriente es negativa, sucede lo contrario. La inducción en el entrehierro se considera de distribución senoidal y valor máximo 1,2 T. Calcular:

1. La velocidad de rotación, si el valor eficaz de la tensión aplicada en cada una de las fases es de 100 V, sin considerar la c.d.t.

2. Calcular el par producido en la máquina si en un instante determinado, la distribución de la inducción cumple la ecuación: $b = 1.2\,sen\,(\alpha + 30^o)\,(T)$ y las intensidades de corriente en los conductores valen $I_R = 20$ A, $I_S = -10$ A, $I_T = -10$ A.
3. Para conseguir par y potencia máximos, indicar cual debería de ser la distribución de la inducción en el instante en que las intensidades de corriente son las indicadas en el apartado 2, teniendo en cuenta que esta distribución es de variación senoidal y valor máximo 1,2 T.

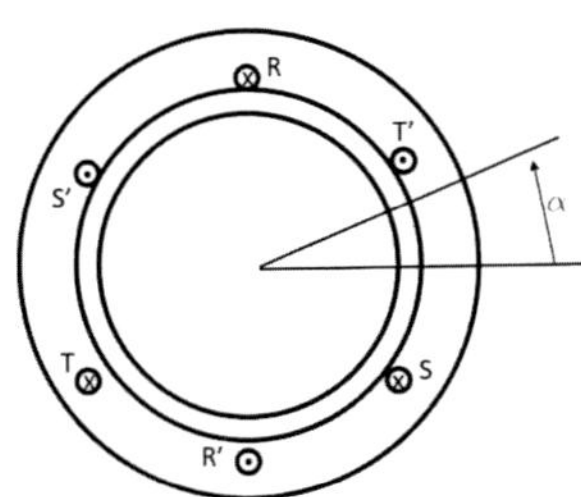

Ap. 1

$$U = E = 2.22 \cdot f \cdot \phi_{max} \cdot N$$

$$\phi_{max} = B_{max}\frac{D \cdot l}{p} = 1.2\frac{0.16 \cdot 0.08}{1} = 0.0154\text{Wb}$$

$$f = \frac{E}{2.22 \cdot \phi_{max} \cdot N} = \frac{100}{2.22 \cdot 0.0154 \cdot 40} = 73.13\,\text{Hz} \rightarrow n = 73.13\frac{\text{r}}{\text{s}} = 4387\text{r/m}$$

Ap. 2

$$T_R = F_R \cdot r = B \cdot I \cdot L \cdot N \cdot r = 1.2\,sen\,(90 + 30) \cdot 20 \cdot 0.16 \cdot 40 \cdot 0.04 = 5.32\text{ Nm}$$

$$T_S = F_S \cdot r = B \cdot I \cdot L \cdot N \cdot r = 1.2\,sen\,(210 + 30) \cdot (-10) \cdot 0.16 \cdot 40 \cdot 0.04 = 2.66\text{ Nm}$$

$$T_T = F_T \cdot r = B \cdot I \cdot L \cdot N \cdot r = 1.2\,sen(330 + 30) \cdot (-10) \cdot 0.16 \cdot 40 \cdot 0.04 = 0\text{ Nm}$$

$$T_{Total} = \sum T_i = 5.32 + 2.66 + 0 = 7.89\text{ Nm}$$

$$P = T_{Total} \cdot \omega = 7.89 \cdot 2 \cdot \pi \cdot 73.13 = 3667\text{W}$$

Ap. 3

Para que se obtuviera el par y la potencia máxima los campos magnéticos deberán estar formando 90°, por tanto, la expresión de la inducción será:

$$b = 1.2\,sen\,(\alpha)\,(T)$$

Y el par y la potencia:

$$T_R = F_R \cdot r = B \cdot I \cdot L \cdot N \cdot r = 1.2\,sen\,(90) \cdot 20 \cdot 0.16 \cdot 40 \cdot 0.04 = 6.13\text{ Nm}$$

$$T_S = F_S \cdot r = B \cdot I \cdot L \cdot N \cdot r = 1.2\ sen\ (210) \cdot (-10) \cdot 0.16 \cdot 40 \cdot 0.04 = 1.53\ \text{Nm}$$

$$T_T = F_T \cdot r = B \cdot I \cdot L \cdot N \cdot r = 1.2\ sen\ (330) \cdot (-10) \cdot 0.16 \cdot 40 \cdot 0.04 = 1.53\ \text{Nm}$$

$$\mathrm{T_{Total}} = \sum \mathrm{T_i} = 6.13 + 1.53 + 1.53 = 9.19\ \text{Nm}$$

$$P = T_{Total} \cdot \omega = 9.19 \cdot 2 \cdot \pi \cdot 73.13 = 4223\ \text{W}$$

Problema 7.7. Una máquina síncrona de imanes permanentes ideal, trifásica, con diámetro de armadura de 130 mm, produce la onda de inducción magnética resultante en el entrehierro indicada en la figura, de valor máximo 0,8 T. Cada una de las fases del estátor está formada por una única bobina de 15 espiras, de 125 mm de longitud. El rotor gira a 3000 r.p.m. Calcular:

1. El valor máximo de la f.e.m. inducida en las fases del devanado estatórico y su frecuencia.
2. El par máximo producido por cada fase, cuando se alimenta el devanado estatórico a través de un convertidor electrónico con corrientes de valor máximo de 12 A, sabiendo que las corrientes introducidas y las f.e.m.s inducidas están en fase.
3. La potencia mecánica generada en las condiciones indicadas en el apartado anterior.

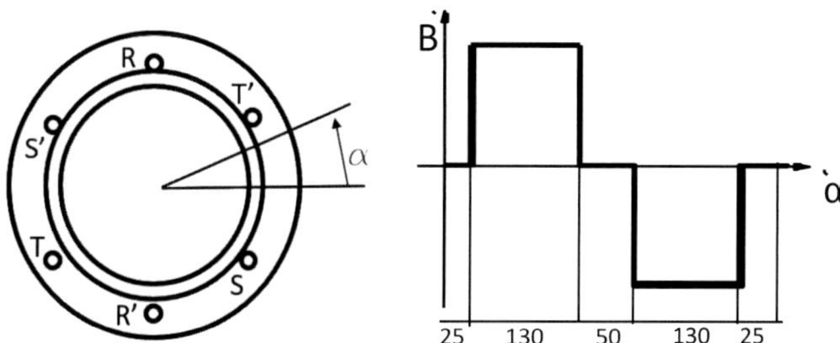

Ap. 1

Puesto que las tres bobinas están sometidas al mismo campo magnético, las tres tendrán la misma f.e.m. inducida:

$$E = B \cdot L \cdot v \cdot N_c = 0.8 \cdot 0.125 \cdot 2 \cdot \pi \cdot \frac{3000}{60} \cdot 0.065 \cdot 30 = 61.3\text{V}$$

$$f = n \cdot p = \frac{3000}{60} \cdot 1 = 50\,\text{Hz}$$

Ap. 2

Como están sometidas a la misma inducción y la misma intensidad el valor absoluto del par será el mismo en las tres bobinas y en las tres en la misma dirección:

$$T_R = B \cdot I \cdot L \cdot N_c \cdot r = 0.8 \cdot 12 \cdot 0.125 \cdot 30 \cdot 0.065 = 2.34\ \text{Nm}$$

Ap. 3

La potencia producida en cada fase:

$$P_{fase} = T \cdot \omega = 2.34 \cdot 2 \cdot \pi \cdot \frac{3000}{60} = 735 \text{ W}$$

Para las tres fases:

$$P_{total} = 3 \cdot P_{fase} = 3 \cdot 735 = 2205 \text{W}$$

Problema 7.8. La figura representa una máquina síncrona de imanes permanentes ideal, trifásica, de 140 mm de diámetro de armadura, y la onda de inducción magnética resultante en el entrehierro en ese instante, de valor máximo 1,2 T. Cada una de las fases del estátor está formada por una única bobina de 10 espiras, la longitud del paquete de chapas es de 120 mm. El rotor gira a 2000 r.p.m. Calcular:

1. El valor instantáneo de la f.e.m. inducida (con su signo) en cada fase del devanado estatórico en el instante considerado y la frecuencia.
2. El par producido en el instante representado, siendo el valor de las corrientes $i_R = 10$ A, $i_S = -10$ A e $i_T = -10$ A.
3. La f.e.m. y el par producido en la fase R cuando la máquina haya girado 90°.

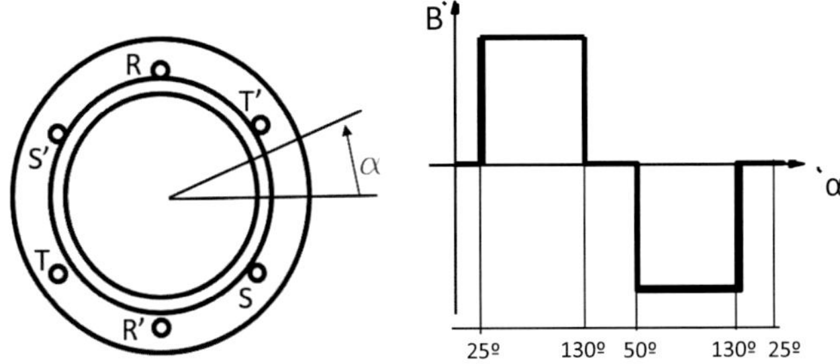

Ap. 1

Puesto que las tres bobinas están sometidas al mismo campo magnético, las tres tendrán la misma f.e.m. inducida:

$$E = B \cdot L \cdot v \cdot N_c = 1.2 \cdot 0.12 \cdot 2 \cdot \pi \cdot \frac{2000}{60} \cdot 0.70 \cdot 20 = 42.2\text{V}$$

Positiva en la fase R y negativa en las otras dos

$$f = n \cdot p = \frac{2000}{60} \cdot 1 = 33.3 \text{ Hz}$$

Ap. 2

Como están sometidas a la misma inducción y la misma intensidad el valor absoluto del par será el mismo en las tres bobinas y en las tres en la misma dirección:

$$T_R = B \cdot I \cdot L \cdot N_c \cdot r = 1.2 \cdot 10 \cdot 0.12 \cdot 20 \cdot 0.070 = 2.01 \text{ Nm}$$

$$T_S = T_T = B \cdot I \cdot L \cdot N_c \cdot r = (-1.2) \cdot (-10) \cdot 0.12 \cdot 20 \cdot 0.070 = 2.01 \text{ Nm}$$

El par resultante será de 6,03 Nm.

Ap. 3.

No estará sometido a inducción, luego f.e.m. y par nulos

Problema 7.9. La figura representa una máquina síncrona de imanes permanentes ideal, trifásica, simétrica y equilibrada con diámetro de armadura de 60 mm. La onda de inducción magnética resultante en el entrehierro en ese instante cumple la ecuación: B = 1,2 sen α. Cada una de las fases del estátor está formada por una única bobina de 50 espiras, la longitud del paquete de chapas es de 120 mm y el rotor gira a 3000 r.p.m. Calcular:

1. El valor eficaz de la f.e.m. inducida en cada fase del devanado estatórico y la frecuencia.
2. El par producido en el instante representado, siendo el valor de las corrientes $i_R = 5$ A, $i_S = -5$ A e $i_T = 0$.
3. La intensidad de corriente y la tensión en bornes de la máquina cuando, funcionando como generador, y conectado en estrella, alimenta un receptor de 3 Ω de resistencia y 0,01 H de inductancia, considerando, en este caso, que la impedancia por fase del devanado inducido de la máquina es de 0,5 Ω de resistencia y 0,005 H de inductancia.

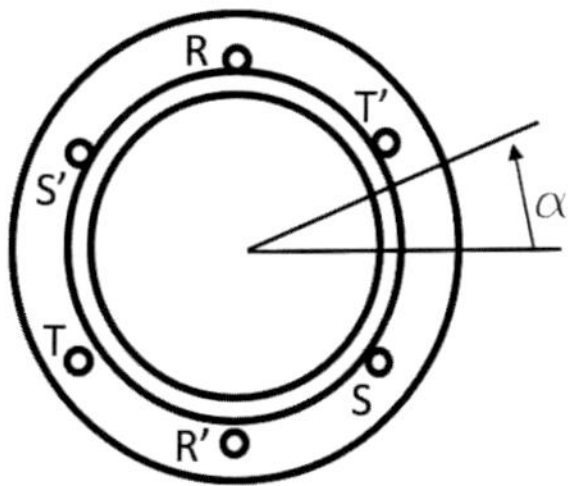

Ap. 1

$$\varphi = \frac{2}{\pi} \cdot \hat{B}_\varepsilon \cdot Sp = \frac{2}{\pi} \cdot 1.2 \cdot \frac{\pi \cdot 2 \cdot 0.030}{2} \cdot 0.12 = 0.00864 \text{ Wb}$$

$$f = n \cdot p = \frac{3000}{60} \cdot 1 = 50 \text{ Hz}$$

$$E = 2.22 \cdot f \cdot \varphi \cdot N = 2.22 \cdot 50 \cdot 0.0173 \cdot 100 = 96 \text{ V}$$

Ap. 2

$$T_R = B \cdot I \cdot L \cdot N_c \cdot r = 1.2 \cdot \text{sen}90° \cdot 5 \cdot 0.12 \cdot 100 \cdot 0.030 = 2.16 \text{ Nm}$$

$$T_s = B \cdot I \cdot L \cdot N_c \cdot r = 1.2 \cdot sen\ 210° \cdot (-5) \cdot 0.12 \cdot 100 \cdot 0.030 = 1.08 \text{ Nm}$$

$$T_T = B \cdot I \cdot L \cdot N_c \cdot r = 1.2 \cdot sen\ 330° \cdot 0.12 \cdot 100 \cdot 0.030 = 0 \text{ Nm}$$

$$T_{total} = 2.16 + 1.08 = 3.24\ Nm$$

Ap. 3

Las reactancias del receptor y del devanado inducido son:

$$X_{ext} = 2 \cdot \pi \cdot f \cdot L_{ext} = 2 \cdot \pi \cdot 50 \cdot 0.01 = 3.142\Omega$$

$$X_{int} = 2 \cdot \pi \cdot f \cdot L_{int} = 2 \cdot \pi \cdot 50 \cdot 0.005 = 1.571\ \Omega$$

Por lo que en cada fase se induce una intensidad de corriente:

$$I = \frac{E}{Z} = \frac{96}{\sqrt{3.5^2 + 4.7^2}} = 16.4\ A$$

$$U = Z \cdot I = \sqrt{3^2 + 3.14^2} \cdot 16.4 = 71.2$$

Problema 7.10. La figura representa una máquina síncrona de imanes permanentes ideal, trifásica, simétrica y equilibrada, la onda de inducción magnética resultante en el entrehierro cumple la ecuación: B = 1,1 sen a. La máquina está funcionando en ese momento como freno electromagnético, es decir, generando energía eléctrica y girando a 3000 r/m. Cada una de las fases del estátor está formada por una única bobina de 60 espiras, la longitud del paquete de chapas es de 80 mm y el diámetro de 130 mm. Calcular para el instante considerado:

1. El valor de la f.e.m. inducida en cada fase de la máquina.
2. Las ecuaciones que determinan la evolución de las f.e.m.s en función del tiempo en cada fase de la máquina a partir del instante considerado.
3. Si cada fase alimenta un receptor óhmico de 80 ohmios, determinar el par interno generado a través de la expresión de la fuerza generada en un conductor situado en un campo magnético.
4. Comprobar la igualdad entre potencia mecánica y potencia eléctrica interna.

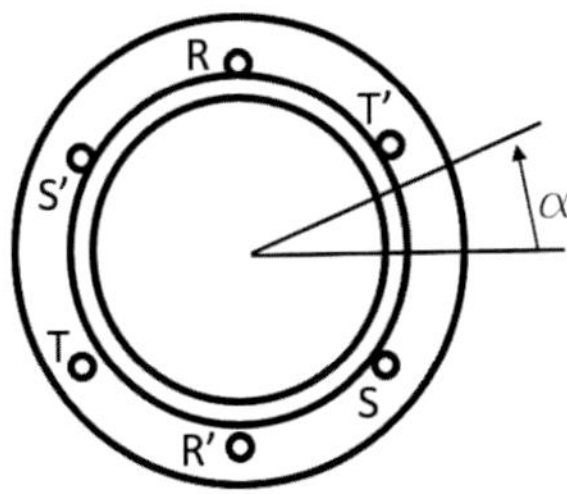

Ap. 1

En cada fase se induce una f.e.m.:

$$e_{fase} = N_C B l v$$

$$v = \omega \times r = (3000)\frac{2\pi}{60}0{,}065 m/s = 20{,}42 m/s$$

$B_R = 1.1\ sen\ 90^o = 1{,}1T \qquad B_S = 1.1\ sen\ 210^o = -\ 0.55\ T \qquad B_T = 1.1\ sen\ 330^o = -\ 0.55\ T$

$$e_R = 120 \cdot 1.1 \cdot 0.08 \cdot 20.42 = 215.6\ V$$

$$e_R = 120 \cdot (-0.55) \cdot 0.08 \cdot 20.42 = -\ 107.8\ V$$

Ap 2

$$f = \frac{\text{n}}{60 \cdot p} = \frac{3000}{60 \cdot 1} = 50\,\text{Hz}$$

Como en el instante inicial la f.e.m. en R es máxima, las expresiones las pondremos en función del coseno:

$$e_R = 215.6 \cdot cos(2 \cdot \pi \cdot 50 \cdot \text{t})$$

$$e_S = 215.6 \cdot cos(2 \cdot \pi \cdot 50 \cdot \text{t} - \frac{2 \cdot \pi}{3})$$

$$e_T = 215.6 \cdot cos\,(2 \cdot \pi \cdot 50 \cdot \text{t} - \frac{4 \cdot \pi}{3})$$

Ap. 3

$$i_R = \frac{e_R}{R} = \frac{215.6}{80} = 2.7A; \quad i_s = i_T = \frac{e_S}{R} = \frac{-107.8}{80} = -\ 1.35A$$

$$T_R = B \cdot I \cdot L \cdot N_c \cdot r = 1.1 \cdot sen\ 90° \cdot 2.7 \cdot 0.08 \cdot 120 \cdot 0.065 = 1.85\ \text{Nm}$$

$$T_s = B \cdot I \cdot L \cdot N_c \cdot r = 1.1 \cdot sen\ 210° \cdot (-1.35) \cdot 0.08 \cdot 120 \cdot 0.065 = 0.46\ \text{Nm}$$

$$T_T = B \cdot I \cdot L \cdot N_c \cdot r = 1.1 \cdot sen\ 330° \cdot (-1.35) \cdot 0.08 \cdot 120 \cdot 0.065 = 0.46\ \text{Nm}$$

$$T_{total} = 1.85 + 0.46 + 0.46 = 2.76\ Nm$$

Ap.4

Podemos comprobar que las potencias eléctrica y mecánica interna son iguales:

$$P_{ei} = \sum e_{fase} i_{fase} = 215.6\ V \cdot 2\,.\,7A + (-107.8V) \cdot (-1.35A) + (-107.8V) \cdot (-1.35A) = 870W$$

$$P_{mi} = T \cdot \omega = 2.76\ Nm \cdot 3000\frac{2\pi}{60} r/s = 870W$$

Problema 7.11. Un motor sincrónico bipolar monofásico está formado por una bobina estatórica con 30 espiras de 80 mm de longitud y 60 mm de ancho y un rotor de imanes permanentes. La variación temporal de la f.e.m. producida por la bobina para la velocidad de funcionamiento es la que se muestra en la figura, así como la evolución de la corriente suministrada por un inversor (abscisas en mseg, ordenadas en V y A). Determinar, despreciando pérdidas:

1. La velocidad de giro de la máquina en r/m y la inducción producida por rotor.
2. El par máximo y medio de la máquina.
3. La frecuencia, velocidad de giro, potencia promedio y el par cuando la tensión suministrada aumenta en un 25%.

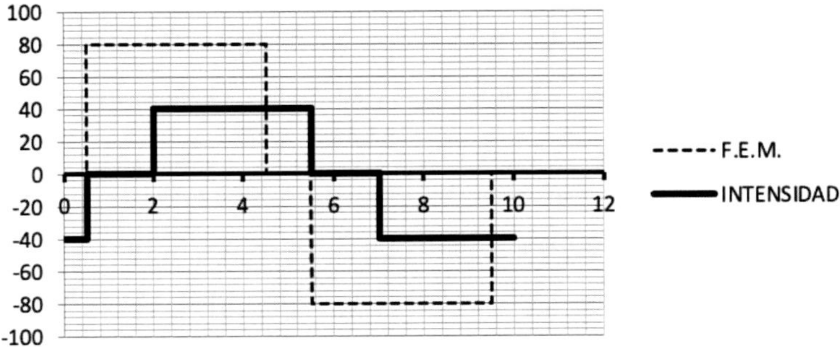

Ap. 1

$$n = 60 \cdot f \cdot p = 60 \cdot 100 \cdot 1 = 6000 \text{ r/m}$$

$$E = N \cdot B \cdot L \cdot v \rightarrow 80 = 60 \cdot \text{B} \cdot 0.08 \cdot 18.84$$

$$v = \omega \cdot r = 2 \cdot \pi \cdot n \cdot r = 2 \cdot \pi \cdot f \cdot r = 2 \cdot \pi \cdot 100 \cdot 0.03 = 18.84 \frac{\text{m}}{\text{s}} \Longrightarrow$$

$$\Longrightarrow B = 0.88\ T$$

Ap. 2

$$\hat{P}_{m,int} = E \cdot I = 80 \cdot 40 = 3200 \text{ W}$$

$$\hat{T}_{int} = \frac{\hat{P}_{m,int}}{\omega} = \frac{3200}{2 \cdot \pi \cdot 100} = 5.1 \text{ Nm}$$

$$T_{MEDIO} = \hat{T}_{int} \frac{12}{25} = 2.44 \text{ Nm}$$

Ap. 3

Si la tensión aumenta un 25%, para el resto de magnitudes constante, la velocidad, frecuencia y potencia aumentarán un 25%, mientras que el par se mantendrá constante:

$$n = 1.25 \cdot 6000 = 7500\,\text{r/m} \qquad f = 1.25 \cdot 100 = 125\,\text{Hz}$$

$$T_{MEDIO} = 2.44\ \text{Nm} \qquad P = T_{MEDIO} \cdot 2 \cdot \pi \cdot \text{n} = 2.44 \cdot 2 \cdot \pi \cdot 125 = 1916\ \text{W}$$

Problema 7.12. En la figura adjunta se indica la evolución temporal de la f.e.m. (F.E.M.) obtenida de un motor sincrónico tetrapolar y la intensidad de corriente (INTENSIDAD 1) que le proporciona un convertidor electrónico. La resistencia del devanado del motor es de 0,2 Ω y las pérdidas mecánicas de 80 W. Calcular para este funcionamiento:

1. El valor máximo de la tensión de alimentación que le debe proporcionar el convertidor y la potencia útil que se obtiene.
2. El par medio y el par máximo en el eje.
3. Los pares interno máximo y el medio si el convertidor proporciona una intensidad cuya evolución sea la indicada como INTENSIDAD2.

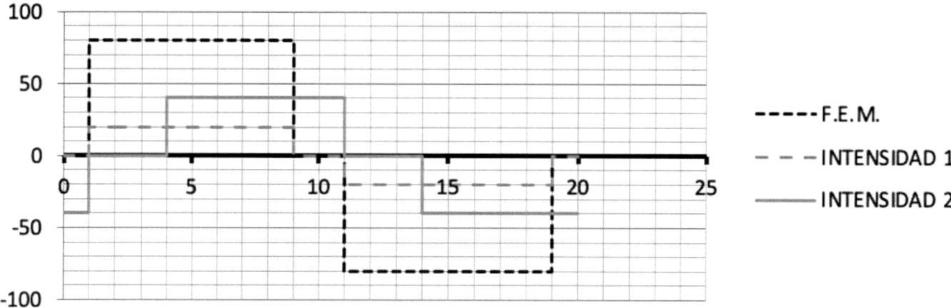

Eje ordenadas: Tensión (V), intensidad (A), eje abscisas t(ms).

Ap. 1

$$U = E + R \cdot I = 80 + 0.2 \cdot 20 = 84\ \text{V}$$

$$\hat{P}_{m,int} = E \cdot I = 80 \cdot 20 = 1600\ \text{W}$$

$$\text{P}_{\text{m,int}} = \hat{\text{P}}_{\text{m,int}} \frac{8}{10} = 1280\ \text{W}$$

$$P_m = \text{P}_{\text{m,int}} - \text{P}_{\text{r,v}} = 1280 - 80 = 1200\ W$$

Ap. 2

$$T = \frac{P_m}{\omega} = \frac{1200}{2 \cdot \pi \cdot 25} = 7.64\ \text{Nm}$$

$$\hat{T} = T\frac{10}{8} = 9.55\ \text{Nm}$$

Ap. 3

$$\hat{T}_i = \frac{\hat{P}_{m,int}}{\omega} = \frac{3200}{2 \cdot \pi \cdot 25} = 20.37\,\text{Nm}$$

$$T_i = \hat{T}_i \frac{5}{10} = 10.19\,\text{Nm}$$

Problema 7.13. Un motor sincrónico bipolar monofásico está formado por una bobina estatórica de 80 mm de longitud y 60 mm de ancho y un rotor de imanes permanentes que produce una distribución de inducción en el entrehierro de valor máximo 1 T y tal que la variación temporal de la f.e.m. producida por la bobina para la velocidad de régimen es tal como se muestra en la figura. La corriente es suministrada por un inversor, siendo la variación temporal según se indica en la línea "intensidad1". Determinar, despreciando pérdidas:

1. El número de espiras de la bobina.
2. El par máximo y medio de la máquina.
3. La evolución temporal del par y su valor medio si la corriente suministrada por el inversor fuera la indicada en la línea "intensidad 2" de la figura.

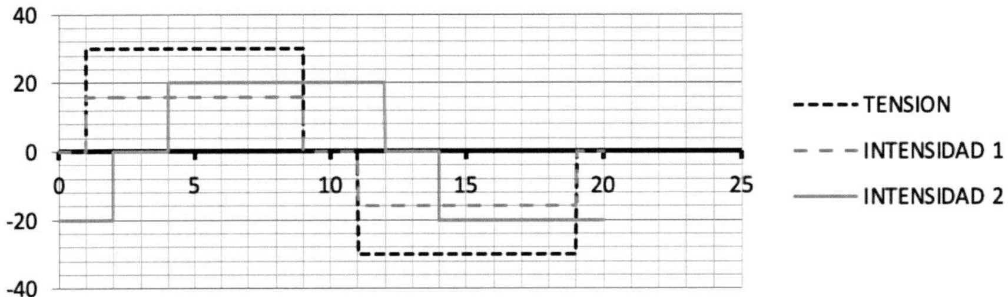

Eje ordenadas: Tensión (V), intensidad (A), eje abscisas t(ms).

Ap. 1

$$E = N \cdot B \cdot L \cdot v \rightarrow 30 = \text{N} \cdot 1 \cdot 0.08 \cdot 9.42$$

$$v = \omega \cdot r = 2 \cdot \pi \cdot n \cdot r = 2 \cdot \pi \cdot f \cdot r = 2 \cdot \pi \cdot 50 \cdot 0.03 = 9.42\ \frac{m}{s} \Longrightarrow$$

$$\Longrightarrow N = 40\ conductores,\quad 20\, espiras$$

Ap. 2

$$\hat{P}_{m,int} = E \cdot I = 30 \cdot 16 = 480\,\text{W}$$

$$\hat{T}_{int} = \frac{\hat{P}_{m,int}}{\omega} = \frac{480}{2 \cdot \pi \cdot 50} = 1.53\,\text{Nm}$$

$$T_{MEDIO} = \hat{T}_{int} \frac{8}{10} = 1.22\,\text{Nm}$$

Ap. 3

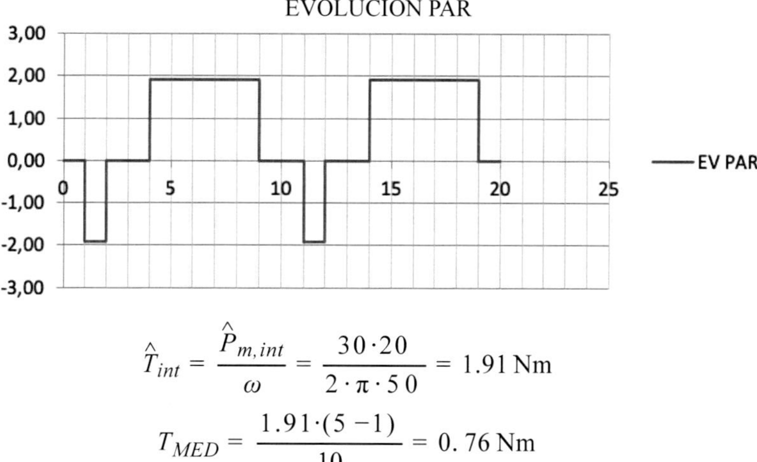

$$\hat{T}_{int} = \frac{\hat{P}_{m,int}}{\omega} = \frac{30 \cdot 20}{2 \cdot \pi \cdot 50} = 1.91\ \text{Nm}$$

$$T_{MED} = \frac{1.91 \cdot (5-1)}{10} = 0.76\ \text{Nm}$$

Problema 7.14. Un motor sincrónico bipolar monofásico está formado por una bobina estatórica, con 16 espiras, de 100 mm de longitud y 80 mm de ancho y un rotor de imanes permanentes que produce una distribución trapezoidal de inducción en el entrehierro, de forma que la variación temporal de la f.e.m. producida por la bobina para la velocidad de régimen es tal como se muestra en la figura. La corriente es suministrada por un inversor, siendo la variación temporal según se indica en la línea "intensidad1". Determinar, despreciando pérdidas:

1. La inducción máxima en entrehierro de la máquina.
2. El par máximo y medio de la máquina.
3. La evolución temporal del par y su valor medio si la corriente suministrada por el inversor fuera la indicada en la línea "intensidad 2" de la figura.

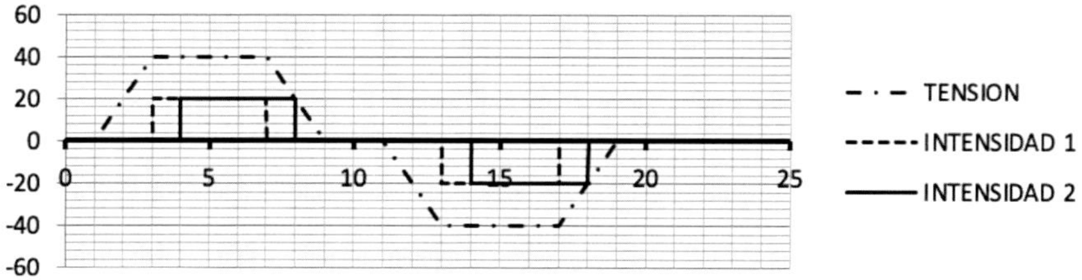

Eje ordenadas: Tensión (V), intensidad (A), eje abscisas t(ms).

Ap. 1

$$E = N \cdot B \cdot L \cdot v \rightarrow 40 = 32 \cdot B \cdot 0.1 \cdot v$$

$$v = \omega \cdot r = 2 \cdot \pi \cdot n \cdot r = 2 \cdot \pi \cdot f \cdot r = 2 \cdot \pi \cdot 50 \cdot 0.04 = 12.6\ \text{m/s} \Rightarrow B = 0.99\ T$$

Ap. 2

$$\hat{P}_{m,int} = E \cdot I = 40 \cdot 20 = 800 \text{ W}$$

$$\hat{T}_{int} = \frac{\hat{P}_{m,int}}{\omega} = \frac{800}{2 \cdot \pi \cdot 50} = 2.54 \text{ Nm}$$

$$T_{int} = \hat{T}_{int} \frac{8}{20} = 1.02 \text{ Nm}$$

Ap. 3

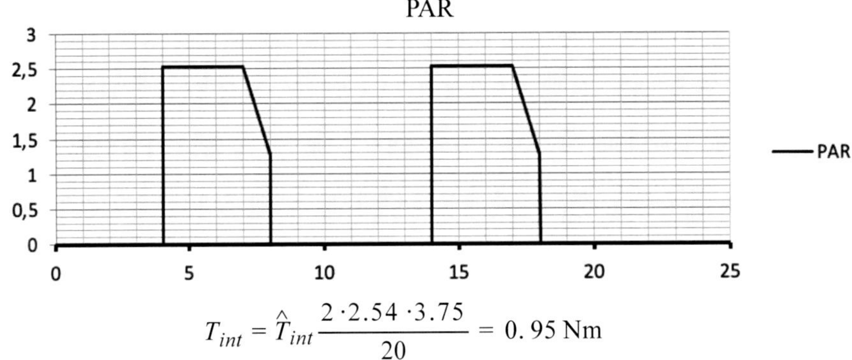

$$T_{int} = \hat{T}_{int} \frac{2 \cdot 2.54 \cdot 3.75}{20} = 0.95 \text{ Nm}$$

8

Campos magnéticos en máquinas eléctricas

8.1. Devanados de máquinas eléctricas dinámicas

El estudio del campo magnético en el entrehierro de las máquinas eléctricas rotatorias es fundamental para calcular los valores de la f.e.m. inducida en los conductores y el par producido en la máquina. En este tema se analizará como la disposición de los conductores en las máquinas rotatorias afecta a la distribución del campo magnético en ellas, es decir, el valor de las diferentes magnitudes magnéticas en cada punto del entrehierro de la máquina, siendo la más importante la de la inducción, a partir de la cual se puede obtener el valor del flujo por polo.

Antes de comenzar el estudio de la distribución y el valor del campo magnético en el entrehierro de las máquinas eléctricas rotatorias, se realiza una introducción a los devanados utilizados, con el objetivo de definir los términos que posteriormente se utilizarán.

En los devanados de las máquinas eléctricas dinámicas se deben cumplir ciertas condiciones, tales como que en las tres fases de un devanado trifásico se produzca la misma f.e.m., que se anulen armónicos de f.e.m, y que en todas las vías de arrollamiento de una máquina de c.c se produzca la misma f.e.m, entre otras. Para cumplir estos condicionantes los conductores que se disponen sobre las armaduras de las máquinas eléctricas dinámicas deben situarse en posiciones muy concretas. Para ello, se debe realizar un estudio detallado de los devanados de las máquinas eléctricas, que no es el objetivo de este apartado. Más bien se trata de realizar una pequeña introducción a estos, definiendo los términos más importantes, a fin de que puedan ser utilizados posteriormente.

- **Conductor activo:** Es el conductor situado en las ranuras de las armaduras, por lo tanto, corta las líneas de fuerza, y en él se induce f.e.m.
- **Haz activo:** Conjunto de conductores activos dispuestos en una misma ranura.
- **Espira:** Unión de dos conductores activos dispuestos en ranuras diferentes.

- **Bobina:** Conjunto de varias espiras.
- **Paso polar (y_p):** También llamado diametral, es la distancia que hay entre dos puntos homólogos de dos polos consecutivos (expresado en ranuras): y_p=Nh/2p donde **Nh** = n.º de ranuras y **p** = n.º de pares de polos.
- **Paso de bobina (y_1):** También llamado paso posterior, es la distancia que hay entre el lado de ida y el de vuelta de una misma bobina (se expresa en ranuras).

  Los pasos de bobina pueden ser:

  - Diametral ® $\mathbf{y_1 = y_p}$
  - Alargado ® **y_1 mayor que y_p**
  - Acortado ® **y_1 menor que y_p**

- **Paso de conexión (y_2):** Es la distancia que hay entre el lado de vuelta de una bobina y el de ida de la siguiente (se expresa en ranuras).
- **Paso total (y):** Es la distancia que hay entre puntos homólogos de dos bobinas, suma o diferencia de pasos: $\mathbf{y = y_1 \pm y_2}$.

  Según el paso total los devanados pueden ser:

  - Ondulados ® $\mathbf{y = y_1 + y_2}$
  - Imbricados ® $\mathbf{y = y_1 - y_2}$
    - progresivos ® $\mathbf{y_1 > y_2}$
    - regresivos ® $\mathbf{y_1 < y_2}$

En el diseño de devanados hay que tender a que las bobinas sean de paso diametral, es decir, $\mathbf{y_1 = y_p}$, ya que, como se demostrará más tarde, la f.e.m. inducida en una bobina de paso acortado o alargado es menor que la f.e.m. inducida en una bobina de paso diametral.

En la Figura 8.2 se ilustran estos conceptos:

Los devanados se pueden realizar en una o dos capas. En el primer caso, solamente se dispone un haz por ranura. En el segundo caso, se ponen dos: uno en la capa inferior y otro en la superior, como se ilustra en la Figura 8.1, en la que se representa la sección de una ranura.

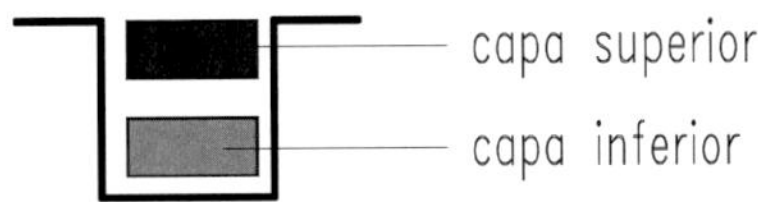

Figura 8.1.

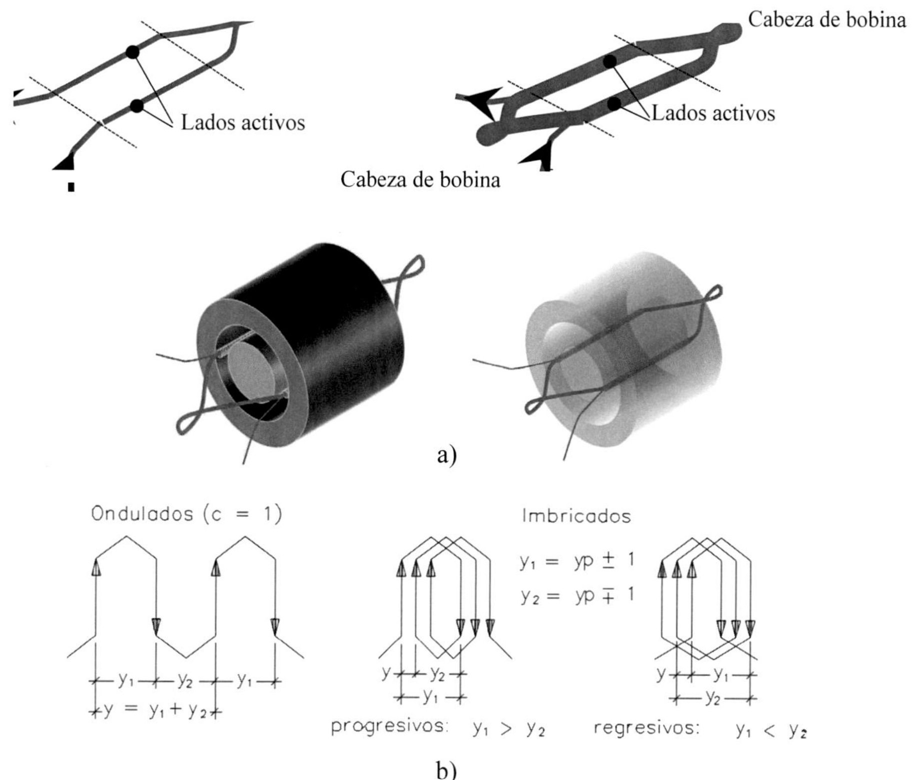

Figura 8.2. a) y b). Devanados de inducido.

8.2. Campo magnético en el entrehierro producido por un devanado monofásico: bobina de paso diametral. Bobina de paso acortado. Bobina múltiple

8.2.1. Introducción

Para realizar el estudio se considerarán las siguientes hipótesis:

- Rotor y estátor de μ infinita, por lo que únicamente se considerará la reluctancia magnética del entrehierro.
- Material ferromagnético sin pérdidas.
- Entrehierro de anchura δ, constante y despreciable frente al diámetro, por lo que se considera que en el entrehierro las líneas de campo son paralelas y de densidad constante.
- Conductores axiales de sección despreciable.

La magnitud a partir de la cual se realizará el estudio de los campos magnéticos en el entrehierro de las máquinas eléctricas dinámicas es la **"tensión magnética" (V)**. La tensión magnética tiene el mismo significado físico en los campos magnéticos que la tensión eléctrica (U) en un campo eléctrico, siendo esta última:

$$U = \int_a^b E \cdot dl$$

por lo tanto, la tensión magnética es:

$$V = \int_a^b H \cdot dl$$

Una vez determinado el valor de la tensión magnética en un punto del entrehierro de la máquina, se podrá determinar la intensidad de campo magnético en ese punto mediante la expresión:

$$H = \frac{V}{l}$$

Así como el de la inducción magnética:

$$B = \mu H$$

De acuerdo con la hipótesis mencionada, la c.d.t. magnética en el hierro de las máquinas eléctricas dinámicas se considera nula. Dado que, si la permeabilidad es infinita para cualquier valor de inducción, el valor de la intensidad de campo magnético será cero, así como el correspondiente a la tensión magnética. Por lo tanto, toda la tensión magnética producida en la máquina, utilizando el mismo término que en circuitos eléctricos, "caerá" en el entrehierro.

8.2.2. Campo magnético en el entrehierro producido por un devanado monofásico

Se iniciará el estudio de la determinación de las diversas magnitudes magnéticas en el entrehierro de una máquina eléctrica rotatoria considerando una espira de paso diametral. Esta espira está formada por dos conductores separados por la misma distancia que existe entre los ejes de dos polos consecutivos. En una máquina de dos polos, estos conductores están situados en dos puntos diametralmente opuestos (Figura 8.3). Las líneas del campo magnético generadas por la espira, al circular por ella una corriente eléctrica de valor I, son las indicadas en la figura mencionada.

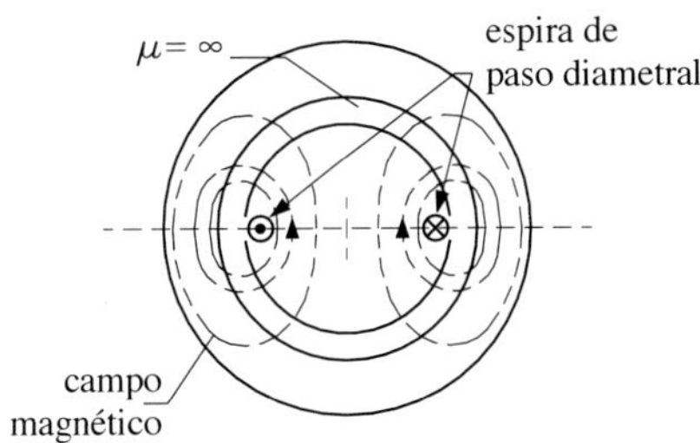

Figura 8.3.

Para obtener el valor de la tensión magnética en el entrehierro, producida por la espira diametral, se aplicará el **teorema de Ampère**:

$$\oint H \cdot dl = N \cdot I$$

En la línea de campo (a b c d) marcada en la Figura 8.4, al aplicar este teorema se obtiene $\oint H \cdot dl = N \cdot I = 0$ (ya que en el interior de la línea de campo no hay corriente).

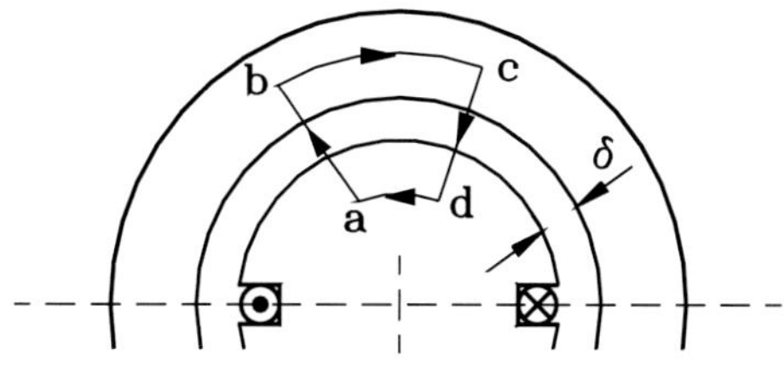

Figura 8.4.

tomando como sentido de la circulación el indicado en la Figura 8.4:

$$\int_a^b H \cdot dl + \int_b^c H \cdot dl + \int_c^d H \cdot dl + \int_d^a H \cdot dl = 0$$

Como se puede observar, en las zonas "b-c" y "d-a", que pertenecen al hierro, las c.d.t. magnética son nulas, ya que la permeabilidad es infinita por la hipótesis de partida. Se han enmarcado en trazo discontinuo los términos de la ecuación que corresponden a estas zonas del hierro, y por lo indicado su valor será cero, luego:

$$\int_a^b H \cdot dl + \int_c^d H \cdot dl = 0$$

o bien:

$$\int_a^b H \cdot dl - \int_c^d H \cdot dl = 0$$

y como en esos tramos la c.d.t. magnética en el entrehierro (δ) es constante, la primera de las expresiones anteriores quedará:

$$H_1 \cdot \delta_1 + H_2 \cdot \delta_2 = 0$$

y la segunda, en la que se ha tomado el sentido de circulación de rotor a estátor:

$$H_1 \cdot \delta_1 - H_2 \cdot \delta_2 = 0$$

esto es:

$$H_1 \cdot \delta_1 = H_2 \cdot \delta_2$$

Con lo visto en el desarrollo anterior se llega a dos conclusiones:

- El valor absoluto de la c.d.t. magnética en el entrehierro es constante.

$$\left| V_{a-b} \right| = \left| V_{c-d} \right|$$

- La c.d.t. magnética tendrá el mismo valor siempre que se tome la misma dirección de la circulación.

$$V_{a-b} = - V_{c-d} = V_{d-c}$$

Aplicando el mismo teorema a la línea e h g f (Figura 8.5, y utilizando los mismos razonamientos que en el caso anterior, se obtiene:

$$\int_e^h H \cdot dl + \int_h^g H \cdot dl + \int_g^f H \cdot dl + \int_f^e H \cdot dl = N \cdot I$$

$$V_{h-g} + V_{f-e} = N \cdot I \rightarrow H_1 \cdot \delta_1 + H_2 \cdot \delta_2 = N \cdot I$$

Siendo H_1 y H_2 las intensidades del campo magnético en la parte superior e inferior al diámetro horizontal de la máquina.

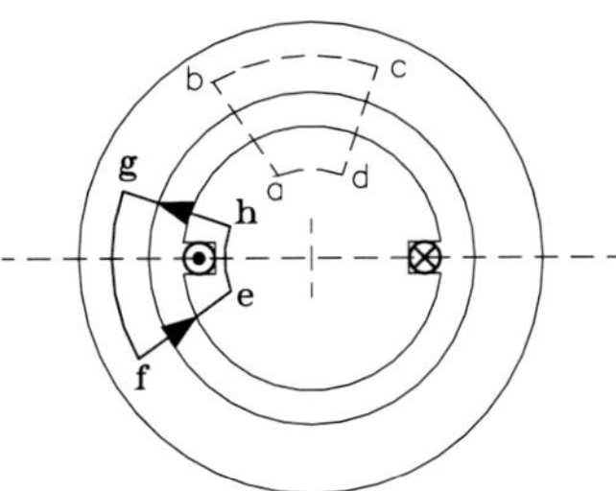

Figura 8.5.

Por la continuidad de las líneas de campo magnético, el flujo que cruza el entrehierro en la parte superior es el mismo que el que lo cruza por la inferior, por tanto:

$$\phi_1 = \phi_2 \rightarrow B_1 \cdot S_1 = B_2 \cdot S_2$$

$$B_1 \cdot \pi \cdot r \cdot l = B_2 \cdot \pi \cdot r \cdot l \quad \Rightarrow \quad B_1 = B_2$$

Si las inducciones son iguales, significa que las intensidades de campo también lo son: $H_1 = H_2$, ya que la relación entre ambos viene determinada por la permeabilidad, que en este caso es el aire. Y si las intensidades de campo magnéticos son iguales y las longitudes radiales del entrehierro también, significa que las tensiones magnéticas (en valor absoluto) serán iguales. De esto se deduce:

$$V_1 = V_2 = \frac{N{\cdot}I}{2}$$

los sentidos de tensiones magnéticas son:

V_1 sentido rotor-estátor

V_2 sentido estátor-rotor

Si se adopta como positivo el sentido rotor-estátor, las expresiones anteriores se formularán de la siguiente manera:

$$V_1 = \frac{N \cdot I}{2} \qquad V_2 = -\frac{N \cdot I}{2}$$

Por las conclusiones anteriores, se puede obtener la distribución del campo magnético para una máquina que tenga una espira diametral, como se muestra en la Figura 8.6:

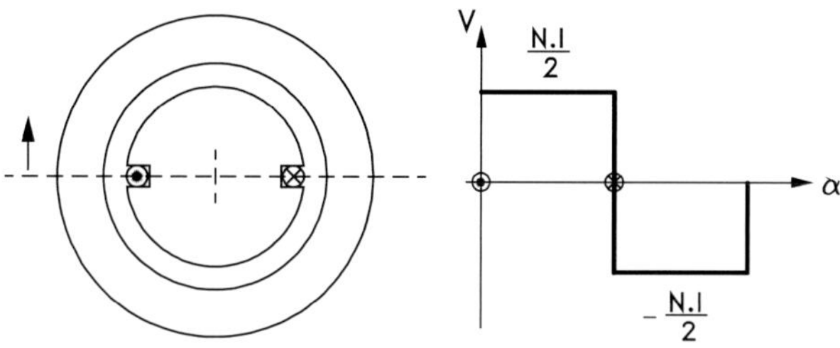

Figura 8.6. Distribución de la tensión magnética en el entrehierro de la máquina.

8.2.3. Cálculo de la tensión magnética producida por una espira de paso acortado

Una espira es de paso acortado cuando los conductores que la forman están separados una distancia, medida sobre el arco del entrehierro, inferior a $\pi{\cdot}r/p$, siendo r el radio del entrehierro y p el número de pares de polos de la máquina. En una máquina bipolar, los conductores estarán situados de forma similar a la indicada en la Figura 8.7.

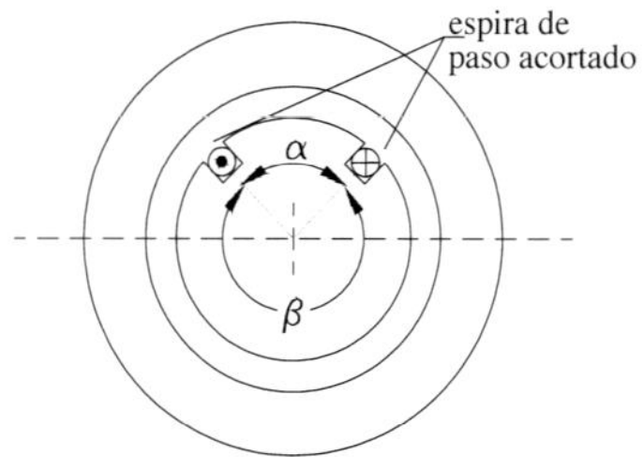

Figura 8.7.

En ella las tensiones magnéticas en ambas zonas (ángulo α y ángulo β) se pueden obtener utilizando los mismos principios que se aplicaron anteriormente:

$$H_1 \cdot \delta_1 + H_2 \cdot \delta_2 = N \cdot I$$

$$V_1 + V_2 = N \cdot I \,(1)$$

$$\phi_1 = \phi_2 \rightarrow B_1 \cdot S_1 = B_2 \cdot S_2$$

$$B_1 \cdot \alpha \cdot r \cdot l = B_2 \cdot \beta \cdot r \cdot l \quad \Rightarrow \quad B_1 \cdot \alpha = B_2 \cdot \beta \Rightarrow H_1 \cdot \alpha = H_2 \cdot \beta$$

$$H_1 \cdot \alpha \cdot \delta_1 = H_2 \cdot \beta \cdot \delta_2 \Rightarrow V_1 \cdot \alpha = V_2 \cdot \beta \,(2)$$

resolviendo el sistema de ecuaciones obtenido de las expresiones (1) y (2), se obtiene:

$$V_1 = \frac{N \cdot I}{1 + \frac{\alpha}{\beta}} \qquad V_2 = \frac{N \cdot I}{1 + \frac{\beta}{\alpha}}$$

Como se observa en la Figura 8.7, α < β, por lo que la mayor tensión magnética V_1 estará en la zona de menos ángulo, como se refleja en la Figura 8.8.

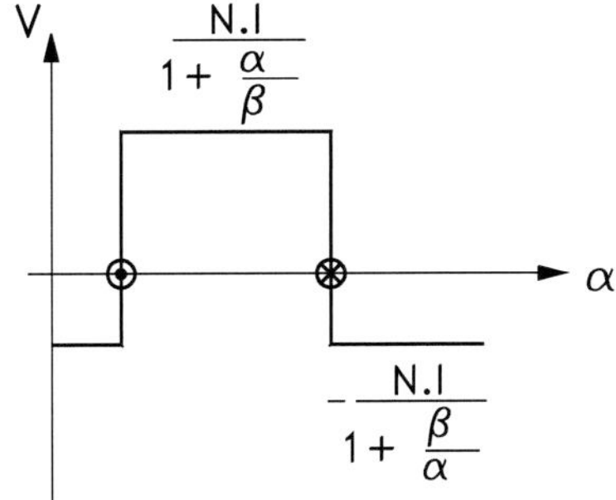

Figura 8.8.

8.2.4. Cálculo de la tensión magnética producida por varias bobinas

El cálculo de la tensión magnética producida por varias bobinas distribuidas sobre la armadura se resolverá aplicando el principio de superposición, dado que esta magnitud es una función lineal de la intensidad. Por ello, inicialmente se calculará la tensión magnética producida por cada espira. La suma, en cada punto del entrehierro, de los valores obtenidos para cada espira proporcionará el valor total de la tensión magnética producida por las bobinas distribuidas.

En la Figura 8.9 se presenta la distribución de la tensión magnética en el entrehierro producida por un devanado compuesto por tres bobinas. Para ello, en primer lugar, se obtiene la tensión magnética producida por cada una de las bobinas (Figura 8.6), que serán tres ondas iguales desplazadas en el espacio la distancia correspondiente al ángulo que hay entre ranuras consecutivas. La suma aritmética, para cada punto, de las tensiones magnéticas producidas por las tres dará la distribución final.

El valor máximo de la tensión magnética que producen varias bobinas se puede deducir fácilmente utilizando el principio de superposición:

$$\hat{V}_h = \frac{N_b \cdot N \cdot I}{2}$$

en la que N_b es el número de bobinas que contribuyen a producir la tensión magnética en el entrehierro de la máquina y N el número de conductores de cada bobina. Para el ejemplo de la Figura 8.9, N_b es igual a 3.

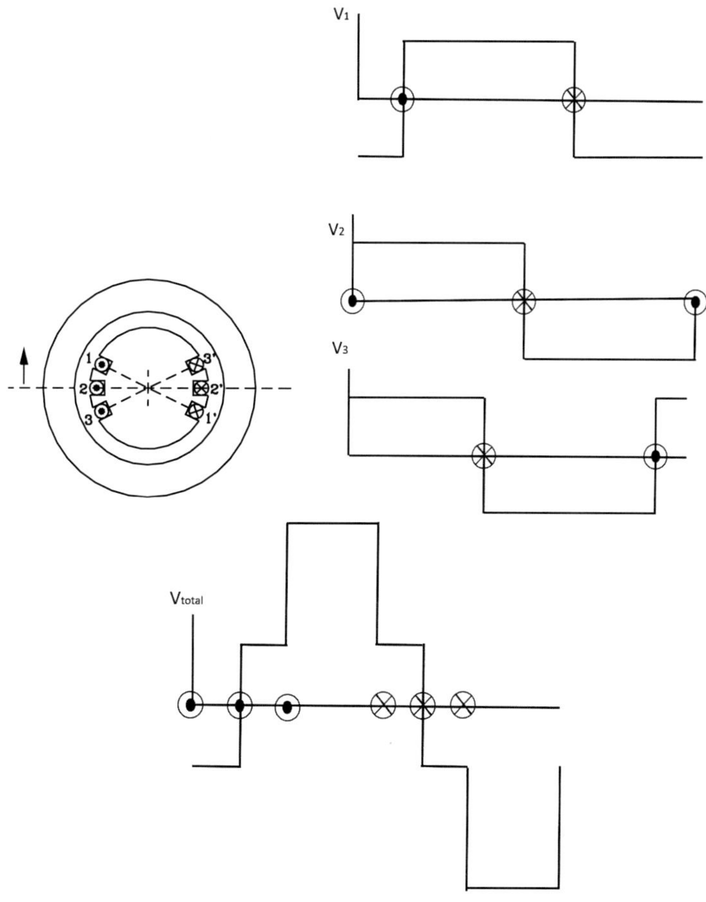

Figura 8.9.

Hasta aquí se ha estudiado la distribución de la tensión magnética producida por una o varias bobinas dispuestas en el entrehierro de una máquina giratoria bipolar (Figura 8.6, 8.8 y 8.9). Si se trata de una máquina con mayor número de polos, esta distribución se repite tantas veces como pares de polos haya en la máquina. En la Figura 8.10 se representa una máquina tetrapolar con cuatro haces activos en la periferia y la correspondiente distribución de tensión magnética.

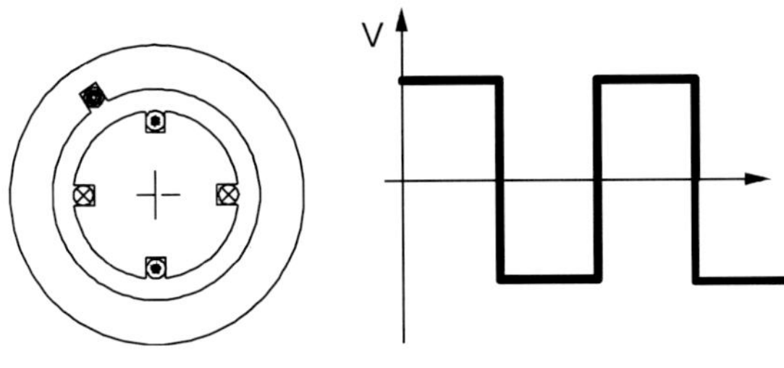

Figura 8.10.

El valor máximo de la tensión magnética producida por este devanado es el mismo que el de la máquina de la Figura 8.6, esto es, NI/2. Siendo N, como es las ecuaciones anteriores, el número de conductores de la bobina, o bien, el número de conductores que hay dispuestos en cada ranura ($N_{c/r}$) Se puede adoptar la siguiente expresión, como general, para valorar la tensión magnética de la máquina en función del número de bobinas:

$$\widehat{V}_h = \frac{N_b \cdot N_{c/r} \cdot I}{2 \cdot p}$$

El cociente del número de bobinas dividido por el número de pares de polos es el número de ranuras por polo, que se representa por "q" y que, en general y sobre todo para máquinas polifásicas, es un factor muy utilizado. En el caso de las máquinas polifásicas, "q" es el número de ranuras por polo y fase:

$$q = \frac{N_r}{2 \cdot p \cdot m'}$$

En esta expresión, N_r es el número de ranuras de la máquina y m' el número de fases.

8.3. Análisis armónico del campo en el entrehierro: factor de acortamiento. Factor de distribución

8.3.1. Análisis armónico del campo en el entrehierro producido por una bobina de paso diametral

En las máquinas de corriente alterna se tiende a que la distribución de la inducción en el entrehierro de la máquina sea de forma senoidal. Para lograr esto, se parte de la distribución real del campo magnético, se realiza el análisis de Fourier y, posteriormente, se estudia la forma de eliminar armónicos de orden superior, quedando exclusivamente el fundamental.

Por tanto, es imprescindible realizar este análisis. Además, es más fácil operar analíticamente con magnitudes de variación senoidal, utilizando las propiedades de operación con fasores.

Independientemente del número de polos de la máquina y de la disposición de las bobinas, la distribución de la tensión magnética en el entrehierro de una máquina rotatoria es una función periódica en el dominio del espacio, por lo que tiene su descomposición armónica según el desarrollo de Fourier que se puede ver en la Figura 8.11.

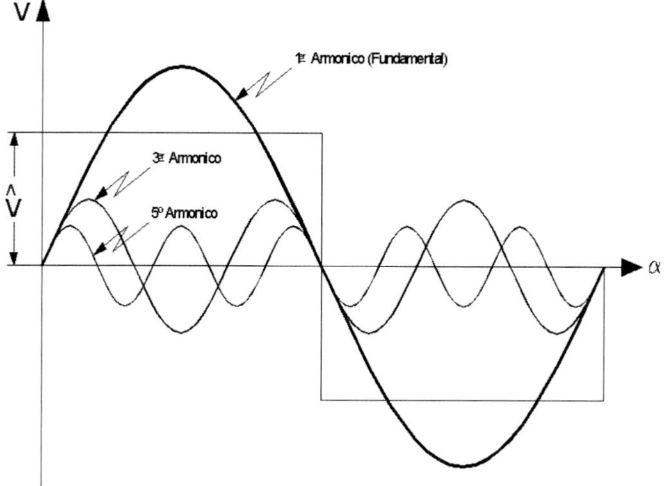

Figura 8.11.

El desarrollo de Fourier de la función indicada en la Figura 8.11, queda determinado por la expresión:

$$V(\alpha) = \frac{4}{\pi}\hat{V}(sen\,\alpha + \frac{1}{3}sen\,3\alpha + \ldots + \frac{1}{h}sen\,h\alpha)$$

en la que $\hat{V}$ es el valor máximo de la tensión magnética producida por una bobina:

$$\hat{V} = \frac{N_{c/r} \cdot I}{2}$$

siendo:

$N_{c/r}$ el número de conductores dispuestos en cada ranura.

I la intensidad que recorre los conductores

En el caso general de que la corriente sea variable en el tiempo, la ecuación que determina el valor máximo de la tensión magnética es:

$$\hat{V}(t) = \frac{N_{c/r} \cdot I(t)}{p}$$

Por lo que la amplitud de la tensión magnética variará en el tiempo según la variación temporal de la intensidad de corriente. De modo que la distribución espacial de la tensión magnética permanece constante en el tiempo, pero el valor en cada punto será variable con el tiempo.

8.3.2. Análisis armónico del campo en el entrehierro producido por una bobina de paso acortado

Supónganse una bobina de paso acortado situadas en una armadura, como la representada en la Figura 8.7 El valor de la tensión magnética ya se indicó en el apartado 8.2.3.

Igual que en el caso anterior, se puede hacer, para esta onda, el desarrollo de Fourier, cuyo resultado es:

$$V(\alpha) = \frac{4}{\pi}\,\hat{V}(sen\alpha \cdot cos\vartheta + \frac{1}{3}sen3\alpha \cdot cos3\vartheta + \ldots + \frac{1}{h}senh\alpha \cdot cosh\vartheta)$$

donde γ que es el ángulo de acortamiento:

$$\vartheta = \frac{\beta - \alpha}{4}$$

Se define como factor de acortamiento de una bobina a la relación, para cada armónico, entre la tensión magnética que produce dicha bobina acortada y la que producirá una diametral. El factor de acortamiento para el armónico de orden h se obtiene según la expresión:

$$K_a = cos(h \cdot \vartheta)$$

8.3.3. Análisis armónico del campo en el entrehierro producido por bobinas distribuidas

Considérese el caso de un devanado constituido por bobinas de paso diametral distribuidas sobre las ranuras de la armadura. Para obtener el valor de la tensión magnética producida por este devanado, primero se procederá a realizar la descomposición armónica de las ondas de tensión magnética producidas por cada bobina. Una vez obtenida esta descomposición se sumarán las ondas de la misma frecuencia de las diversas bobinas que, obviamente, estarán desfasadas en el espacio un determinado ángulo. La amplitud de la onda resultante, para un armónico de orden h, no es la suma aritmética de las amplitudes de las componentes ya que, aunque pulsan en fase temporal, presentan un desfase en el espacio, por lo que habrá que realizar la suma de los fasores que representan estas ondas espaciales. Como ejemplo de lo indicado, supóngase que los armónicos fundamentales de las tensiones magnéticas producido por dos bobinas son las indicadas en la Figura 8.12 que tienen un desfase espacial de g, pues bien, la suma de ambas senoides se puede realizar mediante la suma de los fasores que representan ambas funciones, de modo que el módulo de los fasores es el valor de la tensión magnética de cada uno de ellos y el desfase entre estas dos magnitudes es g . Lo indicado para el armónico fundamental es válido para cualquier otro armónico, que tendrían los desfases gh, para cada armónico de orden "h".

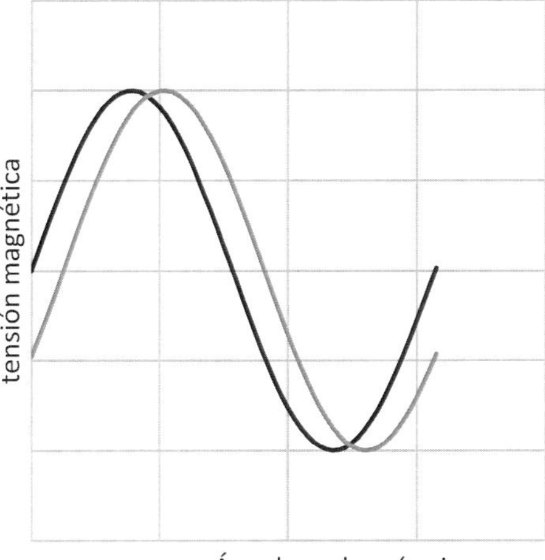

Figura 8.12.

Se denomina factor de distribución (Kd_h) de un devanado a la relación entre la suma fasorial y aritmética de las tensiones magnéticas producidas por las diversas bobinas. Se puede demostrar fácilmente que este factor, para el armónico de orden h tiene el valor:

$$Kd_h = \frac{sen\left(q \cdot h \cdot \frac{\gamma}{2}\right)}{q \cdot sen\left(h \cdot \frac{\gamma}{2}\right)}$$

donde:

q es el número de ranuras por polo y fase, definido anteriormente.

α es el ángulo, dado en grados eléctricos, entre los haces activos de bobinas consecutivas:

$$\gamma = \frac{p \cdot 360°}{n^o ranuras}$$

h es el orden del armónico.

Así pues, según las deducciones anteriores, la expresión del valor máximo de la tensión magnética, para el armónico de orden h, producida por una bobina de paso diametral en una máquina bipolar en la que hubiera $N_{c/r}$ conductores en cada ranura es:

$$\hat{V}_h = \frac{N_{c/r} \cdot I}{2} \cdot \frac{4}{h \cdot \pi}$$

Y, la expresión de la tensión magnética, para el armónico de orden h, producida por el devanado de N_b bobinas de paso diametral puestas en serie en una máquina de "p" pares de polos es:

$$\hat{V}_h = \frac{N_b \cdot N_{c/r} \cdot I}{2 \cdot p} \cdot \frac{4}{h \cdot \pi} \cdot Kd_h = \frac{q \cdot N_{c/r} \cdot I}{2} \cdot \frac{4}{h \cdot \pi} \cdot Kd_h$$

En la expresión anterior, el primer factor del producto es el valor máximo de la tensión magnética máxima producida por el devanado, previa la descomposición armónica:

$$\hat{V}_h = \frac{N_b \cdot N_{c/r} \cdot I}{2 \cdot p} = \frac{q \cdot N_{c/r} \cdot I}{2}$$

Si el devanado es de paso acortado, las expresiones anteriores tendrán que ser multiplicadas por el factor de acortamiento.

En las ecuaciones anteriores se ha indicado como valor de la intensidad, simplemente I. Hay que tener en cuenta que cuando la intensidad que recorre el devanado es de corriente continua, los valores de las magnitudes magnéticas serán constantes en el tiempo, pero si están recorridos por corriente alterna estos valores variarán temporalmente. En definitiva: la distribución en el entrehierro de la máquina de cualquiera de las magnitudes estudiadas (tensión magnética, intensidad de campo o inducción) depende exclusivamente de la distribución de los conductores en el entrehierro, mientras que la amplitud de estas magnitudes dependerá del valor de la intensidad que recorre el devanado.

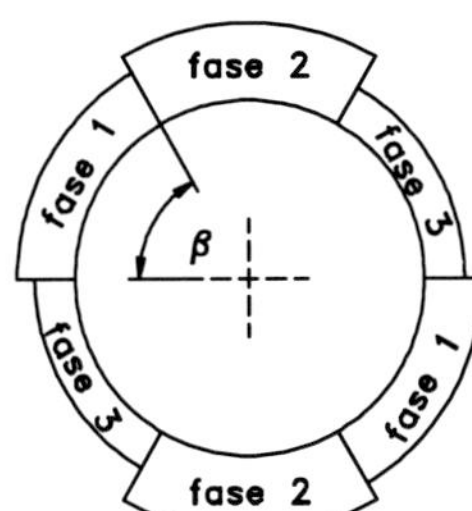

Figura 8.13.

Es importante conocer el valor límite del factor de distribución para diversos tipos de devanados, este valor límite se obtendrá suponiendo un devanado totalmente distribuido en la zona en la que puedan disponerse los conductores. Así, en máquinas eléctricas trifásicas los conductores de una fase solo pueden ocupar un tercio de la armadura (Figura 8.13), por lo tanto, el factor de distribución límite para el primer armónico es $Kd_{lim} = 0{,}955$. El ángulo β sobre el que puede disponerse el devanado de una fase es:

$$\beta = \pi/3$$

En máquinas eléctricas bifásicas (Figura 8.14) el factor de distribución límite es $Kd_{lim} = 0{,}9$ siendo el ángulo sobre el que puede disponerse el devanado (β) para este tipo de máquinas:

$$\beta = \pi/2 \text{ grados eléctricos}$$

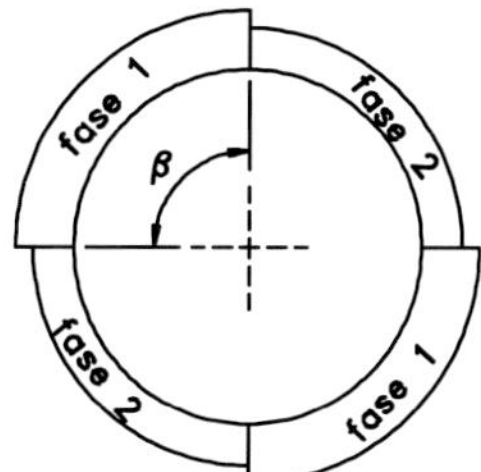

Figura 8.14.

En máquinas monofásicas y devanados de excitación de turbo-alternadores el factor de distribución límite será $Kd_{lim} = 0{,}83$ siendo el ángulo β:

$$\beta = 2\pi/3 \text{ grados eléctricos}$$

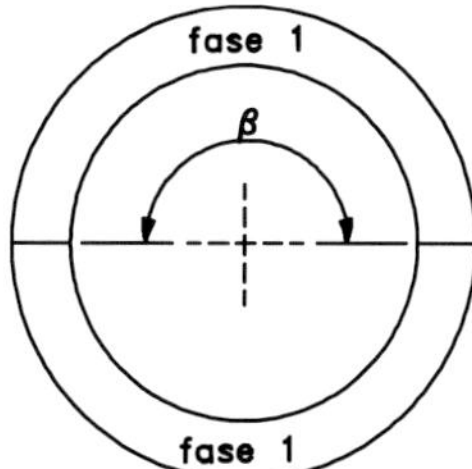

Figura 8.15.

En máquinas de colector (Figura 8.15) el factor de distribución límite es $Kd_{lim} = 0{,}636$ siendo el ángulo de ranura (β):

$$\beta = \pi \text{ grados eléctricos}$$

8.4. Campo magnético en el entrehierro de máquinas de polos salientes

El cálculo de la tensión magnética en una máquina de polos salientes se puede realizar de la misma forma que si se tratara de una máquina con bobinas de paso acortado. En la Figura 8.16 se indica esta distribución y el valor máximo de la tensión magnética para este tipo de máquina.

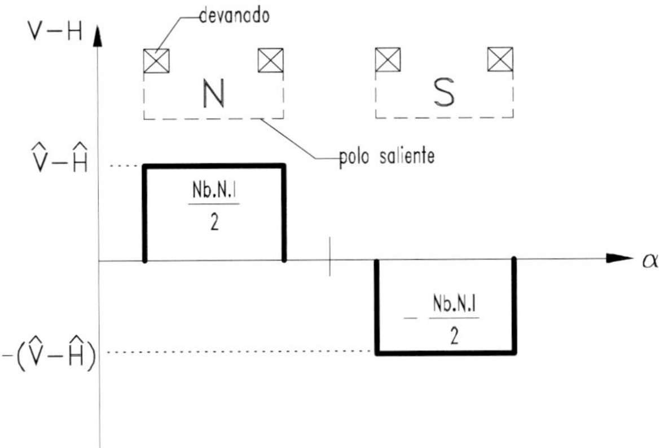

Figura 8.16.

El valor de la intensidad de campo magnético se obtiene dividiendo la tensión magnética por la longitud radial del entrehierro:

$$H = \frac{V}{\delta}$$

Este valor depende de la longitud indicada. Así en una máquina de entrehierro constante (Figura 8.17) el campo lo será también, mientras que en las máquinas de entrehierro variable (Figura 8.18) el campo es una función inversa del valor que tome el entrehierro en cada punto. Por lo tanto, en el eje polar, que es el punto de menor entrehierro, la intensidad de campo magnético será mayor, disminuyendo está en puntos más alejados de este eje.

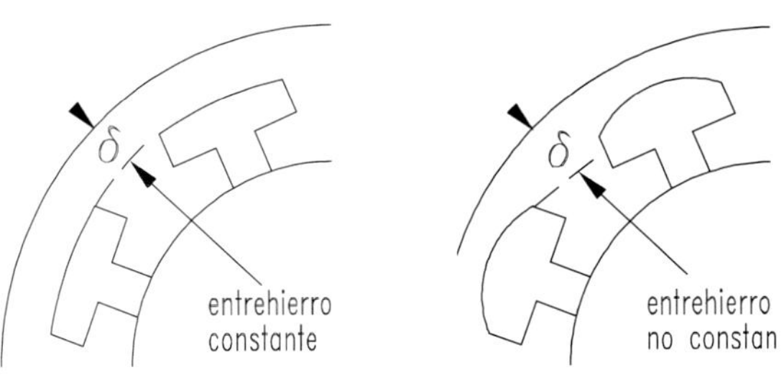

Figura 8.17 **Figura 8.18**

Las distribuciones de la tensión magnética y la intensidad de campo magnético en función del ángulo para una máquina de entrehierro variable son las indicadas en la Figura 8.19. Se representa a trazos la característica de la tensión magnética, mientras que la intensidad de campo se muestra con línea continua.

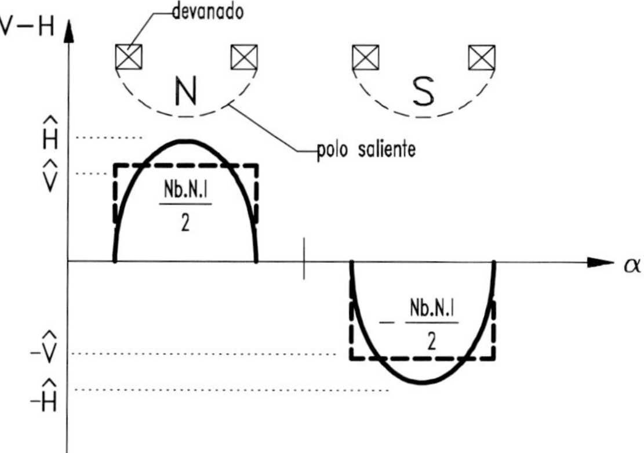

Figura 8.19.

8.5. Campos magnéticos producidos por devanados polifásicos

La mayoría de las máquinas eléctricas rotatorias disponen de varios devanados conectados a sistemas polifásicos de corrientes. El caso más usual es el de los devanados trifásicos, que es sobre el que se centrará el estudio. Para determinar las diversas magnitudes (V, H, B) que definen el campo magnético producido por un devanado polifásico, se calculará el producido por cada fase, se realizará la descomposición de Fourier y, posteriormente, se sumarán los armónicos del mismo orden de las tres fases.

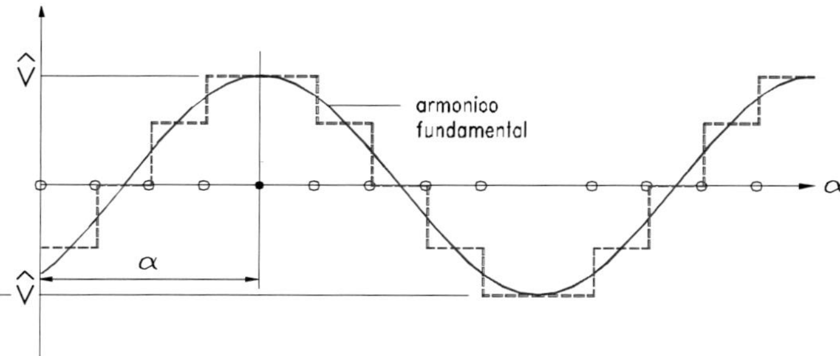

Figura 8.20.

En la Figura 8.20 se presenta la distribución de la tensión magnética en el entrehierro y el armónico fundamental producido por un devanado distribuido.

Por lo indicado anteriormente, el método que se seguirá para la obtención de la distribución y valoración de las magnitudes magnéticas es el siguiente:

1. Obtener las componentes armónicas (fundamental, 3º, 5º, 7º, 9º, etc.) de las magnitudes magnéticas producidas por la corriente que circula por cada una de las fases (R, S, T).

2. Suman los armónicos homólogos de las tres fases:

   - fundamental de R, S, T
   - 3er de R, S, T
   - 5º de R, S, T,
   - ………..

Sea una máquina trifásica en la que se disponen tres devanados alimentados por un sistema de corrientes trifásicas. Los tres devanados de la máquina están dispuestos de forma que sus ejes se distancian 120° eléctricos y las intensidades que por ellos circulan por ellos están desfasadas, temporalmente, un tercio de periodo. Así pues, las intensidades de corriente de variación senoidal obedecen a las ecuaciones:

$$I_R = \hat{I}\cos(\omega t)$$

$$I_S = \hat{I}(\omega t - 2\pi/3)$$

$$I_T = \hat{I}(\omega t - 4\pi/3)$$

Y las tensiones magnéticas que producirán los devanados por las que pasan estas corrientes en un punto genérico de la máquina (ver Figura 8.21) que forma el ángulo θ con el eje del devanado alimentado por la fase R es:

$$V_{R\theta} = \hat{V}cos(\omega t) \cdot cos(\theta)$$

$$V_{S\theta} = \hat{V}cos(\omega t - 2\pi/3) \cdot cos(\theta - 2\pi/3)$$

$$V_{T\theta} = \hat{V}cos(\omega t - 4\pi/3) \cdot cos(\theta - 4\pi/3)$$

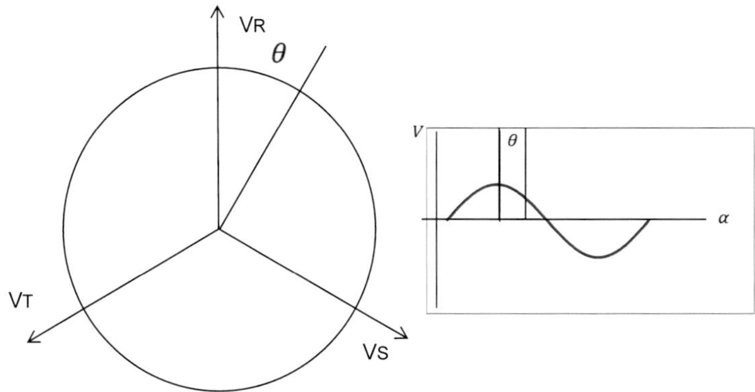

Figura 8.21.

De forma que la tensión magnética total, suma de las producidas por los tres devanados, será:

$$V_{total} = V_{R\theta} + V_{S\theta} + V_{T\theta} = \hat{V}cos(\omega t) \cdot cos(\theta) + \hat{V}cos\left(\omega t - \frac{2\pi}{3}\right) \cdot cos\left(\theta - \frac{2\pi}{3}\right) +$$

$$+ \hat{V}cos(\omega t - 4\pi/3) \cdot cos(\theta - 4\pi/3)$$

Operando estas ecuaciones resulta:

$$V_{total} = \frac{3}{2}\hat{V}cos(\omega t - \theta)$$

De lo que se deduce que la tensión magnética total es una función senoidal con dos variables y un término fijo:

- Valor máximo constante: 3/2 de la tensión magnética máxima de cualquiera de las fases.
- Variable temporal "t": Fijado un punto del entrehierro, la tensión magnética varia en ese punto de forma senoidal con el tiempo.
- Variable espacial θ. Fijado el tiempo "t", en campo magnético es de variación senoidal en el entrehierro de la máquina.
- El valor máximo del campo se obtiene para $\omega t - \theta = 0$, es decir, el valor máximo se situará, para cada momento, en un punto del entrehierro diferente que cumpla la igualdad anterior. Lo que significa que es un campo magnético giratorio de distribución senoidal y valor máximo 1,5 veces el valor máximo del producido por cualquiera de las fases.

Para el armónico de orden "h", la tensión magnética en un punto distante el ángulo θ del eje tomado como referencia que es el del devanado de la fase R, (Figura 8.21) será la suma de las tensiones que en ese punto producen los armónicos de orden "h" de cada una de las tres fases. Esas tensiones valen:

$$V_{Rh\theta} = \hat{V}_h cos(\omega t) \cdot cos(h\theta)$$

$$V_{Sh\theta} = \hat{V}_h cos(\omega t - 2\pi/3) \cdot cos(h\theta - h2\pi/3)$$

$$V_{Th\theta} = \hat{V}_h cos(\omega t - 4\pi/3) \cdot cos(h\theta - h4\pi/3)$$

La tensión magnética resultante para el armónico de orden "h" es la suma de las tes ecuaciones anteriores y su resultado es:

Para h = 3 k, siendo k es un número natural:

$$V_{total"h"} = 0$$

Para h = 6 k-1, siendo k es un número natural:

$$V_{total"h"} = \frac{3}{2}\hat{V}_{6k-1}cos\left((6k - 1)\theta + \omega t\right)$$

Se corresponde con un campo magnético giratorio de módulo constante e igual a 3/2 del valor máximo del armónico de orden h que gira en sentido contrario al del fundamental.

Para h = 6 k+1, siendo k es un número natural:

$$V_{total"h"} = \frac{3}{2}\hat{V}_{6k-1}cos\Big(\left(6k - 1\right)\theta - \omega t\Big)$$

Se corresponde con un campo magnético giratorio de módulo constante e igual a 3/2 del valor máximo del armónico de orden h que gira en el mismo sentido al del fundamental.

9

F.e.m. inducida en devanados de las máquinas eléctricas rotatorias

9.1. F.e.m. inducida por el armónico fundamental de campo en una máquina de c.a.: Bobina diametral, bobina acortada, devanado distribuido

9.1.1. Introducción

Las máquinas eléctricas giratorias tienen dos posibles aplicaciones: producir energía eléctrica o producir energía mecánica. Para generar energía eléctrica es necesaria la producción de una fuerza electromotriz y para obtener energía mecánica es necesario crear un par. En este tema se trata la valoración de las f.e.m.s inducidas en los devanados o circuitos eléctricos utilizados en las máquinas eléctricas dinámicas y en el próximo se aborda la obtención de los pares electromagnéticos.

El estudio de la determinación de la f.e.m. inducida en el devanado de una máquina eléctrica rotatoria se iniciará aplicándolo al caso más sencillo: espira o bobina de paso diametral. Posteriormente se resolverá el cálculo para bobinas de paso acortado y, posteriormente, para el supuesto más general, que es el de los devanados distribuidos.

9.1.2. Espira de paso diametral

Como se ha indicado anteriormente, se calculará en primer lugar la f.e.m. inducida en una espira de paso diametral situada en la armadura de una máquina, en la que la inducción en el entrehierro varíe de forma senoidal (Figura 9.1). La variación temporal de la f.e.m. inducida en un conductor situado en la armadura de una máquina eléctrica tiene la misma forma que la variación espacial de la inducción en el entrehierro, ya que e = B·ℓ·v, y como la longitud del conductor y la velocidad son magnitudes constantes, la f.e.m. inducida en un instante determinado es proporcional a la inducción a la que esté sometido el conductor en el instante referido. Por otro lado, si la espira es diametral, el valor de la f.e.m. en ambos conductores es el mismo, aunque de sentidos opuestos, por lo que la f.e.m. en la espira queda determinada por la suma aritmética de las correspondientes a ambos conductores.

Para obtener el valor de la f.e.m. inducida en la espira se puede aplicar la expresión de la ley de inducción electromagnética de Faraday, siendo el número de espiras igual a 1:

$$e = -\frac{d\varphi}{dt}$$

Partiendo de que la distribución de la inducción en el entrehierro sea de variación senoidal, cuando la espira gira a velocidad constante, estando el campo magnético inmóvil, o, al contrario, espira inmóvil y campo en rotación, el flujo que atraviesa la espira varía, también, de forma senoidal en el tiempo. Por lo tanto, la expresión de la f.e.m. inducida en la espira será como se estudió en el convertidor rotatorio elemental:

$$E = 4{,}44 \cdot f \cdot \hat{\phi}$$

Siendo $\hat{\Phi}$ el valor del flujo emitido por un polo o el valor máximo del flujo que concatena la espira, cuyo valor se puede obtener como producto de la superficie polar y el valor medio de la inducción en el entrehierro

$$\hat{\phi} = \bar{B} \cdot S_p$$

Si la distribución de la inducción varía senoidalmente en el entrehierro, la relación entre el valor medio y máximo es:

$$\bar{B} = \frac{2}{\pi} \cdot \hat{B}$$

y la superficie correspondiente a un polo:

$$S_p = \frac{\pi \cdot D \cdot L}{2 \cdot p}$$

siendo D y L el diámetro y la longitud de la armadura. Sustituyendo resulta que el flujo por polo es:

$$\hat{\phi} = \frac{\hat{B} \cdot D \cdot L}{p}$$

Para una bobina con N_{esp} espiras, la expresión de la f.e.m. es:

$$E = 4{,}44 \cdot f \cdot \hat{\phi} \cdot N_{esp}$$

y para N conductores:

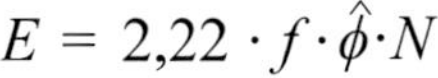

$$E = 2{,}22 \cdot f \cdot \hat{\phi} \cdot N$$

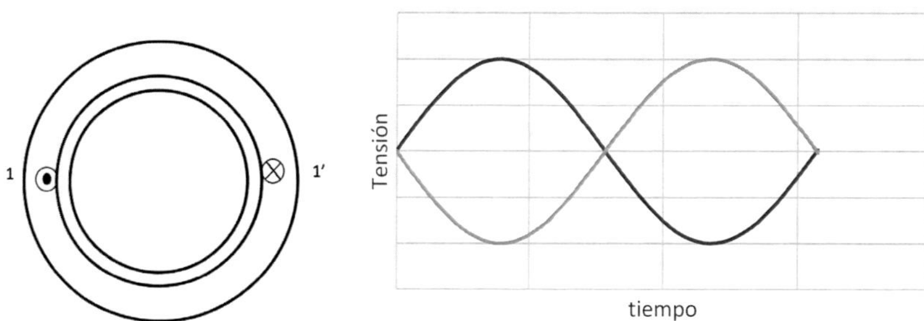

Figura 9.1.

9.1.3. Espira de paso acortado

Si la espira no es de paso diametral, sino que está acortada el ángulo β (Figura 9.2), la f.e.m. inducida en ella tendrá la misma forma de onda que en el caso anterior, pero será de valor más pequeño que en la espira diametral. Esto se debe a que las f.e.m.s inducidas en ambos conductores, que son de variación senoidal, están desplazadas en el tiempo. Se deduce fácilmente que la suma de estas dos f.e.m.s, desfasadas por el ángulo indicado β, es la suma aritmética afectada por el coseno del ángulo de desfase.

$$E = 2{,}22 \cdot f \cdot \hat{\Phi} \cdot N \cdot cos\vartheta$$

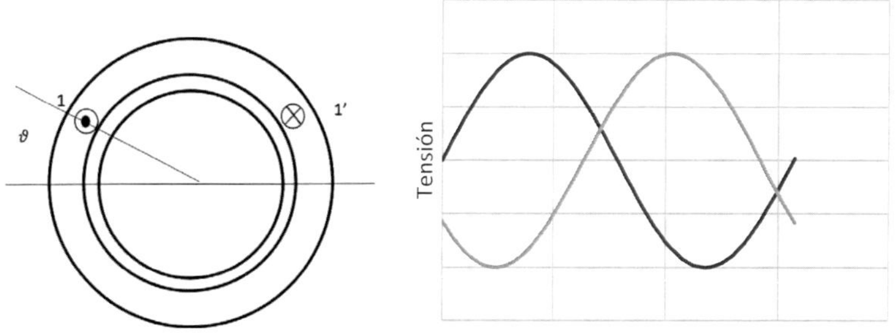

Figura 9.2.

Al coseno de este ángulo se le denomina factor de acortamiento siendo:

$$K_a = cos\vartheta$$

Por lo que la f.e.m. inducida en una espira de paso acortado es:

$$E = 2{,}22 \cdot f \cdot \hat{\phi} \cdot N_{cod.} \cdot K_a$$

9.1.4. Devanado distribuido

La f.e.m. inducida en un devanado compuesto de varias bobinas distribuidas sobre la armadura se determinará sumando las f.e.m.s inducidas en cada una de las bobinas. Puesto que las f.e.m.s inducidas en todas las bobinas son iguales en valor (siempre que todas ellas tengan los mismos conductores, que es el caso más general) y tienen la misma variación temporal (todas de variación senoidal), la f.e.m. inducida en el devanado será la suma fasorial de las f.e.m.s inducidas en todas ellas, que es igual a la suma aritmética afectada por el factor de distribución, que, como se dijo en el tema anterior, es la relación entre la suma fasorial y aritmética, siendo este factor:

$$K_d = \frac{sen\left(q\frac{\alpha}{2}\right)}{q \cdot sen\left(\frac{\alpha}{2}\right)}$$

Por lo tanto, el valor de la f.e.m. inducida de un devanado distribuido es:

$$E = 2{,}22 \cdot f \cdot \hat{\Phi} \cdot N \cdot K_d$$

Y, si además, las bobinas son acortadas:

$$E = 2{,}22 \cdot f \cdot \hat{\phi} \cdot N \cdot K_d \cdot K_a = K_p \cdot f \cdot \hat{\phi} \cdot N$$

9.2. Análisis armónico de la f.e.m. inducida

En el punto anterior se ha obtenido la expresión de la f.e.m. en el caso de que la distribución de la inducción en el entrehierro sea de forma senoidal. No obstante, como se constató en el tema anterior, la distribución de la tensión magnética, campo e inducción, no obedecen a formas estrictamente senoidales, sino que están afectadas por armónicos. En este apartado se determinarán los valores de las f.e.m.s que se inducen en un devanado debido a estos campos armónicos.

La expresión general del armónico fundamental de la f.e.m. inducida en máquinas eléctricas de c.a. es, según se obtuvo en el epígrafe anterior:

$$E = 2{,}22 \cdot f \cdot \hat{\Phi} \cdot N \cdot K_a \cdot K_d$$

De forma análoga se puede obtener el valor de la f.e.m. inducida en el devanado, producida por el armónico de orden h de inducción, resultando:

$$E_h = 2{,}22 \cdot f_h \cdot \hat{\Phi}_h \cdot N \cdot K_{ah} \cdot K_{dh}$$

El valor del flujo que corresponde al armónico de inducción de orden h, que tenga como valor máximo de esta $\hat{B}_h$ es:

$$\hat{\phi}_h = \frac{\hat{B}_h \cdot D \cdot L}{h \cdot p}$$

Por otro lado, la frecuencia de la f.e.m. inducida por el armónico de orden h de inducción será:

$$f_h = h \cdot f$$

el factor de acortamiento:

$$Ka_h = cos(h \cdot \vartheta)$$

y el factor de distribución:

$$K_{dh} = \frac{sen\left(qh\frac{\alpha}{2}\right)}{q \cdot sen\left(h\frac{\alpha}{2}\right)}$$

9.3. Aplicación al caso de las máquinas de C.A

9.3.1. Producción de sistemas trifásicos de F.E.M

Debido a que la forma de transportar y utilizar la energía eléctrica más utilizada es mediante sistemas de tensiones y corrientes trifásicos, las máquinas de corriente alternan, si funcionan como generadores, deberán producir estos sistemas trifásicos, o bien, si funcionan como motores se alimentan de ellos y, en este caso, deberán generarlos para oponerse a la tensión recibida. En definitiva, sea una u otra aplicación deberán generar sistemas trifásicos de f.e.m.

Para producir estas tensiones se deben dispone tres devanados en el sistema estatórico de la máquina, de modo que los conductores homólogos de los tres devanados estén desplazados entre ellos 120° eléctricos. En la Figura 9.3 se ha representado una máquina sincrónica trifásica de 1 par de polos con tres bobinas por fase. Las bobinas correspondientes a cada una de las tres fases se identifican en la figura por diferentes sombreados: la 1ª fase está situada en los sectores 1-1', la segunda se sitúa en los sectores 2-2' y la tercera en 3-3'.

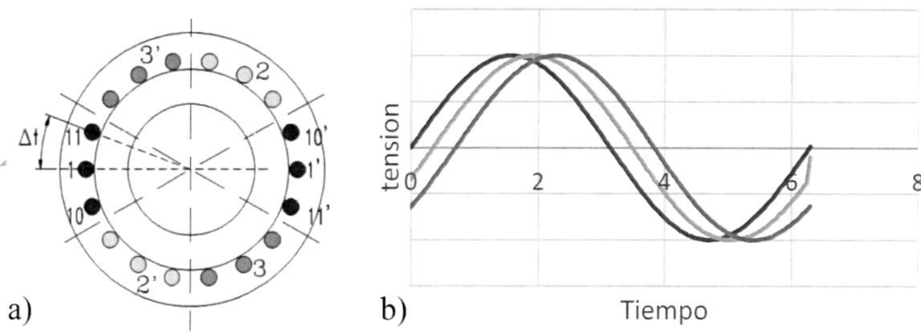

Figura 9.3. a) y b) Tensiones en cada bobina.

Por otro lado, el desfase temporal de las f.e.m.s inducidas en las tres bobinas de cada fase, teniendo en cuenta que 360º corresponden a un ciclo completo de f.e.m., es:

$\Delta t = T/n_r$ (n_r: número de ranuras de la máquina)

que para el caso de la máquina de la Figura 9.3 a es T/18 segundos.

Este desfase temporal se corresponde con el desfase angular indicado es de:

$$\alpha = \frac{360^o}{N_r} = \frac{360^o}{18} = 20^o e$$

En la Figura 9.3 b de la derecha se indica la evolución temporal de las f.e.m.s inducidas en cada una de las tres bobinas de una fase, con un desfase temporal, para el caso de una frecuencia de 50 Hz, de:

$$t = \frac{20}{360}\frac{1}{50} seg$$

Uniendo las tres bobinas, la f.e.m. resultante será la suma fasorial de las 3 f.e.m.s, que se obtiene sumándolas aritméticamente y multiplicando por el factor de distribución del devanado.

El estudio realizado para el armónico fundamental puede ser aplicado a cualquier armónico, para ello se tendrá en cuenta que los desfases entre los diversos fasores que representan las f.e.m.s armónicas de orden h, inducidas en cada bobina, llevarán un desfase de h α.

El valor de la f.e.m. total en una fase, incluyendo las correspondientes a los armónicos, se obtiene por la expresión:

$$E = \sqrt{E_1^2 + E_3^2 + \ldots E_n^2}$$

En el caso de las máquinas eléctricas, por simetría, no se producen armónicos de orden par y a fin de obtener una tensión de salida lo mas parecido a una senoide se deberán anular, en la medida de lo posible, las diferentes tensiones armónicas.

Pues bien, para anular el armónico de orden 3 y sus múltiplos basta con conectar el devanado estatórico en estrella, pues al pulsar los terceros armónicos y sus múltiplos al mismo tiempo en las tres fases, la diferencia de potencial producida por estos, entre los bornes de la máquina será nula, ya que las tensiones compuestas o en bornes valen:

$$u_{RS} = u_R - u_S;\ u_{ST} = u_S - u_T;\ u_{TR} = u_T - u_R$$

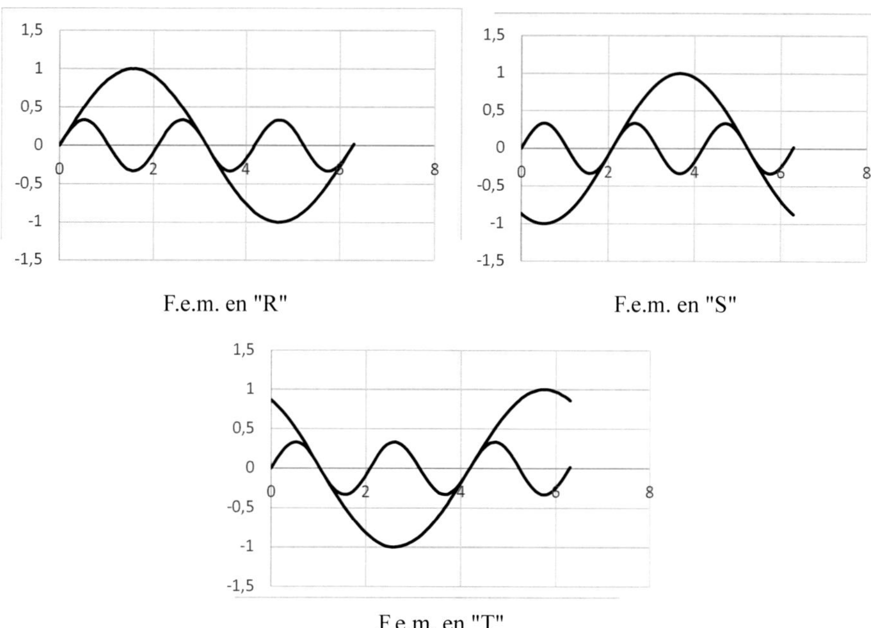

Figura 9.4. Armónico fundamental y tercer armónico.

Como estos armónicos pulsan al mismo tiempo en las tres fases (Figura 9.4, al restar los valores instantáneos de las tensiones inducidas en los devanados quedan anulados.

Para anular los armónicos de orden 5, 7 y en general los de orden 3 K$\pm$1 se deben utilizar devanados distribuidos tales que los diversos factores de distribución se anulen, esto es, haciendo $kd_h \cong 0$, siendo h = 3 K$\pm$1.

9.4. F.e.m. en máquinas de c.c.

La distribución temporal de la f.e.m. inducida en los conductores de las máquinas eléctricas de corriente continua es, al igual que en c.a., la misma que la distribución espacial de la inducción en el entrehierro (Figura 9.5). En las máquinas de c.c. no es necesario que la f.e.m. inducida en los conductores sea de variación senoidal, ya que la resultante de la f.e.m. inducida en el circuito inducido debe ser continua, por este motivo el entrehierro de estas máquinas es constante, así la distribución de la inducción en el entrehierro y la f.e.m. en el tiempo tienen las formas representadas en la Figura 9.5.

El valor instantáneo de la f.e.m. en bornes de la máquina se obtiene por la suma de los valores instantáneos de las f.e.m.s inducidas en los diversos conductores, cuyas formas de onda de la f.e.m. están desfasadas en el tiempo según la posición angular que ocupen. El resultado es que la f.e.m. obtenida en bornes es continua y su expresión, como se determinó en el Tema 7, es:

$$E = \frac{2p}{2c} N \cdot \Phi \cdot n = \frac{p}{c} N \cdot \Phi \cdot n$$

en la que:

E es la f.e.m.

p es el número de pares de polos

C es el número de pares de vías de arrollamiento

N es el número de conductores activos

ϕ es el flujo útil por polo

n es la velocidad en revoluciones por segundo

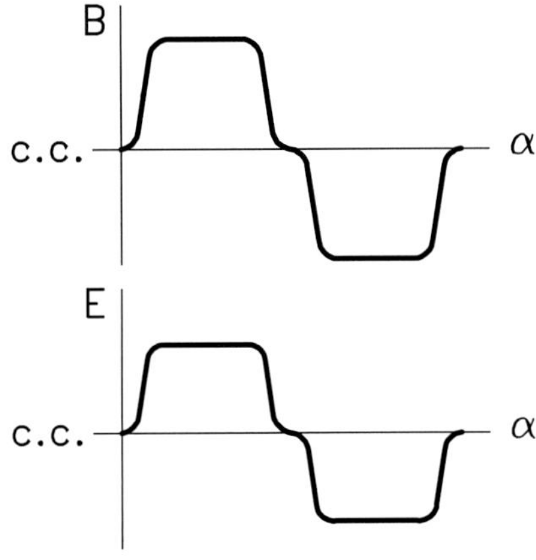

Figura 9.5.

10

Pares electromagnéticos

10.1. Expresión general del par electromagnético

Para que un sistema físico pueda desplazar una fuerza F un recorrido dx, es necesario el aporte de una energía dW. Si no hay aporte exterior, la energía interna del sistema indicado se reducirá en esa cantidad:

$$dW = F \cdot dx$$

En el caso de la dinámica de rotación, aplicable a las máquinas eléctricas rotatorias, la ecuación de la variación de energía se expresa en la siguiente forma:

$$dW = T \cdot d\theta$$

por lo que el par resulta ser:

$$T = \frac{dW}{d\theta}$$

En las máquinas eléctricas rotatorias, la conversión energética se realiza utilizando como medio de acoplamiento el campo magnético. De modo que, si la máquina funciona como motor, la energía eléctrica absorbida por ella se transforma en energía de campo y esta, a su vez, en mecánica. Este proceso es el inverso si la máquina funciona como generador. Por tanto, en el campo magnético se acumula la energía que absorbe la máquina y la variación de esta (dW_c) es la que permite realizar el movimiento. La expresión de la energía, por unidad de volumen, acumulada en el campo magnético queda determinada por:

$$W = \int_0^B H \cdot dB$$

Hay que tener en cuenta que el campo magnético está presente en el circuito ferromagnético de la máquina (hierro) y en el circuito paramagnético (entrehierro); pero mientras el valor de la inducción en uno y otro es del mismo orden, la intensidad de campo en el entrehierro es miles de veces superior a la correspondiente para el hierro, por lo que se considerará, para calcular la energía de campo, únicamente la correspondiente al entrehierro. En él la intensidad de campo y la inducción varían linealmente (Figura 10.1), por lo que la energía de campo por unidad de volumen se puede obtener por la expresión:

$$W_c = \frac{1}{2} B \cdot H$$

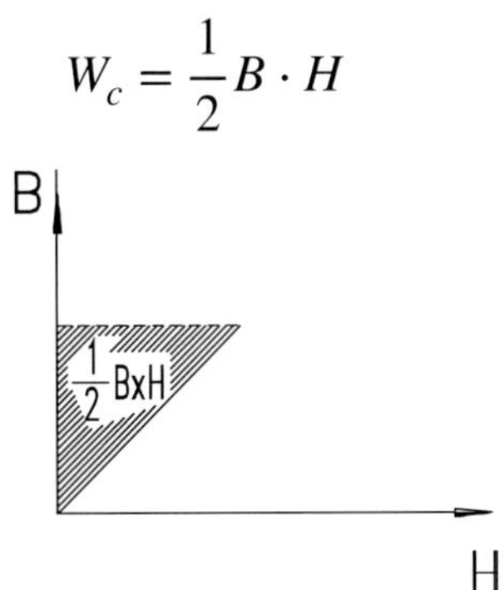

Figura 10.1.

Como, en general, la inducción en el entrehierro no permanece constante, se deberá integrar la curva de inducción en esta zona, según la ecuación:

$$W_c = \int_V \frac{1}{2} \cdot B \cdot H \cdot dV = \int_V \frac{1}{2\mu_0} B^2 \cdot dV$$

En la que el dV, según la Figura 10.2, es:

$$dV = \ell \cdot \delta \cdot r \cdot d\alpha$$

donde:

l es la longitud axial de la máquina,
r el radio de ella
δ el espesor de entrehierro
dα el ángulo considerado

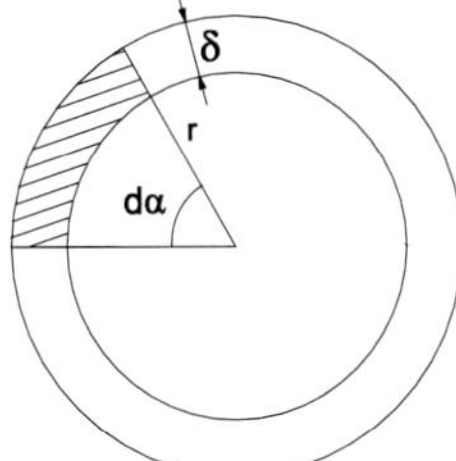

Figura 10.2.

Suponiendo una variación senoidal de la inducción en el entrehierro de la forma:

$$B = \hat{B} \cdot cos\alpha$$

resulta que la energía de campo es:

$$W_c = \frac{\ell \cdot \delta \cdot r}{2 \cdot \mu_0} \int_0^{2\pi} \hat{B}^2 \cdot cos^2\alpha \cdot d\alpha = \frac{\ell \cdot \delta \cdot r}{2 \cdot \mu_0} \cdot \hat{B}^2 \cdot \int_0^{2\pi} cos^2\alpha \cdot d\alpha$$

como:

$$\int_0^{2\pi} cos^2\alpha \cdot d\alpha = \pi$$

resulta finalmente:

$$W_c = \frac{\ell \cdot \delta \cdot r}{2 \cdot \mu_0} \cdot \hat{B}^2 \cdot \pi$$

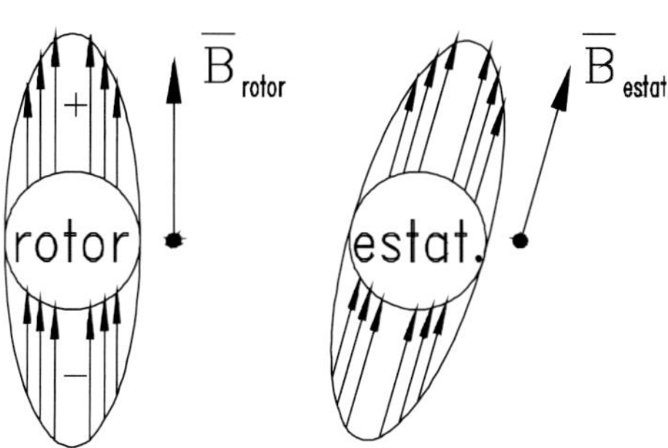

Figura 10.3.

Hay que tener en cuenta que la inducción resultante en el entrehierro es la suma de las inducciones producidas por el sistema estatórico y el rotórico (Figura 10.3. Si la inducción en el entrehierro producida por un sistema y otro tienen una distribución senoidal, se podrán representar mediante fasores. La inducción resultante es la suma fasorial de ambos, de esta forma el cuadrado del valor máximo es:

$$\hat{B}^2 = \hat{B}_{est}^2 + \hat{B}_{rot}^2 + 2 \cdot B_{est} \cdot B_{rot} \cdot cos\,\theta$$

en la que θ es el ángulo formado por los fasores de ambos campos.

Sustituyendo en la expresión general del par $T = \frac{dW}{d\theta}$, resulta:

$$T = \frac{dW}{d\theta} = \frac{\ell \cdot \delta \cdot r}{2 \cdot \mu_0} \cdot \pi \cdot 2 \cdot B_{est} \cdot B_{rot} \cdot sen\theta = \frac{\ell \cdot \delta \cdot r \cdot \pi}{\mu_0} \left[\overrightarrow{B}_{est} \times \overrightarrow{B}_{rot} \right]$$

De esta última ecuación se desprende que el par electromagnético de una máquina eléctrica rotatoria depende del valor de la inducción producida por los sistemas estatórico y rotórico y del seno del ángulo existente entre ambos:

$$T = K \cdot B_{est} \cdot B_{rot} \cdot \operatorname{sen} \alpha$$

siendo:

$$K = \frac{\ell \cdot \delta \cdot r \cdot \pi}{\mu_0}$$

B_{est}: valor máximo de la inducción producida por el sistema estatórico.

B_{rot}: valor máximo de la inducción producida por el sistema rotórico.

α: ángulo que forman los fasores representativos de ambas inducciones.

Analizando la ecuación del par, quedan de manifiesto los factores de los que depende. En primer lugar, el tamaño de la máquina, lo que es totalmente razonable: cuanto mayor sea el tamaño, el par será más elevado. De forma que, cuanto mayor sea la máquina, más par produce, que no potencia, ya que dos máquinas iguales en tamaño producen aproximadamente el mismo par, aunque la de mayor velocidad tendrá mayor potencia. En segundo lugar, del valor del campo magnético producido por el estátor y el rotor; cuanto mayor sean estos, mayor atracción o repulsión habrá entre ambos. Por último, del ángulo formado entre ellos, que tiene relación con lo que ya se trató en temas anteriores, para que la máquina tenga el máximo par para una intensidad de corriente determinada, es necesario que frente a un polo del estátor o rotor los sentidos de las corrientes en todos los conductores sean los mismos, esto es equivalente a decir que los campos magnéticos forman 90º.

10.2. Aplicación a las diferentes máquinas eléctricas rotatorias

10.2.1. Máquinas de corriente continua

La expresión del par electromagnético para las máquinas de corriente continua, que se dedujo al principio de este tema coincide la expresión general últimamente calculada. Efectivamente, la ecuación del par que se obtuvo allí es:

$$T = \frac{1}{2\pi} \frac{p}{c} N \cdot I \cdot \Phi$$

El campo magnético estatórico, B_{est}, es proporcional al flujo ϕ de la ecuación anterior; el rotórico, B_{rot}, lo es al producto NI. Ante variaciones del par requerido por el mecanismo que esté accionando, la respuesta de la máquina será aumentar o disminuir la intensidad de corriente en el rotor (I), ya que la intensidad de excitación que crea el flujo (Φ) se mantiene constante o, con mayor razón, si la excitación es por imanes permanentes. Obviamente, si se modificara la intensidad de excitación, la del inducido se modificaría también para suministrar un determinado par. En cualquier caso, el ángulo (α) queda fijado por la posición de las escobillas que, cuando están en la línea neutra, será de 90º, obteniendo el par máximo para unas corrientes de estátor y rotor determinadas.

10.2.2. Máquinas sincrónicas de corriente alterna

Estas máquinas son semejantes a las anteriores como ya se indicó anteriormente. Si por el control de las corrientes de inducido se consigue que el ángulo α se mantenga en 90º, para un campo magnético fijado por la corriente de rotor o por imanes, ante una variación de par, la máquina responderá modificando la intensidad de corriente del estátor.

10.2.3. Máquinas de corriente alterna asincrónica de inducción

En estas máquinas solamente se puede variar la tensión y la frecuencia del sistema estatórico. La corriente del rotor y estátor están relacionadas linealmente y el ángulo (α), de desfase, viene determinado por la impedancia del rotor, siendo esta dependiente de la resistencia, de la inductancia y de la frecuencia. No obstante, mediante el control vectorial aplicado a estas máquinas puede controlarse el ángulo α para buscar un valor que se aproxime a 90º.

Problemas temas 8, 9 y 10

Problema 10.1. Una máquina sincrónica trifásica de 4 polos que gira a 1500 r/m tiene una armadura de 210 mm de longitud y 180 mm de diámetro con 24 ranuras sobre la que se dispone un devanado de una sola capa con un total de 528 conductores por los que circula una corriente senoidal de 29 A. El entrehierro de la máquina es de 3 mm. Calcular:

1. El valor máximo del armónico fundamental de la inducción en el entrehierro que produce una bobina.
2. El valor máximo del armónico fundamental de la inducción en el entrehierro que produce todo el devanado.
3. El valor máximo del 3º armónico de la inducción en el entrehierro que produce todo el devanado.
4. La f.e.m. inducida en cada fase correspondiente al armónico fundamental.

Las expresiones de la tensión magnética, intensidad de campo e inducción para 1 bobina son:

$$\hat{V}_m = \frac{N_{c/r}\,\hat{I}}{2}; \qquad \hat{H} = \frac{N_{c/r}\,\hat{I}}{2\delta}; \qquad \hat{B} = \mu_0\,\frac{N_{c/r}\,\hat{I}}{2\delta}$$

Siendo:

$$N_{c/r} = \frac{N}{N_r} = \frac{528}{24} = 22; \qquad \delta = 3\cdot 10^{-3}; \qquad \mu_0 = 4\cdot\pi\cdot 10^{-7}$$

Las expresiones correspondientes al primer armónico para 1 bobina:

$$\hat{B}_1 = \frac{4}{\pi}\hat{B} = \frac{4}{\pi}\cdot\mu_0\,\frac{N_{c/r}\cdot\hat{I}}{2\cdot\delta} = \frac{4}{\pi}\cdot 4\cdot\pi\cdot 10^{7}\;\frac{22\cdot 29\cdot\sqrt{2}}{2\cdot 0{,}003} = 0{,}241$$

Ap. 2

En el devanado:

$$\hat{B}_{1d} = \frac{3}{2}K_d\cdot q\cdot\hat{B}_1 = \frac{3}{2}0{,}966\cdot 2\cdot 0{,}241 = 0{,}6972\ \text{T}$$

en los que:

$$q = \frac{N_r}{m' \cdot 2 \cdot p} = \frac{24}{3 \cdot 2 \cdot 2} = 2 \quad \gamma = \frac{360 \cdot 2}{24} = 30 \quad K_d = \frac{sen\ q \frac{\gamma}{2}}{q \cdot sen \frac{\gamma}{2}} = \frac{sen\ 2 \frac{30}{2}}{2 \cdot sen \frac{30}{2}} = 0{,}966$$

Ap. 3

El valor del tercer armónico es cero según la deducción realizada en la parte de teoría.

Ap. 4

$$E = 2{,}22 \cdot K_d \cdot f \cdot N \cdot \phi_{max}$$

$$\phi_{max} = \frac{2}{\pi} \hat{B}_\varepsilon \cdot S_p = \hat{B}_\varepsilon \cdot \frac{D \cdot L}{p} = 0{,}6972 \frac{0{,}21 \cdot 0{,}18}{2} = 0{,}0132$$

$$E = 2{,}22 \cdot 0{,}966 \cdot 50 \cdot \frac{528}{3} \cdot 0{,}0132 = 249 \text{ V}$$

Problema 10.2. En una máquina eléctrica trifásica rotatoria de 4 polos y 1500 r/m, el campo magnético producido por el rotor tiene una distribución senoidal y el valor máximo de la inducción es de 0,7 T. El devanado estatórico, realizado con bobinas de paso diametral, está dispuesto en 48 ranuras con 22 conductores en cada una de ellas recorridos por una corriente de 18 A. La armadura tiene una longitud de 0,2 m y un diámetro de 0,28 m, siendo el entrehierro de 4 mm. Calcular:

1. La f.e.m. inducida en una fase del devanado estatórico por el flujo del rotor.
2. Los valores máximos del armónico fundamental de la tensión magnética, la intensidad de campo y la inducción producidas por el devanado estatórico.
3. El par máximo que puede producir la máquina.

Ap. 1

En general:

$$E = 2{,}22 \cdot K_d \cdot f \cdot N \cdot \phi_{max}$$

$$q = \frac{N_r}{m' \cdot 2 \cdot p} = \frac{48}{3 \cdot 4} = 4$$

$$K_d = \frac{sen\ q \frac{\gamma}{2}}{q \cdot sen \frac{\gamma}{2}} = \frac{sen\ 4 \frac{15}{2}}{4 \cdot sen \frac{15}{2}} = 0{,}958$$

Ya que:

$$\gamma = \frac{p \cdot 360}{N_r} = \frac{2 \cdot 360}{48} = 15°$$

$$\phi_{max} = \frac{D \cdot L}{p} B_{max} = \frac{0{,}2 \cdot 0{,}28}{2} 0{,}7 = 0{,}0196$$

$$N = \frac{22 \cdot 48}{3} = 352$$

Luego:

$$E = 2{,}22 \cdot 0{,}958 \cdot 50 \cdot 352 \cdot 0{,}0196 = 733{,}6$$

Ap. 2

Las expresiones de la tensión magnética, intensidad de campo e inducción para 1 bobina son:

$$\hat{V}_m = \frac{N_{c/r}\hat{I}}{2} \; ; \qquad \hat{H} = \frac{N_{c/r}\hat{I}}{2\delta} \; ; \qquad \hat{B} = \mu_0 \frac{N_{c/r}\hat{I}}{2\delta}$$

donde:

$$N_{c/r} = 22 \; ; \qquad \delta = 4 \cdot 10^{-3} \; ; \qquad \mu_0 = 4\pi \cdot 10^{-7}$$

Las expresiones correspondientes al primer armónico para 1 bobina:

$$\hat{V}_{m1} = \frac{4}{\pi} \hat{V}_{\mathrm{m}} \; ; \qquad \hat{H}_1 = \frac{4}{\pi} \hat{H} \; ; \qquad \hat{B}_1 = \frac{4}{\pi} \hat{B}$$

y en el devanado:

$$\hat{V}_{m1d} = \frac{3}{2} K_d \cdot q \cdot \hat{V}_{m1} \qquad \hat{H}_{1d} = \frac{3}{2} K_d \cdot q \cdot \hat{H}_1 \qquad \hat{B}_{1d} = \frac{3}{2} K_d \cdot q \cdot \hat{B}_1$$

Resultando:

$$\hat{V}_{m1d} = 2048{,}6 \text{ A} \qquad \hat{H}_{1d} = 512\,146 \text{ A/m} \qquad \hat{B}_{1d} = 0{,}644 \text{ T}$$

Ap. 3

El par máximo se obtiene de la ecuación

$$T = p \frac{1 \cdot \delta \cdot r \cdot \pi}{\mu_0} \hat{B}_{,est} \cdot \hat{B}_{,rot} \cdot sen\theta = 2 \frac{0{,}2 \cdot 0{,}004 \cdot 0{,}14 \cdot \pi}{4 \cdot \pi \cdot 10^{-7}} 0{,}644 \cdot 0{,}7 \cdot \mathrm{sen}120° = 253{,}18 \text{ Nm}$$

Problema 10.3. Una máquina sincrónica tetrapolar, de entrehierro constante y velocidad nominal de 1500 r/m está constituida por un devanado inductor, con factor de distribución de 0,93 y dispuesto en 20 ranuras con 24 conductores en cada una de ellas.

El devanado estatórico se dispone en 48 ranuras con 20 conductores en cada ranura por la que circula una corriente alterna de valor eficaz 15 A.

La armadura estatórica tiene una longitud de 0,22 m y un diámetro de 0,28 m y el entrehierro es de 3 mm. Calcular:

1. La intensidad de corriente que se deberá hacer pasar por el rotor para conseguir obtener una f.e.m. en vacío por fase de 600 V, suponiendo la máquina no saturada.
2. El valor máximo del armónico fundamental de la inducción producida por el devanado estatórico.
3. El par necesario para accionar la máquina funcionando como generador si los campos magnéticos del estator y rotor están formando un ángulo de 90º.

Ap. 1

$$K_{ds} = \frac{sen\, 4 \cdot \frac{\alpha}{2}}{4 \cdot sen \frac{\alpha}{2}} = \frac{sen\, 4 \cdot \frac{15}{2}}{4 \cdot sen\, \frac{15}{2}} = 0{,}958$$

$$E = 2{,}22 \cdot K_{ds} \cdot \phi_{max} \cdot f \cdot N \rightarrow 600 = 2{,}22 \cdot 0{,}958 \cdot \phi_{max} \cdot 50 \cdot 320 \rightarrow \phi_{max} = 0{,}018 \text{ Wb}$$

$$B_{max} = \frac{\phi_{max}\, p}{D \cdot L} = \frac{0{,}018 \cdot 2}{0{,}28 \cdot 0{,}22} = 0{,}58 \text{ T}$$

$$V_r = \delta \cdot H_r = \delta \cdot \frac{B_r}{\mu_0} = 0{,}003 \cdot \frac{0{,}58}{4 \cdot \pi \cdot 10^{-7}} = 1395 \text{ A/m}$$

$$V_r = \frac{N_{c/r} \cdot I_r}{2} \cdot q \cdot K_{dr} \cdot \frac{4}{\pi} \rightarrow 1395 = \frac{24 \cdot I_r}{2} \cdot 5 \cdot 0{,}93 \cdot \frac{4}{\pi} \rightarrow I_r = 19{,}5 \text{ A}$$

Ap. 2

$$\hat{V}_1 = \frac{N_{c/r} \cdot \hat{I}_m}{2} \cdot q \cdot K_{d1} \cdot \frac{4}{\pi} \cdot \frac{3}{2} = \frac{20 \cdot \sqrt{2} \cdot 15}{2} \cdot 4 \cdot 0{,}958 \cdot \frac{4}{\pi} \cdot \frac{3}{2} = 1552 \text{ A}$$

$$\hat{H}_1 = \frac{\hat{V}_1}{\delta} = \frac{1552}{0{,}003} = 517500 \text{ A/m}$$

$$\hat{B}_1 = \mu_0 \cdot \hat{H}_1 = 4 \cdot \pi \cdot 10^{-7} \cdot 758735 = 0{,}65 \text{ T}$$

Ap. 3

$$T = \frac{l \cdot \delta \cdot r \cdot \pi}{\mu_o} B_{max,est} \cdot B_{max,rot} \cdot sen\theta = \frac{0{,}22 \cdot 0{,}003 \cdot 0{,}14 \cdot \pi}{4 \cdot \pi \cdot 10^{-7}} 0{,}65 \cdot 0{,}58 = 86{,}6 \text{ Nm}$$

Problema 10.4. Una máquina sincrónica trifásica de dos polos que gira a 3000 r/m tiene una armadura de 130 mm de longitud y 160 mm de diámetro con 24 ranuras sobre la que se dispone un devanado de una sola capa con un total de 360 conductores por los que circula una corriente senoidal de 22 A. El entrehierro de la máquina es de 3 mm. Calcular:

1. El valor máximo del armónico fundamental de la inducción en el entrehierro que produce una bobina.
2. El valor máximo del armónico fundamental de la inducción en el entrehierro que produce todo el devanado.
3. El valor máximo del 5° armónico de la inducción en el entrehierro que produce todo el devanado.
4. La f.e.m. inducida en cada fase correspondiente al armónico fundamental.

Ap. 1

Las expresiones de la tensión magnética, intensidad de campo e inducción para 1 bobina son:

$$\hat{V}_m = \frac{N_{c/r}\hat{I}}{2} \; ; \qquad \hat{H} = \frac{N_{c/r}\hat{I}}{2\delta} \; ; \qquad \hat{B} = \mu_0 \frac{N_{c/r}\hat{I}}{2\delta}$$

Siendo:

$$N_{c/r} = \frac{N}{N_r} = \frac{360}{24} = 15; \quad \delta = 3 \cdot 10^{-3}; \quad \mu_0 = 4 \cdot \pi \cdot 10^{-7}$$

Las expresiones correspondientes al primer armónico para 1 bobina:

$$\hat{B}_1 = \frac{4}{\pi}\hat{B} = \frac{4}{\pi} \cdot \mu_0 \frac{N_{c/r} \cdot \hat{I}}{2 \cdot \delta} = \frac{4}{\pi} \cdot 4 \cdot \pi \cdot 10^7 \frac{15 \cdot 22 \cdot \sqrt{2}}{2 \cdot 0{,}003} = 0{,}1245$$

Ap. 2

En el devanado:

$$\hat{B}_{1d} = \frac{3}{2} K_d \cdot q \cdot \hat{B}_1 = \frac{3}{2} \cdot 0{,}958 \cdot 4 \cdot 0{,}1245 = 0{,}7154$$

en los que:

$$q = \frac{N_r}{m' \cdot 2 \cdot p} = \frac{24}{3 \cdot 2} = 3 \quad \gamma = \frac{360}{24} = 15 \quad K_d = \frac{sen\, q \frac{\gamma}{2}}{q \cdot sen \frac{\gamma}{2}} = \frac{sen\, 4 \frac{15}{2}}{4 \cdot sen \frac{15}{2}} = 0{,}958$$

Ap. 3

$$\hat{B}_5 = \frac{4}{5\cdot\pi}\cdot\mu_0\,\frac{N_{c/r}\cdot\hat{I}}{2\cdot\delta}\cdot\frac{3}{2}K_{d5}\cdot q = \frac{4}{5\cdot\pi}\cdot 4\cdot\pi\cdot 10^7\,\frac{15\cdot 22\cdot\sqrt{2}}{2\cdot 0{,}003}\cdot\frac{3}{2}\cdot 0{,}2053\cdot 4 = 0{,}0307$$

$$K_d = \frac{sen\, q\frac{\gamma}{2}}{q\cdot sen\,\frac{\gamma}{2}} = \frac{sen\, 4\cdot 5\cdot\frac{15}{2}}{4\cdot sen\cdot 5\cdot\frac{15}{2}} = 0{,}2053$$

Ap .4

$$E = K\,.\,f\,.\,\varphi.\,N$$

$$\phi = \frac{2}{\pi}\cdot\hat{B}_\varepsilon\cdot Sp = \hat{B}_\varepsilon\cdot\frac{D\cdot L}{1} = 0{,}7154\cdot\frac{0{,}16\cdot 0{,}13}{1} = 0{,}0149$$

$$E = 2{,}22\cdot 0{,}958\cdot 50\cdot 0{,}0149\cdot\frac{360}{3} = 190\text{V}$$

Problema 10.5. Una máquina sincrónica tetrapolar, de entrehierro constante y velocidad nominal de 1500 r/m está constituida por un devanado inductor, con factor de distribución de 0,93 y dispuesto en 20 ranuras con 24 conductores en cada una de ellas por las que circula una corriente continua de 20 A.

El devanado estatórico se dispone en 48 ranuras con 20 conductores en cada ranura por la que circula una corriente alterna de valor eficaz 22 A.

La armadura estatórica tiene una longitud de 0,22 m y un diámetro de 0,28 m y el entrehierro es de 3 mm. Calcular:

1. El valor de la inducción máxima producida por el rotor.
2. La f.e.m. inducida en una fase del devanado estatórico por el flujo del rotor.
3. El valor máximo del armónico fundamental de la inducción producidas por el devanado estatórico
4. El par necesario para accionar la máquina funcionando como generador si los campos magnéticos estatórico y rotórico están formando un ángulo de 120º.

Ap. 1

$$V_r = \frac{N_{c/r}\cdot I_r}{2}\cdot q\cdot K_{dr}\cdot\frac{4}{\pi} = \frac{24\cdot 20}{2}\cdot 5\cdot 0.93\cdot\frac{4}{\pi} = 1421\text{ A}$$

$$B_r = \mu_0\cdot H_r = \mu_0\cdot\frac{V_r}{\delta} = 4\cdot\pi\cdot 10^{-7}\cdot\frac{1421}{0{,}003} = 0{,}6\text{ T}$$

Ap. 2

$$\phi_{max} = \frac{D \cdot l \cdot B_{max}}{p} = \frac{0{,}28 \cdot 0{,}22 \cdot 0{,}60}{2} = 0{,}0185 \text{ Wb}$$

$$K_{d1} = \frac{sen\, 4 \cdot \frac{\alpha}{2}}{4 \cdot sen\, \frac{\alpha}{2}} = \frac{sen\, 4 \cdot \frac{15}{2}}{4 \cdot sen\, \frac{15}{2}} = 0{,}958$$

$$E = 2{,}22 \cdot K_{d1} \cdot \phi_{max} \cdot f \cdot N = 2{,}22 \cdot 0{,}958 \cdot 0{,}0185 \cdot 50 \cdot 320 = 629{,}3 \text{ V}$$

Ap. 3

$$\hat{V}_1 = \frac{N_{c/r} \cdot I_m}{2} \cdot q \cdot K_{d1} \cdot \frac{4}{\pi} \cdot \frac{3}{2} = \frac{20 \cdot \sqrt{2} \cdot 22}{2} \cdot 4 \cdot 0{,}958 \cdot \frac{4}{\pi} \cdot \frac{3}{2} = 2277 \text{ A}$$

$$\hat{H}_1 = \frac{\hat{V}_1}{\delta} = \frac{2277}{0{,}003} = 758735 \text{ A/m}$$

$$\hat{B}_1 = \mu_0 \cdot \hat{H}_1 = 4 \cdot \pi 10^{-7} \cdot 758735 = 0{,}95 \text{ T}$$

Ap. 4

$$T = p\frac{l \cdot \delta \cdot r \cdot \pi}{\mu_o} B_{max,est} \cdot B_{max,rot} \cdot sen\theta = 2\, \frac{0{,}22 \cdot 0{,}003 \cdot 0{,}14 \cdot \pi}{4 \cdot \pi \cdot 10^{-7}} 0{,}95 \cdot 0{,}6 \cdot \text{sen}120° = 228 \text{ Nm}$$

Problema 10.6. En una máquina eléctrica trifásica rotatoria de 6 polos y 1000 r/m, el campo magnético producido por el rotor tiene una distribución senoidal y el valor máximo de la inducción es de 0,6 T. El devanado estatórico, realizado con bobinas de paso diametral, está dispuesto en 36 ranuras con 24 conductores en cada una de ellas y recorridos por una corriente de variación senoidal y valor eficaz de 28 A. La armadura tiene una longitud de 0,4 m y un diámetro de 0,34 m, siendo el entrehierro de 3 mm. Calcular:

1. La f.e.m. inducida en una fase del devanado estatórico por el flujo del rotor.
2. Los valores máximos del armónico fundamental de la tensión magnética, la intensidad de campo y la inducción producidas por el devanado estatórico
3. El par máximo que puede producir la máquina.

Ap. 1

$$E = 2{,}22 \cdot K_d \cdot f \cdot N \cdot \varphi_{max}$$

$$q = \frac{N_r}{m' \cdot 2p} = \frac{36}{3 \cdot 6} = 22 \qquad K_d = \frac{sen\, q\frac{\gamma}{2}}{q \cdot sen\frac{\gamma}{2}} = \frac{sen\, 2\frac{30}{2}}{2 \cdot sen\frac{30}{2}} = 0{,}966$$

Ya que:

$$\gamma = \frac{p \cdot 360}{N_r} = \frac{3 \cdot 360}{36} = 30^o$$

$$\phi_{max} = \frac{D \cdot L}{p} B_{max} = \frac{0{,}34 \cdot 0{,}4}{3} 0{,}6 = 0{,}0272$$

$$N = \frac{24 \cdot 36}{3} = 288$$

Luego:

$$E = 2{,}22 \cdot 0{,}966 \cdot 50 \cdot 288 \cdot 0{,}0272 = 840{,}0$$

Ap. 2

Las expresiones de la tensión magnética, intensidad de campo e inducción para 1 bobina son:

$$\hat{V}_m = \frac{N_{c/r} \hat{I}}{2} \quad ; \quad \hat{H} = \frac{N_{c/r} \hat{I}}{2\delta} \quad ; \quad \hat{B} = \mu_0 \frac{N_{c/r} \hat{I}}{2\delta}$$

donde:

$$N_{c/r} = 24 \quad ; \quad \delta = 3 \cdot 10^{-3} \quad ; \quad \mu_0 = 4\pi \cdot 10^{-7}$$

Las expresiones correspondientes al primer armónico para 1 bobina:

$$\hat{V}_{m1} = \frac{4}{\pi} \hat{V}_m \quad ; \quad \hat{H}_1 = \frac{4}{\pi} \hat{H} \quad ; \quad \hat{B}_1 = \frac{4}{\pi} \hat{B}$$

y en el devanado:

$$\hat{V}_{m1d} = \frac{3}{2} K_d \cdot q \cdot \hat{V}_{m1} \quad ; \quad \hat{H}_{1d} = \frac{3}{2} K_d \cdot q \cdot \hat{H}_1 \quad ; \quad \hat{B}_{1d} = \frac{3}{2} K_d \cdot q \cdot \hat{B}_1$$

Resultando:

$$\hat{V}_{m1d} = 1753\, A \qquad \hat{H}_{1d} = 584397 A/m \qquad \hat{B}_{1d} = 0.734\, T$$

Ap. 3

El par máximo se obtiene de la ecuación

$$T = p \frac{L \cdot \delta \cdot r \cdot \pi}{\mu_o} \hat{B}_{est} \cdot \hat{B}_{rotor} \cdot sen\theta$$

$$T = 3 \frac{0{,}4 \cdot 0{,}003 \cdot 0{,}17 \cdot \pi}{4 \cdot \pi \cdot 10^{-7}} \cdot 0{,}734 \cdot 0{,}6 = 673{,}8 \text{ Nm}$$

Problema 10.7. La armadura estatórica de una máquina trifásica sincrónica de 6 polos que gira a 1000 r/m tiene una longitud de 0,4 m y un diámetro de 0,35 m en la que se sitúan 36 ranuras con 26 conductores en cada una de ellas por la que circula una corriente eficaz de 27 A. El devanado del rotor, con factor de distribución 0,94, está dispuesto en 24 ranuras con 28 conductores en cada ranura por las que circula una corriente continua de 22 A. El entrehierro de la máquina es de 3 mm. Calcular:

1. El valor máximo del armónico fundamental de la inducción producido por el devanado estatórico.
2. El valor máximo del tercer armónico de la inducción producido por el devanado estatórico.
3. El valor de la inducción máxima producida por el rotor.
4. La f.e.m. inducida en una fase del devanado estatórico por el flujo del rotor.
5. La corriente que absorbería el estator si el par que tiene que producir la máquina es de 600 Nm, sabiendo que los campos magnéticos estatórico y rotórico están formando un ángulo de 110°.

Ap. 1

$$\hat{V}_1 = \frac{N_{c/r} \cdot \hat{I}_s}{2} \cdot q \cdot K_{d1} \cdot \frac{4}{\pi} \cdot \frac{3}{2} = \frac{26 \cdot \sqrt{2} \cdot 27}{2} \cdot 2 \cdot 0{,}966 \cdot \frac{4}{\pi} \cdot \frac{3}{2} = 1831 \text{ A}$$

$$K_{d1} = \frac{sen\ q \cdot \frac{\alpha}{2}}{q \cdot sen\ \frac{\alpha}{2}} = \frac{sen\ 2 \cdot \frac{30}{2}}{2 \cdot sen\ \frac{30}{2}} = 0{,}966$$

$$\hat{H}_1 = \frac{\hat{V}_1}{\delta} = \frac{1831}{0{,}003} = 610333 \text{ A/m}$$

$$\hat{B}_1 = \mu_0 \cdot \hat{H}_1 = 4 \cdot \pi \cdot 10^{-7} \cdot 610333 = 0{,}77 \text{ T}$$

Ap. 2

Es nulo ya que los tres armónicos están situados en el mismo lugar de la máquina y desfasan un tercio de periodo.

Ap. 3

$$V_r = \frac{N_{c/r} \cdot I_r}{2} \cdot q \cdot K_{dr} \cdot \frac{4}{\pi} = \frac{28 \cdot 22}{2} \cdot 4 \cdot 0{,}94 \cdot \frac{4}{\pi} = 1474 \text{ A}$$

$$B_r = \mu_0 \cdot H_r = \mu_0 \cdot \frac{V_r}{\delta} = 4 \cdot \pi \cdot 10^{-7} \cdot \frac{1474}{0{,}003} = 0{,}62 \text{ T}$$

Ap. 4

$$\phi_{max} = \frac{D \cdot l \cdot B_{max}}{p} = \frac{0,4 \cdot 0,35 \cdot 0,62}{3} = 0,0288 \text{ Wb}$$

$$E = 2,22 \cdot K_{d1} \cdot \phi_{max} \cdot f \cdot N = 2,22 \cdot 0,966 \cdot 0,0288 \cdot 50 \cdot 312 = 968 \text{ V}$$

Ap. 5

El par que produce la máquina en estas condiciones para el ángulo indicado es:

$$T = p\frac{l \cdot \delta \cdot r \cdot \pi}{\mu_o} B_{max,est} \cdot B_{max,rot} \cdot sen\theta = 3\ \frac{0,4 \cdot 0,003 \cdot 0,175 \cdot \pi}{4 \cdot \pi \cdot 10^{-7}} 0,77 \cdot 0,62 \cdot sen 110° = 707 \text{ Nm}$$

Como hay una relación lineal entre pares y corrientes:

$$I_r = I'_r \frac{T'}{T} = 22 \cdot \frac{600}{707} = 18,6 \text{ A}$$

Problema 10.8. Una máquina sincrónica trifásica de 50 Hz y 1000 r/m tiene devanado estatórico realizado con bobinas de paso diametral y está dispuesto en 54 ranuras con 21 conductores en cada una de ellas recorridos por una corriente de variación senoidal con valor eficaz de 13 A. La armadura tiene una longitud de 0,35 m y un diámetro de 0,32 m, siendo el entrehierro de 2 mm. El rotor produce un campo magnético de distribución senoidal en el entrehierro y de valor máximo igual a 0,6 T. Calcular:

1. La f.e.m. inducida en una fase del devanado estatórico por el flujo del rotor.
2. Los valores máximos del armónico fundamental de la tensión magnética, la intensidad de campo y la inducción producida por el devanado estatórico.
3. Los valores máximos de los armónicos de orden 3º y 5º de la inducción producidas por el devanado estatórico.
4. El par máximo que puede producir la máquina.

Ap. 1

$$E = 2,22 \cdot K_{d1} \cdot f \cdot \Phi \cdot N = 2,22 \cdot 0,96 \cdot 50 \cdot 0,0224 \cdot 378 = 902 \text{ V}$$

$$\phi_{max} = \frac{D \cdot l \cdot B_{max}}{p} = \frac{0,32 \cdot 0,35 \cdot 0,6}{3} = 0,0224 \text{Wb}$$

$$\alpha = \frac{360 \cdot p}{N_r} = \frac{360 \cdot 3}{54} = 20$$

$$K_{d1} = \frac{sen\, q \cdot \frac{\alpha}{2}}{q \cdot sen \frac{\alpha}{2}} = \frac{sen\, 3 \cdot \frac{20}{2}}{3 \cdot sen \frac{20}{2}} = 0,96$$

$$q = \frac{N_r}{2 \cdot p \cdot m} = \frac{54}{2 \cdot 3 \cdot 3} = 3$$

Ap. 2

$$\hat{V}_1 = \frac{N_{c/r} \cdot \hat{I}_s}{2} \cdot q \cdot K_{d1} \cdot \frac{4}{\pi} \cdot \frac{3}{2} = \frac{21 \cdot \sqrt{2} \cdot 13}{2} \cdot 3 \cdot 0{,}96 \cdot \frac{4}{\pi} \cdot \frac{3}{2} = 1062 \text{ A}$$

$$\hat{H}_1 = \frac{\hat{V}_1}{\delta} = \frac{1062}{0{,}002} = 530785 \text{ A/m}$$

$$\hat{B}_1 = \mu_0 \cdot \hat{H}_1 = 4 \cdot \pi \cdot 10^{-7} \cdot 530785 = 0{,}67 \text{ T}$$

Ap. 3

El armónico de orden 3 nulo ya que los tres armónicos de las fases están situados en el mismo lugar de la máquina y desfasan un tercio de periodo.

El de orden 5ª:

$$\hat{V}_5 = \frac{N_{c/r} \cdot \hat{I}_s}{2} \cdot q \cdot K_{d5} \cdot \frac{4}{5 \cdot \pi} \cdot \frac{3}{2} = \frac{21 \cdot \sqrt{2} \cdot 13}{2} \cdot 3 \cdot 0{,}218 \cdot \frac{4}{5 \cdot \pi} \cdot \frac{3}{2} = 48{,}13 \text{ A}$$

$$K_{d5} = \frac{sen\, q \cdot h \cdot \frac{\alpha}{2}}{q \cdot senh \cdot \frac{\alpha}{2}} = \frac{sen\, 3 \cdot 5 \cdot \frac{20}{2}}{3 \cdot sen\, 5 \cdot \frac{20}{2}} = 0{,}218$$

$$\hat{H}_5 = \frac{\hat{V}_5}{\delta} = \frac{48}{0{,}002} = 24063 \text{ A/m}$$

$$\hat{B}_5 = \mu_0 \cdot \hat{H}_1 = 4 \cdot \pi 10^{-7} \cdot 24000 = 0{,}0302 \text{ T}$$

Ap. 4

$$T = p \frac{l \cdot \delta \cdot r \cdot \pi}{\mu_o} B_{max,est} \cdot B_{max,rot} \cdot sen\theta = 3 \frac{0{,}35 \cdot 0{,}002 \cdot 0{,}16 \cdot \pi}{4 \cdot \pi \cdot 10^{-7}} 0{,}67 \cdot 0{,}60 \cdot 1 = 336 \text{ Nm}$$

Problema 10.9. En una máquina sincrónica trifásica rotatoria de 50 Hz y 1000 r/m tiene devanado estatórico realizado con bobinas de paso diametral y está dispuesto en 36 ranuras con 24 conductores en cada una de ellas recorridos por una corriente de variación senoidal con valor eficaz de 25 A. La armadura tiene una longitud de 0,30 m y un diámetro de 0,30 m, siendo el entrehierro de 3 mm. El rotor es de entrehierro constante y tiene 24 ranuras con 25 conductores en cada una de ellas por las que pasa una corriente continua de 30 A. Sabiendo que el factor de distribución del rotor es de 0,92, calcular:

1. La f.e.m. inducida en una fase del devanado estatórico por el flujo del rotor.
2. Los valores máximos del armónico fundamental de la tensión magnética, la intensidad de campo y la inducción producidas por el devanado estatórico .
3. El par máximo que puede producir la máquina.

Ap. 1

$$E = 2{,}22 \cdot K_{dr} \cdot \phi_{max} \cdot f \cdot N$$

El flujo lo produce el devanado rotórico, y se podrá obtener a partir de la tensión magnética producida por el devanado situado allí, que por ser un solo circuito:

$$V_r = \frac{N_{c/r} \cdot I_r}{2} \cdot q \cdot K_{dr} \cdot \frac{4}{\pi} = \frac{25 \cdot 30}{2} \cdot 4 \cdot 0{,}92 \cdot \frac{4}{\pi} = 1757{,}1 \text{ A}$$

$$B_r = \mu_0 \cdot H_r = \mu_0 \cdot \frac{V_r}{\delta} = 4 \cdot \pi \cdot 10^{-7} \cdot \frac{1757.1}{0{,}003} = 0{,}736 \text{ T}$$

$$\phi_{max} = \frac{D \cdot l \cdot B_{max}}{p} = \frac{0{,}3 \cdot 0{,}3 \cdot 0{,}736}{3} = 0{,}0221 \text{ Wb}$$

$$E = 2{,}22 \cdot K_{d1} \cdot \phi_{max} \cdot f \cdot N = 2{,}22 \cdot 0{,}96 \cdot 0{,}0221 \cdot 50 \cdot 288 = 682{,}5 \text{ V}$$

Ap. 2

$$K_{d1} = \frac{sen\, q \cdot \frac{\alpha}{2}}{q \cdot sen \frac{\alpha}{2}} = \frac{sen\, 2 \cdot \frac{30}{2}}{2 \cdot sen \frac{30}{2}} = 0{,}966$$

$$\hat{V}_1 = \frac{N_{c/r} \cdot I_m}{2} \cdot q \cdot K_{d1} \cdot \frac{4}{\pi} \cdot \frac{3}{2} = \frac{24 \cdot \sqrt{2} \cdot 25}{2} \cdot 2 \cdot 0{,}966 \cdot \frac{4}{\pi} \cdot \frac{3}{2} = 1565{,}4 \text{ A}$$

$$\hat{H}_1 = \frac{\hat{V}_1}{\delta} = \frac{1565{,}4}{0{,}003} = 521\,783 \text{ A/m}$$

$$\hat{B}_1 = \mu_0 \cdot \hat{H}_1 = 4 \cdot \pi \cdot 10^{-7} \cdot 521783 = 0{,}656 \text{ T}$$

Ap. 3

$$T = p\, \frac{l \cdot \delta \cdot r \cdot \pi}{\mu_o} B_{max,est} \cdot B_{max,rot} \cdot sen\theta = 3\, \frac{0{,}3 \cdot 0{,}003 \cdot 0{,}15 \cdot \pi}{4 \cdot \pi \cdot 10^{-7}} 0{,}656 \cdot 0{,}736 \cdot 1 = 488{,}8 \text{ Nm}$$

Problema 10.10. El devanado inductor de una máquina sincrónica tetrapolar, de entrehierro constante y velocidad nominal de 1500 r/m, tiene un factor de distribución de 0,94 y está dispuesto en 20 ranuras, con 24 conductores en cada una de ellas por las que circula una corriente continua de 30 A.

El devanado estatórico se dispone en 36 ranuras con 24 conductores en cada ranura por la que circula una corriente alterna de valor eficaz 26 A.

La armadura estatórica tiene una longitud de 0,20 m y un diámetro de 0,32 m y el entrehierro es de 4 mm. Calcular:

1. El valor de la inducción máxima producida por el rotor.
2. La f.e.m. inducida en una fase del devanado estatórico por el flujo del rotor.
3. El valor máximo del armónico fundamental de la inducción producidas por el devanado estatórico
4. El par necesario para accionar la máquina funcionando como generador si los campos magnéticos estatórico y rotórico están formando un ángulo de 120°.)

Ap. 1

$$V_r = \frac{N_{c/r} \cdot I_r}{2} \cdot q \cdot K_{dr} \cdot \frac{4}{\pi} = \frac{24 \cdot 30}{2} \cdot 5 \cdot 0{,}94 \cdot \frac{4}{\pi} = 2154\ \text{A}$$

$$B_r = \mu_0 \cdot H_r = \mu_0 \cdot \frac{V_r}{\delta} = 4 \cdot \pi \cdot 10^{-7} \cdot \frac{1795}{0{,}004} = 0{,}68\ \text{T}$$

Ap. 2

$$\phi_{max} = \frac{D \cdot l \cdot B_{max}}{p} = \frac{0{,}32 \cdot 0{,}20 \cdot 0{,}68}{2} = 0{,}0218\ \text{Wb}$$

$$K_{d1} = \frac{sen q \cdot \frac{\alpha}{2}}{q \cdot sen \frac{\alpha}{2}} = \frac{sen 3 \cdot \frac{20}{2}}{3 \cdot sen \frac{20}{2}} = 0{,}960$$

$$E = 2{,}22 \cdot K_{d1} \cdot \phi_{max} \cdot f \cdot N = 2{,}22 \cdot 0{,}960 \cdot 0{,}0218 \cdot 50 \cdot 288 = 669.02\text{V}$$

Ap. 3

$$\hat{V}_1 = \frac{N_{c/r} \cdot I_m}{2} \cdot q \cdot K_{d1} \cdot \frac{4}{\pi} \cdot \frac{3}{2} = \frac{24 \cdot \sqrt{2} \cdot 26}{2} \cdot 3 \cdot 0{,}960 \cdot \frac{4}{\pi} \cdot \frac{3}{2} = 2426\ \text{A}$$

$$\hat{H}_1 = \frac{\hat{V}_1}{\delta} = \frac{2426}{0{,}004} = 606612\text{A/m}$$

$$\hat{B}_1 = \mu_0 \cdot \hat{H}_1 = 4 \cdot \pi \cdot 10^{-7} \cdot 606612 = 0{,}7623\ \text{T}$$

Ap. 4

$$T = p \frac{l \cdot \delta \cdot r \cdot \pi}{\mu_0} B_{max,est} \cdot B_{max,rot} \cdot sen\theta =$$

$$= 2 \cdot \frac{0{,}20 \cdot 0{,}004 \cdot 0{,}16 \cdot \pi}{4 \cdot \pi \cdot 10^{-7}} 0{,}7623 \cdot 0{,}68 \cdot sen 120° = 286\ \text{Nm}$$

11

Máquinas sincrónicas

11.1. Excitación de las máquinas sincrónicas

El campo magnético producido por el rotor de estas máquinas, necesario para la inducción de f.e.m.s en los conductores del devanado estatórico, puede ser producido por imanes permanentes, utilizados en máquinas de reducida potencia funcionando como motor, o bien producido por los polos que generalmente están constituidos por núcleos magnéticos sobre los que se arrollan bobinas por las que circula corriente continua. Esta corriente continua se puede producir de diversas formas; a continuación, se enumeran las más comunes.

11.1.1. Generadores de c.c. acoplados en el eje de la máquina sincrónica

Este método consiste en acoplar al eje de la máquina principal un generador de corriente continua que alimenta el devanado de excitación. La excitación necesaria para el funcionamiento de la máquina de c.c. es producida en ella misma, esto es, se autoexcita (Figura 11.1). Para el caso de grandes máquinas se utilizan dos generadores, denominados, respectivamente excitatriz principal a la de mayor tamaño, y excitatriz piloto a la menor.

En la figura se puede observar resistencias variables que se utilizan para poder modificar la corriente de excitación y así la f.e.m. generada al modificar el flujo. Conseguir variar la f.e.m. es necesario para obtener una tensión constante en bornes de la máquina sincrónica, ya que al variar la potencia suministrada y, por tanto, la corriente, se modificará la c.d.t., y si la f.e.m. fuera constante, variaría la tensión. Para conseguir tensión constante, al variar la c.d.t. se tendrá que modificar la f.e.m.

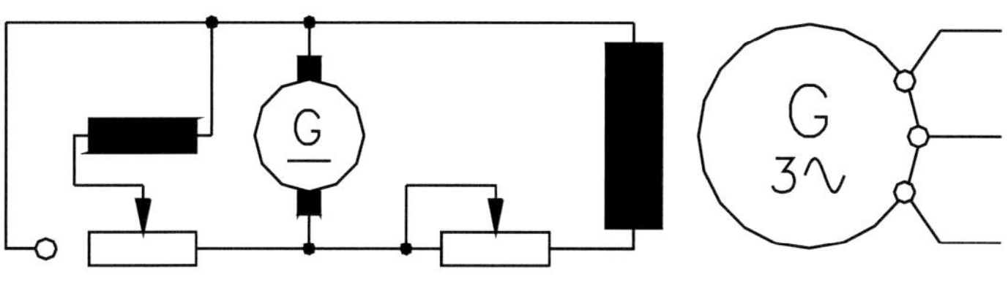

Figura 11.1.

El inconveniente de este tipo de excitación es que, además de requerir una máquina de c.c., la cual es costosa, es necesario introducir la corriente continua generada en un órgano en movimiento, como es el rotor de la máquina sincrónica, lo que exige el uso de contactos deslizantes, como se muestra en la Figura 11.2.

Este sistema de excitación es de los más antiguos, no obstante, quedan máquinas puestas en funcionamiento hace muchos años que mantienen este sistema. En la Figura 11.3 se puede ver el conjunto de turbina Francis, alternador y excitatriz.

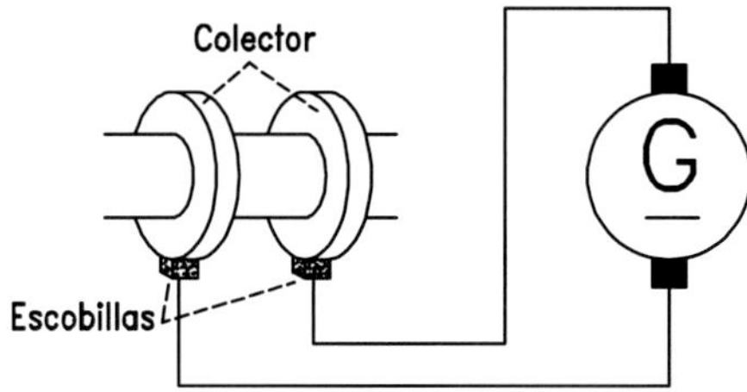

Figura 11.2.

Figura 11.3.

11.1.2. Generadores de c.a. acoplados en el eje de la máquina y rectificación de la corriente

Se pueden evitar los contactos deslizantes disponiendo un generador de c.a. como excitatriz, siendo este generador de inducido móvil y de inductor fijo. De modo que el inducido de la excitatriz gire a la misma velocidad que el rotor de la máquina sincrónica. Para rectificar la corriente se utilizará un puente rectificador que puede ser controlado a base de transistores de potencia o tiristores que gira también a la misma velocidad que el rotor de la máquina sincrónica (Figura 11.4). El control de la corriente de excitación es necesario para la modificación de la f.e.m. cómo se explicó anteriormente. En la Figura 11.5 se puede observar el conjunto del rotor y la excitación en el mismo eje de la máquina para el caso de un motor sincrónico utilizado en la propulsión de buques.

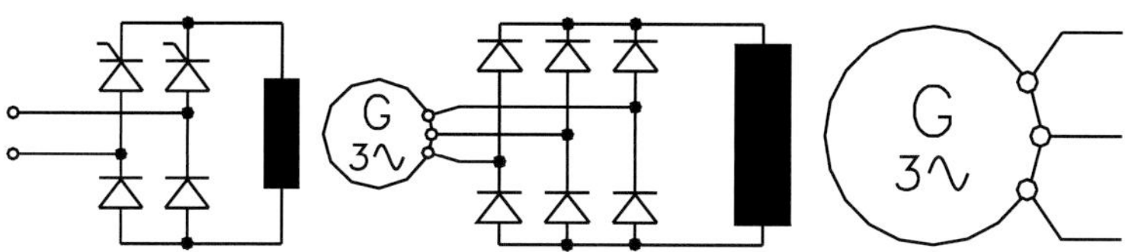

Figura 11.4.

Figura 11.5.

11.1.3. Autoexcitación

Consiste en utilizar la misma energía eléctrica generada en la máquina sincrónica para la alimentación del devanado de excitación. Previamente se debe transformar la tensión a un valor adecuado para la posterior rectificación. En este tipo de excitación no se eliminan los contactos deslizantes, por lo que persisten los inconvenientes de las escobillas, lo que si se eliminan son los generadores de c.c. (Figura 11.6).

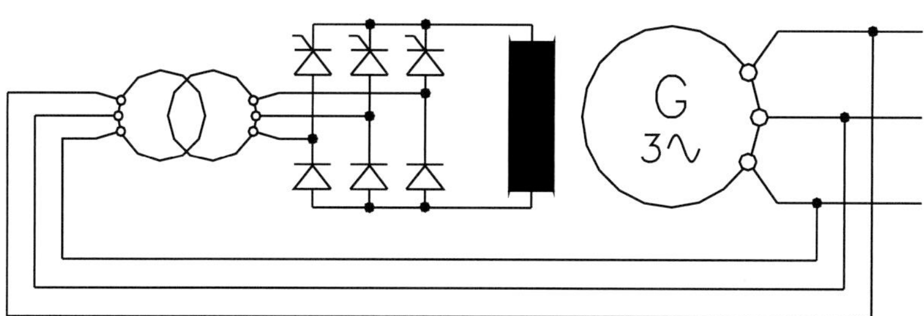

Figura 11.6.

11.2. Determinación de la variación de tensión en las máquinas sincrónicas

11.2.1. Introducción

La variación de tensión de una máquina sincrónica se define como la diferencia entre la f.e.m. inducida cuando la máquina está en vacío y la tensión obtenida en sus bornes cuando está en carga, esto es:

$$U = \sqrt{3} \cdot E_0 - U_b$$

Siendo U_b la tensión en bornes de la máquina, E_o la f.e.m. inducida en un devanado, o la tensión producida en este en vacío, se multiplica por $\sqrt{3}$ el valor de la f.e.m. para obtener una magnitud homogénea con U_b. La variación de tensión se suele dar en valor relativo respecto a la tensión en bornes, dividiendo la expresión anterior por la tensión U_b, o bien en valor porcentual, multiplicando el resultado anterior por 100:

$$u\% = \frac{\sqrt{3} \cdot E_0 - U_b}{U_b} \cdot 100$$

Las causas por las que la f.e.m. en vacío y la tensión en bornes de la máquina no son iguales son las siguientes:

a) **La resistencia de los conductores de inducido.** Efectivamente, el devanado inducido, realizado de material conductor, presenta una resistencia R_S que al paso de la corriente de inducido provoca una c.d.t. de valor $R_S\ I_S$.

b) **La reactancia de dispersión del devanado inducido.** No todo el flujo producido en un sistema, sea inductor o inducido, se transfiere al otro sistema. Por un lado, parte del flujo producido por los polos inductores no llega al sistema inducido, lo que determina el flujo de dispersión del inductor; la consecuencia de esta dispersión es la necesidad de aumentar la corriente de excitación para obtener un flujo determinado, corriente que sería menor si no hubiera tal dispersión. Igualmente, no todo el flujo creado por el sistema inductor pasa al inducido, sino que parte se dispersa al cerrarse por los dientes y por las cabezas de dientes de la armadura de inducido, así como por las cabezas de bobina. Este flujo disperso, al ser producido por corrientes alternas, es un flujo alterno que produce en los conductores que concatena, es decir, en los conductores de inducido, una f.e.m. de autoinducción, o bien, por analogía con los transformadores, una c.d.t. por reactancia de dispersión. Hay que indicar que el valor de esta c.d.t. es muy superior a la producida por la resistencia de devanados, por lo que en muchas ocasiones aquella se desprecia.

c) **Reacción del sistema inducido.** Cuando la máquina está en vacío, la tensión magnética producida en el sistema inducido determina el flujo denominado de vacío y que genera la f.e.m. que se tiene en la máquina en estas condiciones. Si la máquina está en carga, además de la tensión magnética producida por la corriente del sistema inductor, circula corriente por el sistema inducido, que crea, asimismo, una tensión magnética. Esta tensión se suma con la del sistema inductor, resultando que el estado magnético de la máquina en vacío y en carga no es el mismo. Así pues, en la máquina en vacío solo está presente el flujo ϕ_o del sistema inductor, mientras que en carga se encuentra el flujo ϕ_c producido por los sistemas inductor e inducido. Por consiguiente, las f.e.m.s en vacío y en carga no son las mismas. Según la intensidad de corriente del inducido sea de carácter capacitivo o inductivo, una u otra será mayor como se explica a continuación.

Las direcciones y desfases entre los fasores que representan las tensiones magnéticas se pueden analizar de las animaciones del funcionamiento de la máquina sincrónica y en las Figuras Figura 11.5 a 11.7 en la que se han presentado tres casos:

- Figura 11.5 a y Figura 11.5 b : Máquina sincrónica alimentando un receptor óhmico, desfase entre campos magnéticos de inducido e inductor igual a 90°
- Figura 11.6 a y Figura 11.6 b: Máquina sincrónica alimentando un receptor inductivo, desfase entre campos magnéticos de inducido e inductor > 90°
- Figura 11.7 a y Figura 11.7 b: Máquina sincrónica alimentando un receptor capacitivo, desfase entre campos magnéticos de inducido e inductor < 90°

Figura 11.5a.

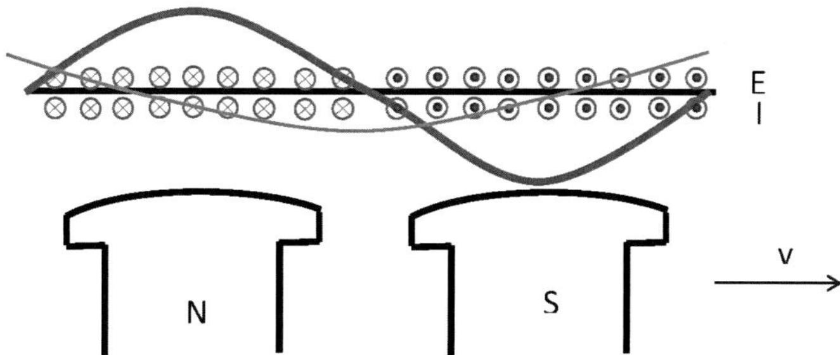

Figura 11.5b.

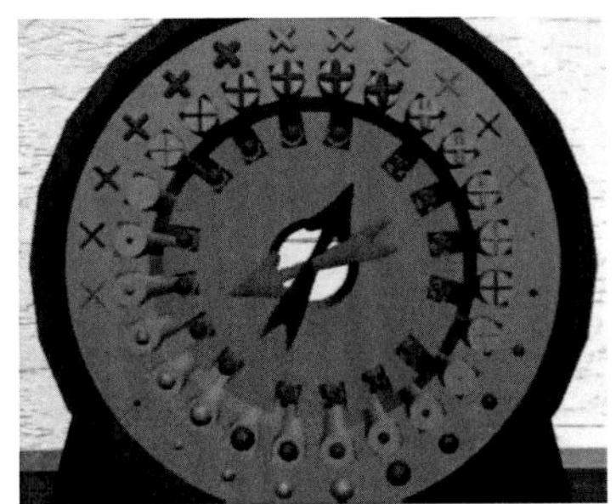

Figura 11.6a.

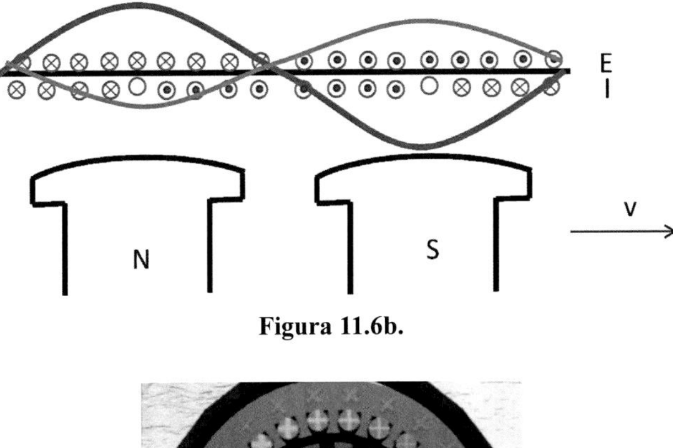

Figura 11.6b.

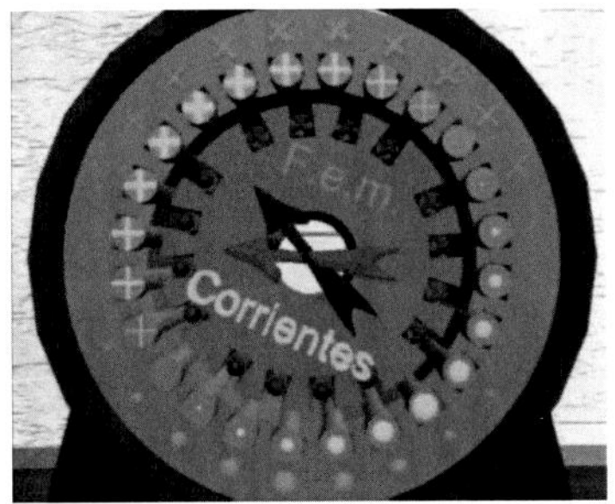

Figura 11.7a.

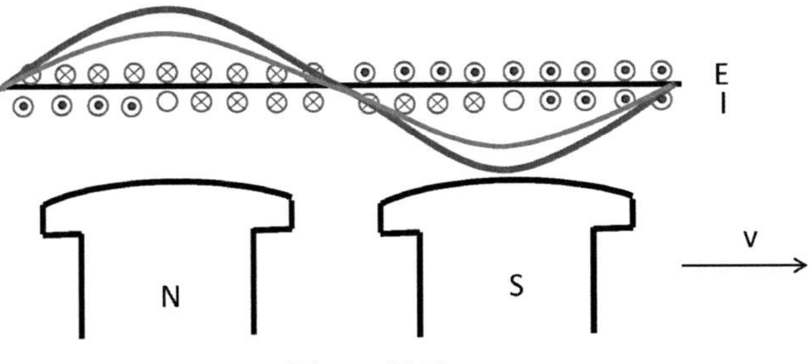

Figura 11.7b.

En las tres figuras "a" se presenta un rotor que, al circular corriente por sus conductores, genera un campo magnético fijo respecto a él, que se representa mediante la flecha más oscura, la distribución del campo magnético en el entrehierro es de forma senoidal, que se puede observar en las figuras "b" en las que se ha hecho un desarrollo de un par de polos de la máquina. Al producirse el giro del rotor mediante un accionamiento exterior se produce el giro del campo rotórico.

El devanado estatórico, figuras "a", está formado por cuatro bobinas por fase, en las que se representan las f.e.m.s y las corrientes inducidas mediante cruces y puntos, según sean estas entrantes o salientes del plano del dibujo. Cada una de las fases se representa con un color diferente. Se han dibujado dos capas de conductores para cada caso, en la capa de conductores situados sobre las ranuras se indican las direcciones de las f.e.m.s inducidas mientras que en la capa exterior se representan las corrientes. En las figuras "b" se representa el desarrollo de la máquina, en las que hay también dos capas de conductores, una para las f.e.m. y otra para las intensidades.

El valor máximo de las f.e.m.s se produce en los conductores que están sometidos a la máxima inducción, es decir, aquellos que en cada momento están situados en el eje de la flecha indicativa del campo rotórico, ya que se está considerando que la distribución de la inducción en el entrehierro es de forma senoidal. Por lo tanto, en estos conductores se representa la cruz o punto indicativo de la f.e.m. de mayor tamaño, siendo este tamaño cada vez menor para conductores que se alejan de estas posiciones, y siendo nulas las f.e.m.s en los conductores situados en el eje que forma 90° con la flecha indicativa del campo magnético rotórico.

Para una máquina con factor de potencia unidad, las f.e.m.s y las corrientes pulsan al mismo tiempo, por ello el tamaño de las flechas coinciden en ambas capas. El campo magnético que producen las corrientes del devanado estatórico, para este caso, forma 90° con el producido por las corrientes del rotor. Cuando se dice que el factor de potencia es la unidad se debe entender, para este caso, que es el del conjunto del receptor con el devanado estatórico.

Cuando el conjunto devanado inducido y receptor tienen un factor de potencia inductivo, las corrientes pulsan en retraso respecto a las f.e.m.s por lo que se produce un retraso de la capa de corrientes respecto de la capa de f.e.m.s. y por tanto el ángulo que forman los campos magnéticos estatórico y rotórico es mayor de 90°. En el caso de ser el factor de potencia capacitivo, las corrientes pulsan en adelanto, por lo que se produce un adelanto de la capa de corrientes respecto de la de f.e.m.s. por lo que el ángulo formado por ambos campos magnéticos estatórico y rotórico es menor de 90°. En las Figuras 11.6 b y 11.7 b se puede comprobar que las senoides de campo magnético producidas por inductor e inducido se suman en el caso de la máquina con factor de potencia capacitivo o se restan en el otro caso (en ambas situaciones se ha supuesto desfase de 90°). Es decir, se produce un aumento del campo magnético (receptor capacitivo) o una disminución de este (receptor inductivo), según la máquina este en vacío o en carga.

Estos desfases son equivalentes a los que se muestran en los diagramas temporales que representan las diversas magnitudes de la máquina. De ellos se deduce que, si la máquina funciona con factor de potencia inductivo, el flujo resultante es inferior al flujo de vacío, es decir, la corriente de inducido provoca una desmagnetización de la máquina. En cambio, si el factor de potencia es capacitivo ocurre lo contrario. En el primer caso resulta en una notable disminución de la f.e.m. en carga respecto de la correspondiente en vacío, siendo lo contrario para el funcionamiento con factor de potencia capacitivo.

Cuando se conocen las tensiones magnéticas producidas por ambos sistemas, rotórico y estatórico, así como su posición, se puede obtener la tensión magnética resultante. Si, además, se sabe la relación entre tensiones magnéticas y la f.e.m. inducida, es posible determinar la f.e.m. en carga. Para ello es necesario conocer la distribución de los devanados estatórico y rotórico, esto es, número de conductores por ranura, posición que ocupan estas, número de ranuras, etc, así como las corrientes en los conductores de inducido. Por último, para obtener la tensión en bornes, son necesarios los valores de resistencia y reactancia de dispersión de devanado inducido. En el proceso de cálculo de la máquina todos estos valores hay que determinarlos y se puede obtener, a priori, la variación de tensión de la máquina. Sin embargo, para máquinas construidas, estos valores son, generalmente, desconocidos. Por lo tanto, se deben utilizar métodos aproximados que modelicen las máquinas sincrónicas para obtener la variación de tensión.

En las Figura 11.8 y Figura 11.9 se han representado los modelos circuitales, por fase, de la máquina sincrónica. En la primera de ellas se propone que la reacción de inducido se trate como una reactancia y en el segundo circuito se engloba, tanto el efecto de reacción de inducido como la reactancia de dispersión mediante una reactancia denominada "reactancia sincrónica"

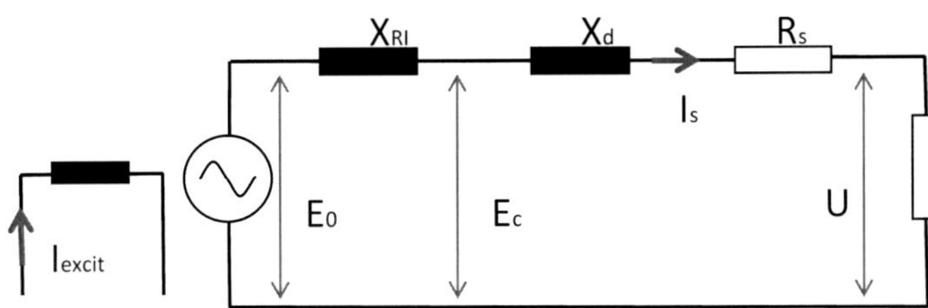

Figura 11.8.

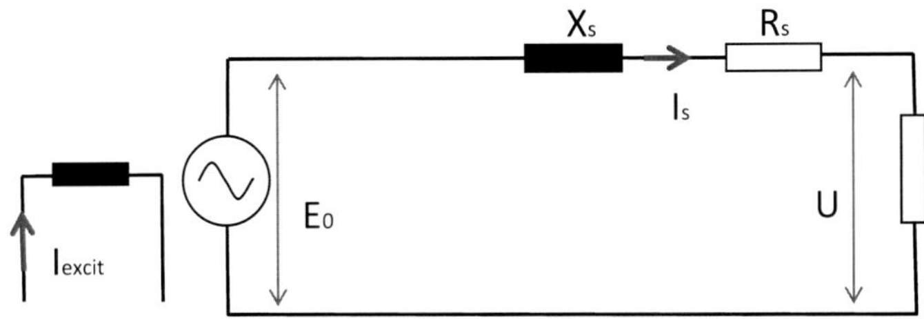

Figura 11.9.

Aplicando la 2ª ley de Kirchhoff a un devanado del sistema inducido quedan la ecuación de tensiones:

$$\vec{E_o} = R_S \vec{I_S} + j X_d \vec{I_S} + j X_{RI} \vec{I_S} + \vec{U}$$

Para el primer circuito y para el segundo:

$$\vec{E_o} = R_S \vec{I_S} + j X_s \vec{I_S} + \vec{U}$$

E_0 es la f.e.m. inducida en vacío en la máquina.

R_s es la resistencia de una fase del devanado inducido.

X_d es la reactancia por flujos de dispersión del devanado inducido.

X_{RI} es la reactancia que modeliza la reacción de inducido.

X_s es la reactancia sincrónica.

U es la tensión, por fase, en bornes de la máquina.

El diagrama fasorial correspondiente se indica en la Figura 11.10, en el que se observa que la f.e.m. en carga E_c está generada por el flujo en carga, que a su vez lo produce la suma de las tensiones magnéticas de inducido e inductor. Las tensiones magnéticas V_1 y V_R forman 90° con las correspondiente f.e.m. y la V_2 está en fase con la intensidad que la crea. la relación entre ellas, como ya se ha indicado es: $\vec{V_1} + \vec{V_2} = \vec{V_R}$

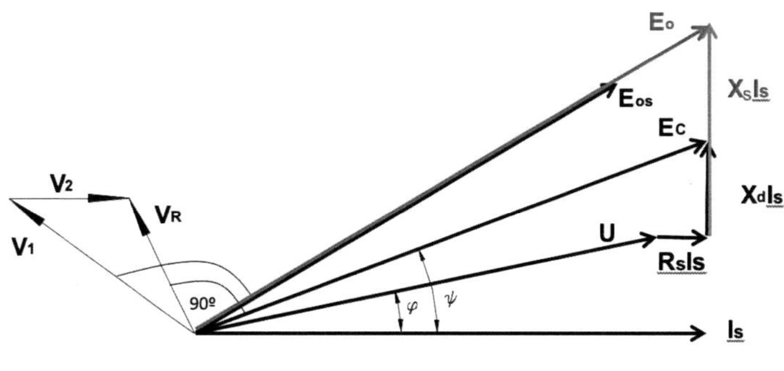

Figura 11.10.

En caso de que el circuito magnético esté saturado, como habitualmente sucede, la relación entre tensiones magnéticas y f.e.m. no es lineal, a mayor tensión magnética se tiene una proporcionalidad menor. Este hecho se ha dejado constancia al dibujar dos f.e.m. E_0 y E_{0s}, la primera para el caso de no saturación y la segunda para el caso de máquina saturada.

Para determinar las tensiones magnéticas de los sistemas inducido (V_2) e inductor (V_1) se pueden utilizar las expresiones obtenidas en el Tema 8. No obstante una ecuación aproximada para determinar la tensión magnética del inductor para máquinas de rotor cilíndrico es:

$$V_1 = \frac{4}{\pi} \frac{N_r \cdot I_r}{2 \cdot p} K_{dr}$$

siendo N_r el número de espiras del rotor y K_{dr} el factor de distribución, que se puede aproximar a 0,833.

11.2.2. Método de Behn-Eschenburg

Este método es el más sencillo de aplicar y, a la vez, el más inexacto, sobre todo para máquinas que están trabajando en régimen de saturación. Está basado en la suposición de que la diferencia entre la tensión en bornes de la máquina y la f.e.m. inducida en vacío sea debida a la impedancia sincrónica (Figura 11.9). Esto es, se engloban las tres causas de variación de tensión (resistencia, reactancia de dispersión y reacción de inducido) en un único elemento denominado impedancia sincrónica. El valor de ésta se obtiene por los siguientes ensayos:

- **Ensayo en vacío**: Consiste en hacer funcionar a la máquina sincrónica como alternador sin conectarle ningún receptor. Para diferentes intensidades de excitación, se obtienen los valores correspondientes de la tensión en bornes, con unos y otros se construye la característica de vacío de la máquina sincrónica: $E_0 = f(I_r)$.
- **Ensayo en cortocircuito:** Se cortocircuitan los bornes del alternador mediante amperímetros y se varía la intensidad de excitación. Esto permite obtener diversos valores de la corriente de cortocircuito, con lo que se determina la característica $I_{cc} = f(I_r)$. Se supondrá que esta función es una recta que pasa por el origen de ordenadas, por lo que determinado un punto se puede trazar.

La característica de la impedancia sincrónica $Z_S = f$ (Ir) se obtiene de las anteriores por el cociente, para cada punto, de la f.e.m. y la intensidad de cortocircuito. La impedancia sincrónica se puede expresar como suma cuadrática de la reactancia sincrónica y la resistencia de inducido. En la Figura 11.11 se representan las características indicadas.

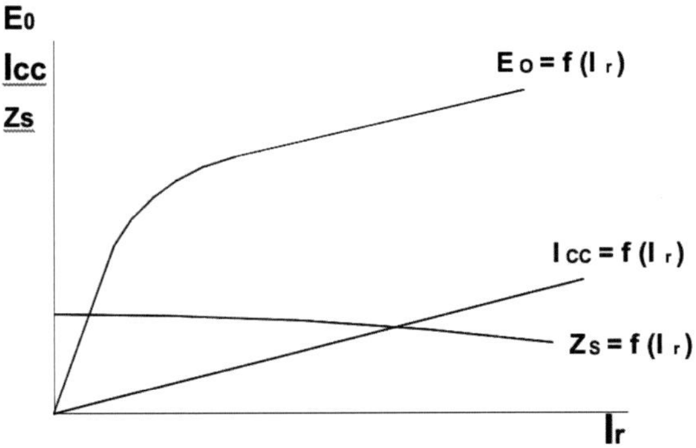

Figura 11.11.

Conocidas las características anteriores, por la aplicación de la segunda ley de Kirchhoff al circuito eléctrico equivalente del alternador, se puede obtener la ecuación fasorial de tensiones:

$$\vec{E_0} = R_S \vec{I}_S + jX_S \vec{I}_S + \vec{U}$$

y el diagrama fasorial correspondiente (Figura 11.12).

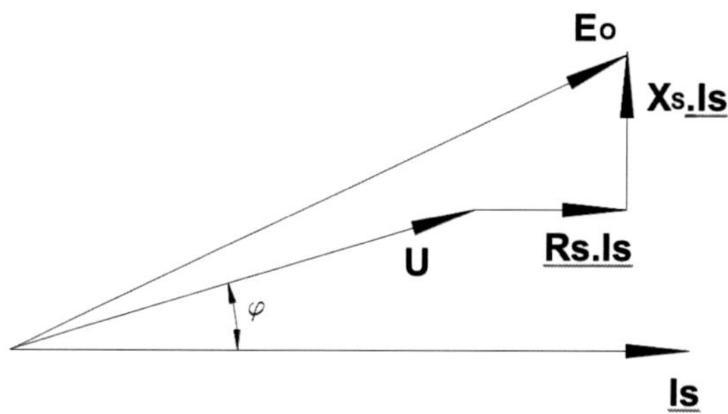

Figura 11.12.

Si el dato de partida para obtener la variación de tensión es la intensidad de excitación y la de carga, por las características de la f.e.m. y de la impedancia sincrónica, se obtendrán los valores de estos parámetros para la excitación dada. Posteriormente, mediante la ecuación fasorial o el diagrama correspondiente, se obtendrá la tensión en bornes. Si el dato de partida es la tensión en bornes y hay que determinar la excitación necesaria, se deberá proceder por tanteos, suponiendo la intensidad de excitación y calculando la tensión según el método anterior, comprobando que coincide con la de partida.

Este método, como se mencionó anteriormente, resulta inexacto para máquinas que trabajan en régimen saturado. Esto se debe a que, para obtener la impedancia sincrónica, se realiza un ensayo en cortocircuito y como en este ensayo la corriente es, prácticamente, de carácter inductivo, los campos magnéticos estatórico y rotórico están en oposición. Por lo tanto, los amperios vuelta de reacción de inducido desmagnetizan la máquina, lo que evita que esta se sature, a diferencia de lo que ocurre cuando las máquinas trabajan con tensiones nominales. Consecuentemente, la impedancia sincrónica obtenida por este método es mayor que la real.

A continuación, se estudiarán otros dos métodos que dan valores más reales que el estudiado en este apartado. El primero de ellos, método de Potier, se utiliza para máquinas de rotor cilíndrico y el segundo, método de Blondel, para máquinas de polos salientes.

11.2.3. Determinación de la variación de tensión en máquinas de entrehierro constante

El diagrama fasorial de la máquina sincrónica funcionando en cortocircuito es el que se muestra en la Figura 11.13.

Este diagrama se ha obtenido del general, (Figura 11.12), siendo, al estar en cortocircuito, la tensión U = 0 y suponiendo, además, que la resistencia de inducido es despreciable frente a la reactancia, por lo que el desfase entre tensión y corriente es de 90°.

Del diagrama se desprende que la corriente de excitación necesaria para el funcionamiento de la máquina en régimen de cortocircuito produce la tensión magnética V_1. Esta tensión, minorada en V_2 (que es la de reacción de inducido), determina el valor de V_R, que es la resultante en la máquina y que produce la f.e.m. empleada en compensar la c.d.t. inductiva X_dI_s.

En la Figura 11.14 se han dibujado las características de vacío y de cortocircuito de la máquina; si sobre la característica de cortocircuito se sitúa el valor de la corriente I, queda de manifiesto que, para producir esta corriente de cortocircuito, será necesario el aporte de la corriente de excitación OA. Suponiendo que la f.e.m. en carga es igual a X_dI_s y tiene el valor OB, la excitación necesaria para producir esta f.e.m. es OC, por lo que el resto, esto es, AC es la corriente de excitación necesaria para compensar la reacción de inducido.

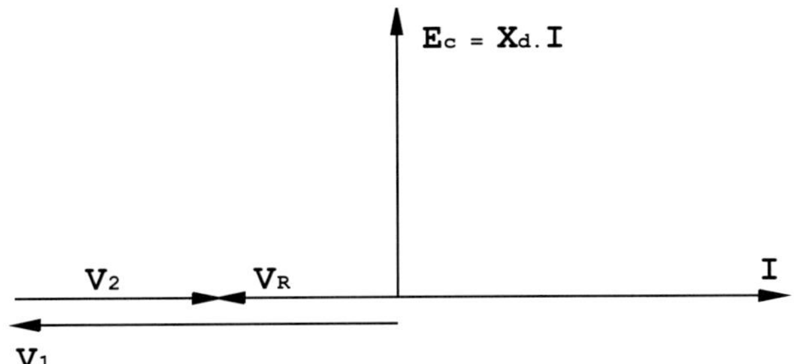

Figura 11.13.

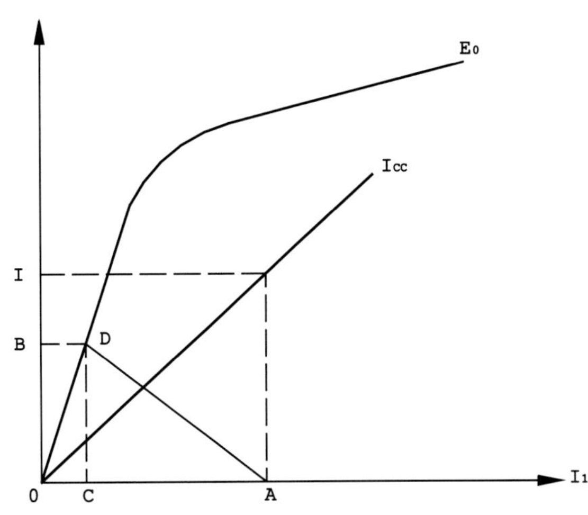

Figura 11.14.

El triángulo ACD, cuyos catetos son respectivamente, la c.d.t. inductiva para la corriente I_s y la intensidad de excitación necesaria para compensar la reacción de inducido, se denomina triángulo de Potier. Es necesario obtener este triángulo para determinar la variación de tensión por este método.

Para ello se construyen las características en vacío y reactiva, la primera ya se trató en el epígrafe anterior. La característica reactiva, por otro lado, muestra cómo varía la tensión en función de la intensidad de excitación para corriente de inducido constante y carga puramente inductiva. Esta última, para una intensidad genérica I_s, parte del punto A y sigue una trayectoria respecto a la característica de vacío. La distancia entre ellas forma el triángulo de Potier, según se observa en la Figura 11.15. Es decir, que cada punto de la característica reactiva tiene un punto homólogo en la de vacío. A partir de la de vacío se obtiene la reactiva de la siguiente forma: de un punto arbitrario D se traza hacia abajo un segmento de valor la c.d.t. inductiva y hacia la derecha la corriente de excitación necesaria para contrarrestar la reacción de inducido, obteniendo el punto A.

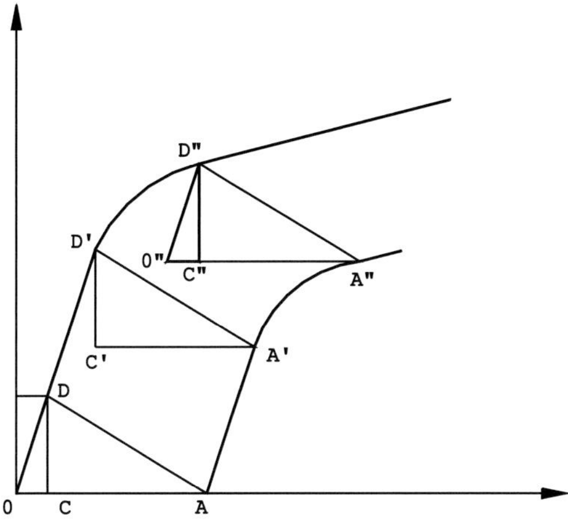

Figura 11.15.

Para aplicar este método en la obtención de la variación de tensión (Figura 11.15) se construye la característica de vació y dos puntos de la característica reactiva, el de cruce con abscisas (A) y otro cuando la máquina ya está en saturación (A''). El punto O'' está situado a la distancia que cumple: OA=O''A'', sobre ese punto se traza una paralela a la trayectoria rectilínea de la característica de vacío, obteniendo el punto D'', quedando construido el triángulo de Potier.

11.2.4. Determinación de la variación de tensión en máquinas de polos salientes

Así como el método anterior es utilizado en máquinas de entrehierro constante, éste se utiliza para la determinación de la variación de tensión en máquinas de polos salientes. Según él, la diferencia entre las f.e.m.s inducidas en vacío y en carga es motivada por la superposición de dos f.e.m.s creadas por el flujo de reacción, descompuesto en sus componentes longitudinales y transversales a los polos inductores (Figura 11.16).

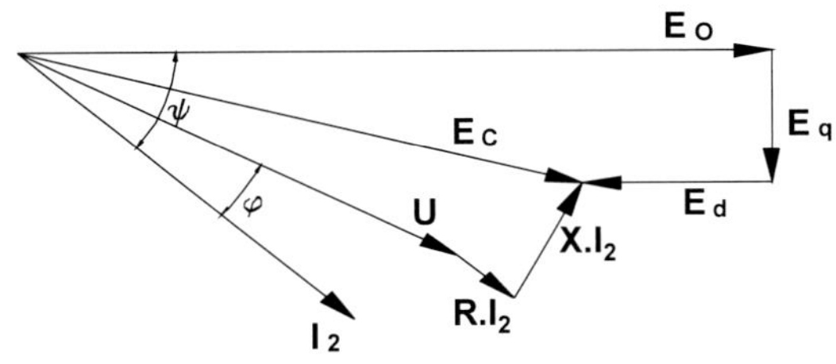

Figura 11.16.

E_d : f.e.m. creada por la componente longitudinal del flujo de reacción.

E_q : f.e.m. creada por la componente transversal

Los valores de estas f.e.m.s son:

$$E_d = X_{rd}\ I_d$$

$$E_q = X_{rq}\ I_q$$

Donde I_d e I_q son las componentes longitudinal y transversal de la intensidad de inducido:

$$I_d = I\ \text{sen}\psi$$

$$I_q = I\ \cos\psi$$

Se simplifica el método, así como la determinación de sus parámetros, incluyendo el efecto de los flujos de dispersión en estas f.e.m.s, resultando de esta forma que las f.e.m.s longitudinal y transversal de reacción son, respectivamente:

$$E_d = X_d\ I_d$$

$$E_q = X_q\ I_q$$

Donde:

$X_d = X + X_{rd}$, denominada reactancia sincrónica longitudinal

$X_q = X + X_{rq}$, denominada reactancia sincrónica transversal

Y el diagrama fasorial correspondiente:

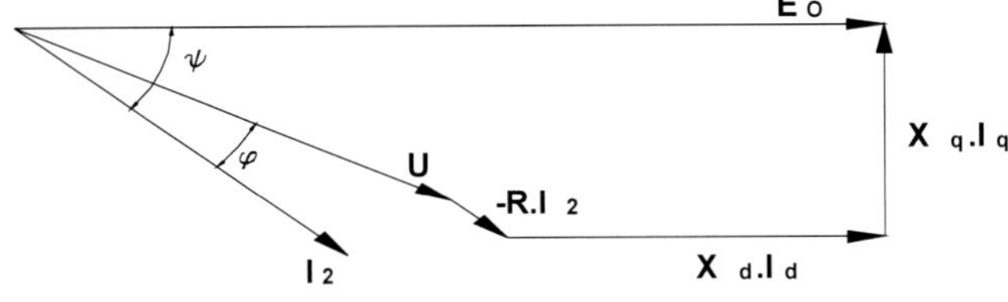

Figura 11.17.

11.3. Funcionamiento de la máquina sincrónica como generador aislado

Cuando la máquina sincrónica funciona de forma aislada, puede ser como grupo electrógeno de socorro o cuando se utiliza para generar energía a poblaciones aisladas de la red, las dos magnitudes que se deben de mantener constantes son la tensión y la frecuencia, independientemente de la potencia activa y reactiva que esté suministrando al grupo de receptores conectados a él.

Para mantener constante la frecuencia es necesario que la velocidad no varíe y para ello, cuando se le requiera mas o menos potencia, deberán actuar los equipos de control de velocidad del motor impulsor para aumentar o disminuir la cantidad de combustible absorbido. Así pues, si estando el generador funcionando a una velocidad constante, en régimen estable, se le conectan mas receptores por lo que se le requiere más potencia, la reacción inmediata del sistema mecánico motor-generador, será disminuir la velocidad y, por tanto, la frecuencia. En ese instante el regulador de velocidad del sistema (que está midiendo frecuencia o velocidad), actuará aumentando la cantidad de combustible que absorbe el motor de impulsión, llegando otra vez a la velocidad de régimen estable. En el caso de disminuir la potencia suministrada por el grupo, sucederá algo similar, aunque en este caso aumentará la velocidad al sentirse descargado el motor impulsor y se tendrá que disminuir la cantidad de combustible que absorbe el motor de propulsión.

En cuanto a la tensión, para mantenerla constante se deberá actuar sobre la intensidad de excitación, aumentándola o disminuyéndola según las variaciones de carga del generador que determina variaciones de la intensidad y de la c.d.t. por la impedancia sincrónica.

En las siguientes figuras se han representado los diagramas fasoriales correspondientes a los diversos casos que se pueden plantear. En ellos, para simplificar, no se ha tenido en cuenta la resistencia de inducido, es decir, los diagramas se han realizado a partir de la ecuación:

$$\vec{E}_0 = jX_S \vec{I}_S + \vec{U}$$

Las Figuras 11.8 a y b corresponden a la máquina suministrando energía a receptores de tipo óhmico. En la figura "a" se observa que cuando aumenta la intensidad de inducido, siendo ahora I'_S en lugar de I_S, la c.d.t. aumenta y, si se mantiene la f.e.m. constante ($E_0 = E'_0$) necesariamente la tensión disminuye, pasando de U a U'. Para mantener la tensión constante lo que se deberá hacer es aumentar la f.e.m. a través de la corriente de excitación, generando ahora E'_0 en lugar de E_0, según se observa en la Figura 11.18 b. Algo similar sucede cuando la máquina suministra energía a receptores inductivos (Figuras 11.19 a y b), para mantener constante la tensión (Figura 11.19 b) debe aumentarse la intensidad la f.e.m. a través de la intensidad de excitación, si no se hace así, la tensión disminuye como se ve en la Figura 11.19 a.

En el caso de suministro a receptores capacitivos (Figuras 11.20 a y b), sucede lo contrario, cuando aumenta la intensidad de inducido, la tensión aumenta, como se observa en la Figura 11.20 a, por lo que para mantener constante la tensión se deberá disminuir la intensidad de excitación reduciendo la f.e.m. (Figura 11.20 b).

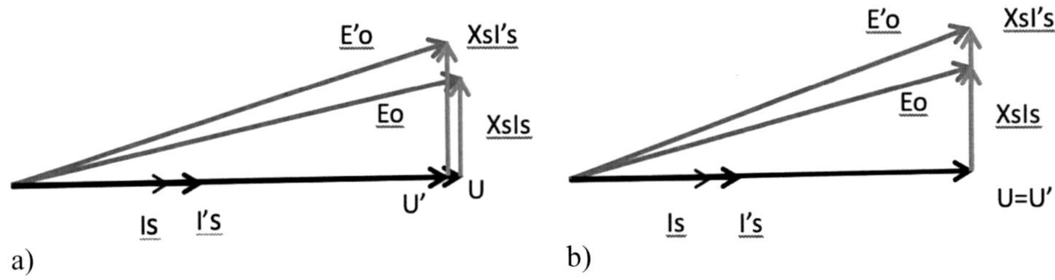

Figura 11.18. a) y b).

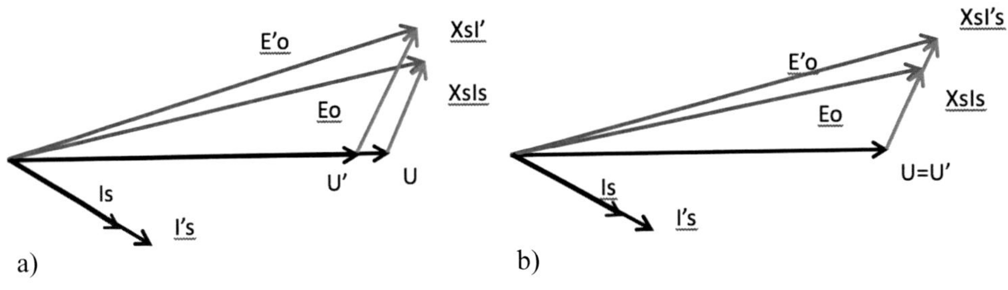

Figura 11.19. a) y b).

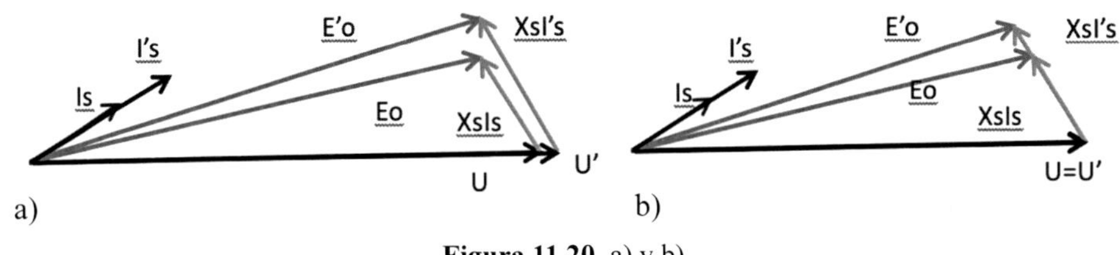

Figura 11.20. a) y b).

En el estudio realizado, siempre se ha supuesto aumento de intensidad de inducido, para los tres casos, obviamente si la intensidad de inducido disminuye, el resultado será el inverso, esto es, para receptores de tipo óhmico e inductivo, cuando disminuya la intensidad de inducido, la f.e.m. tendrá que disminuir a través de la corriente de excitación y, en el caso de receptores capacitivos, al contrario.

11.4. Funcionamiento de la máquina sincrónica como generador acoplado a una red de potencia infinita

En el apartado anterior se ha analizado el funcionamiento de la máquina sincrónica actuando como generador aislado de la red eléctrica, esto es, creando el propio generador la red. A continuación, se estudiará el funcionamiento del generador sincrónico conectado a una red de potencia mucho mas elevada que la del generador estudiado, denominada red de potencia infinita. Lo que significa que esa red va a determinar una tensión y una frecuencia a la que debe adaptarse el generador que se conecte a ella. Así como en el caso del apartado anterior, la tensión y frecuencia podrían variar y, con los reguladores adecuados se consigue mantener los valores prefijados, en este caso estas dos magnitudes están fijadas por la red.

En primer lugar hay que tener en cuenta que, cuando se conecte un generador a una red de potencia infinita, la máquina a conectar cumpla unas condiciones impuestas por la red, estas son:

- Que la tensión generada por la máquina a conectar sea la misma que la de la red.
- Que la frecuencia también sea la misma
- Tener la misma secuencia de fases
- Y por último, que, en el instante de conectar la máquina a la red, las tensiones de ambos estén en fase, en caso contrario se produciría una corriente muy elevada. Por tanto, para efectuar la conexión, se debe de comprobar que ambas tensiones están sincronizadas, para lo que se instala un equipo denominado "sincronoscopio" que detecta el momento en que ambas tensiones están en fase y envía la información para que se conecte el interruptor del generador a la red.

Una vez realizada la conexión, o acoplamiento, del generador a la red, esta conexión va a ser estable, esto es, el generador va a funcionar siempre y de forma natural, a la misma velocidad que le impone la frecuencia de la red, es decir, no será necesario comprobar su velocidad, eso sí, dentro de unos límites razonables.

Para demostrar este hecho, supóngase que se acopla la máquina 1, que produce, en una de las fases, la f.e.m. E_1, a otra máquina 2, o a una red de potencia infinita, que produce, en la misma fase, la f.e.m. o la tensión (según el caso) E_2, (Figura 11.21). Los fasores que representan estas f.e.m.s deberán ser iguales y estar en oposición entre ellas para evitar corrientes de circulación entre ambas máquinas (Figura 11.22), y de esta forma, por el circuito representado en rojo en la Figura 11.21 no circulará corriente. Si en esta situación la máquina 1 reduce la velocidad, el fasor de la f.e.m. correspondiente pasará a la posición E_1', (Figura 11.22) resultando que en el circuito constituido por los devanados de ambas máquinas se creará una f.e.m. resultante E_s que determina la corriente de circulación interna I_s, de carácter prácticamente inductivo, dada la relación entre los valores de resistencia y reactancia de inducido.

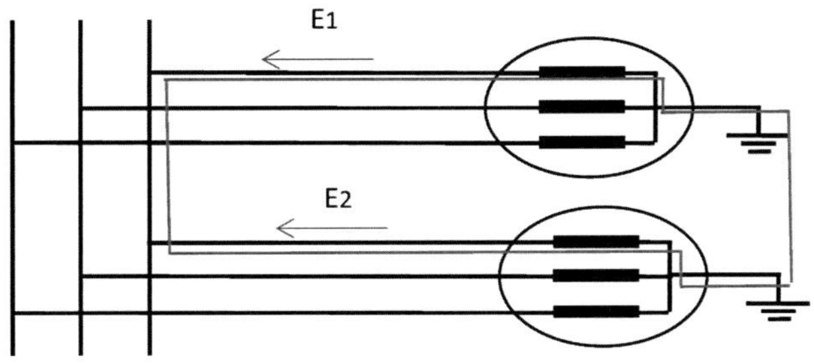

Figura 11.21.

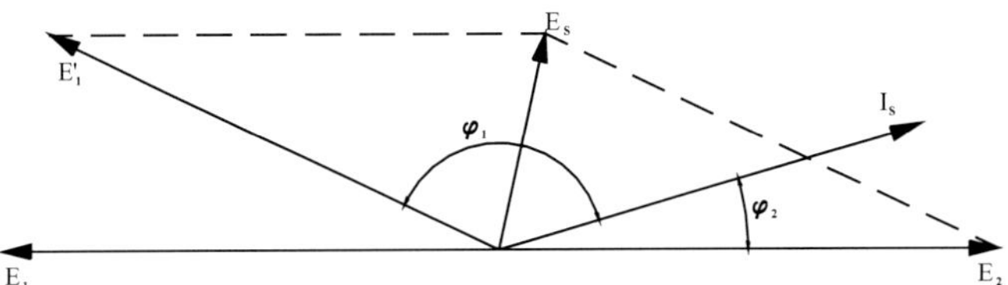

Figura 11.22.

Las potencias activas asociadas a esta corriente en cada máquina son:

Maquina 1: $P_1 = 3\ E_1\ I_s \cos\varphi_1$

Maquina 2: $P_2 = 3\ E_2\ I_s \cos\varphi_2$

Según el diagrama fasorial, el ángulo j_1 es mayor de 90° y el j_2 menor de este valor, por lo que la potencia activa de la primera, que ha reducido velocidad, será menor que cero, por tanto, negativa y la correspondiente a la segunda o a la red, positiva. Esto quiere decir que la máquina que se había retrasado absorbe potencia, mientras que la otra o la red la cede, en consecuencia, la primera se acelera y la segunda se frena volviendo a la situación de equilibrio.

Una vez analizada la estabilidad de acoplamiento de las máquinas sincrónicas, se realizará el estudio de una de ellas conectada a un conjunto de alternadores que proporcionen una potencia infinita, por tanto, se supondrá un generador acoplado a una red que proporcione una tensión y una frecuencia fijas. En estas condiciones, la ecuación de tensiones de la máquina que se estudia es:

$$\vec{E}_o = jX_s\ \vec{I}_s + \vec{U}$$

En esta ecuación se ha supuesto que la reactancia de dispersión y la reacción de inducido estén englobadas en el término X_s. La tensión U es la proporcionada por la línea, E_o es la f.e.m. en vacío y el término de c.d.t. por resistencia, $R_S\ I_S$ se ha despreciado por su reducido valor. El diagrama fasorial representativo es el de la Figura 11.23.

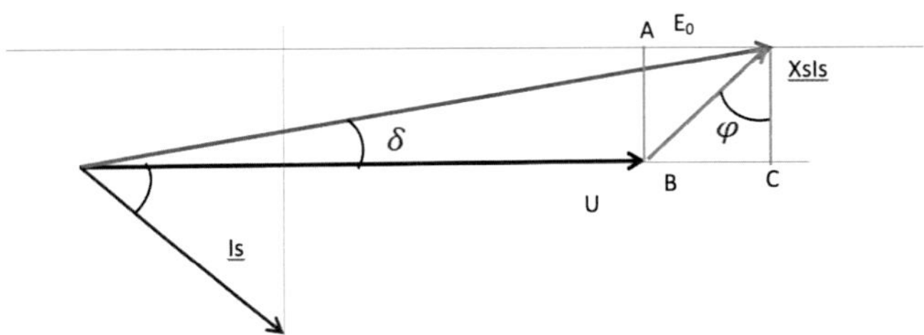

Figura 11.23.

La tensión y la frecuencia están impuestas por la red, de modo que las magnitudes susceptibles de ser modificadas en el alternador a estudiar son, la f.e.m. inducida en vacío, que varía mediante la corriente de excitación, y la potencia activa suministrada por la máquina, que se modifica mediante la máquina que acciona el alternador. Se realizará, en primer lugar, el estudio del generador funcionando a potencia activa constante y excitación variable.

Los valores de la potencia activa y reactiva suministrada por la máquina estudiada son:

$$P = 3 \cdot U \cdot I \cdot cos\varphi = \frac{3 \cdot U \cdot I \cdot X_s \cdot cos\varphi}{X_s} = \frac{3 \cdot U}{X_s}\overline{AB} = \frac{3 \cdot U}{X_s}E_0 \cdot cos\delta$$

$$Q = 3 \cdot U \cdot I \cdot sen\varphi = \frac{3 \cdot U \cdot I \cdot X_s \cdot sen\varphi}{X_s} = \frac{3 \cdot U}{X_s}\overline{BC} = \frac{3 \cdot U \cdot (E_0 \cdot cos\delta - U)}{X_s}$$

Si la excitación es variable supone que el valor de la f.e.m. en vacío se modificará y, por tanto, el módulo del fasor representativo, pero su extremo estará situado siempre a la distancia AB, de la línea que determina el fasor tensión, según se muestra en la Figura 11.24. Las diferentes posibilidades de funcionamiento de la máquina sincrónica con excitación variable se indican en la Figura 11.24.

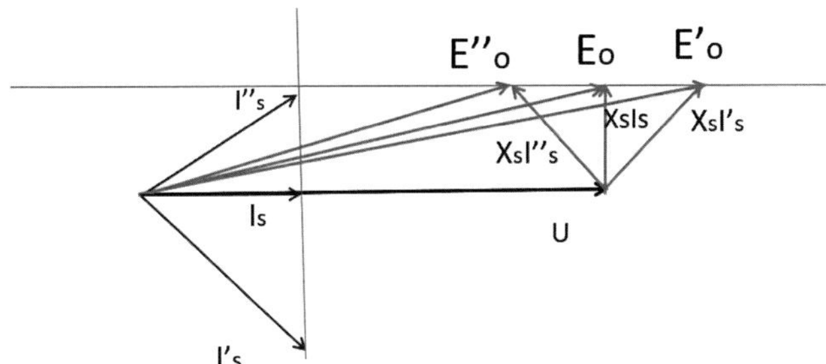

Figura 11.24.

En este diagrama se observa que hay un valor de la corriente de excitación que produce una f.e.m. E_0, tal que la corriente de inducido es puramente óhmica. Esto implica el desfase entre la corriente I y la tensión es nulo, por lo que la máquina solamente proporciona energía activa. Para corrientes de excitación elevadas, que determinan f.e.m.s grandes (E_0') la corriente de inducido es de carácter inductivo. Es decir, los receptores conectados tienen estas características, lo que significa que la máquina está suministrando energía reactiva a la línea. Este hecho se puede interpretarse considerando que la diferencia entre la corriente de excitación que proporciona la f.e.m. E_0' y la correspondiente a E_0 crea un campo magnético que, al no ser utilizado por la máquina sincrónica, es suministrado a la red en forma de energía reactiva.

Por el contrario, para corrientes de excitación reducidas, que producen f.e.m.s pequeñas (E_0''), la corriente de inducido es de carácter capacitivo, por lo que los receptores conectados tienen estas características. En este caso, la máquina absorbe energía reactiva de la línea. De modo que la diferencia entre la corriente de excitación que proporciona la f.e.m. E_0 y la que proporciona la E_0'' es absorbida de la red en forma de energía reactiva. Es importante notar que la proyección del fasor intensidad sobre el eje de tensiones es siempre la misma, ya que este valor es la componente activa de la corriente que permanece constante debido a que la máquina funciona a potencia activa fija. En el funcionamiento a excitación fija y potencia variable, el extremo del fasor f.e.m. deberá estar situado en una circunferencia con centro en el origen del fasor tensión y radio de valor igual a la f.e.m., como se muestra en la Figura 11.25.

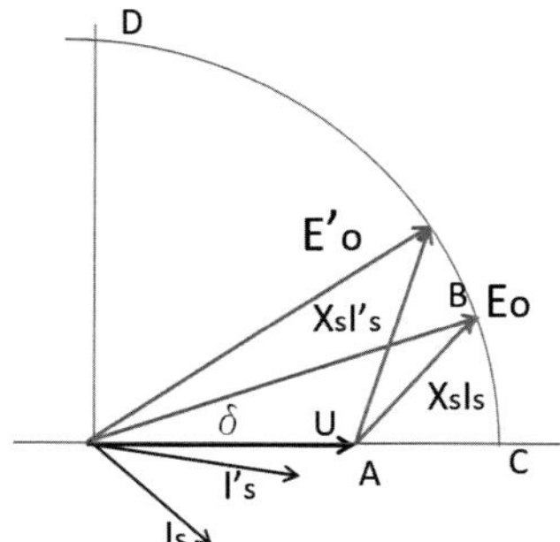

Figura 11.25.

Ante variaciones de potencia activa el extremo del fasor f.e.m. se situará en diversos puntos de esta circunferencia, con potencias mayores ocupará posiciones superiores, aumentando el ángulo δ y al contrario con potencias inferiores. La zona de funcionamiento estable de la máquina está situada en el arco comprendido entre los puntos CD, ya que, estando en esta zona, si a la máquina se le pide suministrar más potencia activa, se aumentará la potencia mecánica que le suministra la máquina que la acciona y, por tanto, aumentará el ángulo δ pasando el fasor E a una posición mas elevada, es decir, suministrando más potencia activa

En cambio, si el extremo del fasor f.e.m. está más allá del punto D, con un aumento de potencia mecánica, el consecuente aumento del ángulo δ de la máquina determinará una disminución de la potencia activa entregada, de forma que se aumenta la potencia mecánica suministrada y se disminuye la activa proporcionada por el generador, lo que definitivamente será un desequilibrio mecánico y una pérdida del sincronismo.

11.5. Funcionamiento de la máquina sincrónica como motor acoplado a una red de potencia infinita

Partiendo del funcionamiento de la máquina sincrónica como generador, según se muestra en el diagrama de funcionamiento a excitación constante y potencia variable, al disminuir la potencia activa suministrada, el segmento AB se reduce hasta llegar a anularse, siendo, en este caso, la potencia activa suministrada nula. Si el fasor representativo de la f.e.m. ocupa una posición de retraso respecto de la tensión de línea, la potencia activa se hace negativa, lo que significa que la máquina absorbe potencia, es decir, la máquina está funcionando como motor. La ecuación de tensiones para el funcionamiento como motor, despreciando la resistencia de inducido, es:

$$\vec{U} = \vec{E}_0 + jX_s\,\vec{I}_s$$

Al igual que cuando trabaja como generador, el motor sincrónico puede funcionar a potencia variable y excitación constante, o bien, a potencia constante y excitación variable. En el segundo caso, de forma semejante a lo que se estudió para el generador, el lugar geométrico que ocupa el extremo del fasor f.e.m. es una línea paralela el eje de tensiones que dista un valor constante (Figura 11.26).

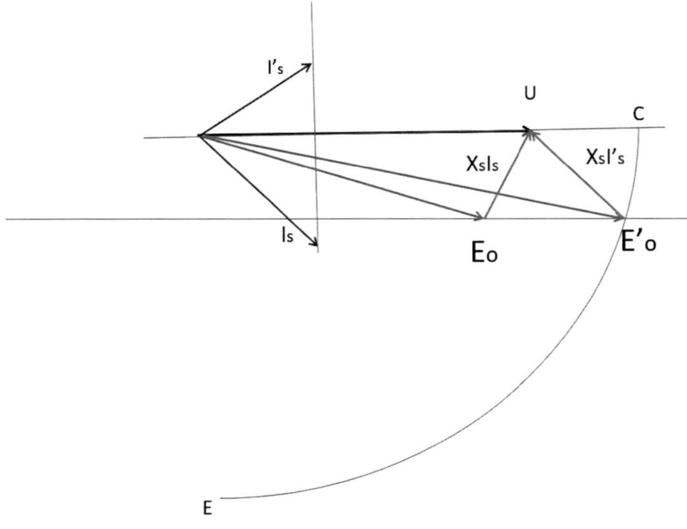

Figura 11.26.

Con corrientes de excitación reducidas, que generan f.e.m.s pequeñas, la corriente de inducido retrasa respecto de la tensión de línea, lo que significa que la máquina absorbe potencia reactiva de la red. Mientras que, para corrientes de excitación elevadas, la corriente de inducido es de carácter capacitivo, es decir, la máquina proporciona potencia reactiva.

El estudio del funcionamiento del motor sincrónico con excitación constante y potencia variable es semejante al que se realizó para el generador. En este caso, la máquina funciona de forma estable cuando el extremo del fasor f.e.m. está situado en el arco CE de la Figura 11.26.

11.6. Balance energético en los convertidores de c.a. sincrónicos

Las pérdidas que se deben considerar en estas máquinas son las siguientes:

1. Pérdidas en el hierro, debidas a histéresis y corrientes de Foucault, que se producen principalmente en el sistema inducido, ya que en este elemento el campo magnético es variable, también en las cabezas de los polos, o piezas polares, en las que se producen variaciones de campo magnético, debido al ranurado del sistema inducido
2. Pérdidas por rozamiento, debido a la existencia de partes móviles y, por tanto, rozamiento con partes fijas, básicamente en los cojinetes de la máquina. En este

capítulo se incluyen también las pérdidas por ventilación, bien sea por rozamientos con el aire o por la existencia de sistemas de ventilación y refrigeración.

3. Pérdidas producidas por efecto Joule en los devanados de inducido. Se incluirán en éstas las pérdidas adicionales en carga debidas al efecto superficial en los conductores.
4. Pérdidas en el circuito de excitación. Corresponden a las pérdidas por efecto Joule en los devanados de excitación, a las producidas en la excitatriz acoplada mecánicamente al eje del alternador, si la tuviera, excluyendo las pérdidas mecánicas en ella que se incluyen en las de la máquina sincrónica, y las pérdidas en las escobillas.

Para determinar el valor de las primeras y segundas, se procede a los ensayos en vacío, ya que son pérdidas que se producen en vacío y a cualquier carga, y son aproximadamente constantes e independientes de la corriente. Las pérdidas por efecto Joule se pueden obtener por medición de la resistencia de las fases del inducido. Por último, la determinación de las pérdidas en los devanados de excitación se puede realizar por medición de las resistencias correspondientes.

En la Figura 11.27 se esquematizan las diferentes pérdidas según el circuito equivalente.

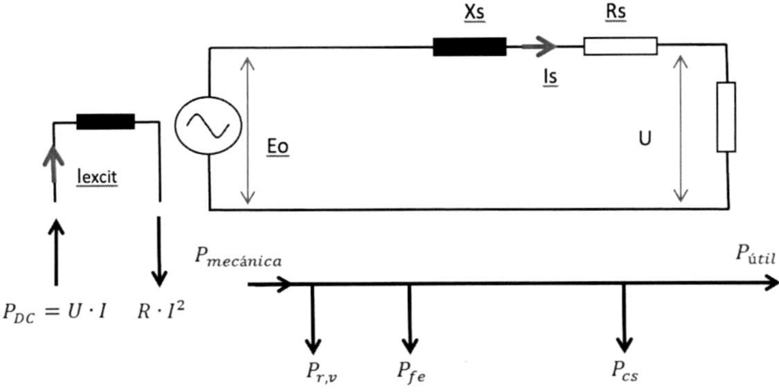

Figura 11.27.

Problemas tema 11

Problema 11.1. Una máquina sincrónica con tensión nominal de 1000 V, frecuencia de 50 Hz y velocidad de 1000 r/m suministra 300 kW y 100 kVAr con variación de tensión del 20 %. La armadura, de diámetro interior igual a 550 mm. y longitud total útil de 540 mm., aloja un devanado, con 288 conductores, y coeficiente de Kapp de 2,05. Sabiendo que la resistencia óhmica por fase, a la temperatura de régimen, vale 0,08 ohmios y que la inducción máxima en el entrehierro, cuando la máquina está en carga, es de 0,63 T y que las pérdidas mecánicas y en el hierro valen 4,5 kW, se determinará:

1. La reactancia de dispersión por fase.
2. La impedancia sincrónica por fase.
3. El par necesario para accionar la máquina.

Ap. 1

$$Ec = K \,.\, f \,.\, \varphi \,.\, N$$

$$\varphi = \frac{2}{\pi} \cdot \hat{B}_{\varepsilon} \cdot Sp = \frac{2}{\pi} \cdot 0{,}63 \cdot \frac{\pi \cdot 0{,}55}{6} \cdot 0{,}54 = 0{,}062$$

$$Ec = 2{,}05 \cdot 50 \cdot 0{,}062 \cdot \frac{288}{3} = 613{,}7\text{V}$$

$$I_s = \frac{S}{\sqrt{3} \cdot U} = \frac{\sqrt{300^2 + 100^2}}{\sqrt{3} \cdot 1} = 182{,}6\text{A}$$

$$X \cdot I_s = \sqrt{Ec^2 - (U \cdot cos\varphi + R \cdot I_s)^2} - U \cdot sen\varphi$$

$$\varphi = arctg\frac{Q}{P} = arctg\frac{100}{300} = 18{,}43$$

$$X_d \cdot I_s = \sqrt{613{,}7^2 - (\frac{1000}{\sqrt{3}} \cdot 0{,}94 + 0{,}08 \cdot 182{,}6)^2} - \frac{1000}{\sqrt{3}} \cdot 0{,}316 = 75{,}1$$

$$X_d = \frac{71{,}1}{202{,}1} = 0{,}351\Omega$$

Ap. 2

$$Eo = 1{,}20U = 1{,}20 \cdot \frac{1000}{\sqrt{3}} = 692{,}8$$

$$Xs \cdot I_s = \sqrt{692^2 - (\frac{1000}{\sqrt{3}} \cdot 0{,}94 - 0{,}08 \cdot 182{,}64)^2} - \frac{1000}{\sqrt{3}} \cdot 182{,}6 = 226{,}5$$

$$Xs = 1{,}22$$

$$Zs = \sqrt{1{,}22^2 + 0{,}08^2} = 1{,}22\Omega$$

Ap. 3

$$T = \frac{P_{abs}}{\omega} = \frac{P_u + 3 \cdot R \cdot I^2 + P_{fe} + P_{r,v}}{\omega} = \frac{300000 + 3 \cdot 0{,}08 \cdot 182{,}6^2 + 4500}{2 \cdot \pi \cdot \frac{1000}{60}} = 2984\text{Nm}$$

Problema 11.2. Un alternador sincrónico de 1250 kVA a 1000 V, 3000 r.p.m. y 50 Hz tiene una resistencia de devanado inducido de 0,025 Ω y del devanado inductor de 10 Ω y la reactancia por flujos de dispersión 0,15 Ω. La relación entre la intensidad de excitación y la tensión magnética producida por el rotor es de 50 Av/A, mientras que en el inducido es de 2 Av/A. Las pérdidas mecánicas y en el hierro son de 13,5 kW y la característica de vacío queda determinada por los siguientes puntos:

I_{excit}	18	24	30	36	42	48	54	60	78	A
E_0	450	570	675	750	780	810	840	870	900	V

Calcular, para el funcionamiento a plena carga con factor de potencia 0,9 inductivo:

1. La f.e.m. inducida en carga.
2. La intensidad de excitación necesaria.
3. El rendimiento.

Ap. 1

$$I_s = \frac{S}{\sqrt{3}U} = \frac{1250 \cdot 10^3}{\sqrt{3} \cdot 1000} = 721{,}7\text{A}$$

$$U = \frac{1000}{\sqrt{3}} = 577{,}4\text{V}$$

$$E_c = \sqrt{(U \cdot cos\varphi + R_s \cdot I_s)^2 + (U \cdot sen\varphi + X_s \cdot I_s)^2} = 647$$

Ap. 2

$$\frac{675-570}{30-24} = \frac{675-647}{30-I_c} \rightarrow I_c = 28{,}4\,\text{A}$$

$$V_R = 28{,}4 \cdot 50 = 1420\,\text{Av}$$

$$V_2 = 721{,}7 \cdot 2 = 1443\,\text{Av}$$

$$\Psi = \arccos \frac{U\cos\varphi + RI}{E_c} = 33{,}8°$$

$$V_1 = \sqrt{(V_R \text{sen}\Psi + V_2)^2 + (V_R\cos\Psi)^2} = \sqrt{(1420 \cdot \text{sen}33{,}8 + 1443)^2 + (1420 \cdot \cos 33{,}8)^2} = 2525{,}5$$

$$I_{exc} = \frac{2525{,}5}{50} = 50{,}5\,\text{A}$$

Ap. 3

$$P_{cexc} = R_{exc} I_{exc}{}^2 = 10 \cdot 50{,}5^2 = 25513\text{W}$$

$$P_{cS} = 3R_S I_S^2 = 3 \cdot 0{,}025 \cdot 721{,}7^2 = 39063\text{W}$$

$$P_{m,Fe} = 13500$$

$$P_u = 1\,250\,000 \cdot 0{,}9 = 1\,125\,000\text{W}$$

resultando

$$\eta = 93{,}51\%$$

Problema 11.3. Una máquina sincrónica de 50 Hz y 6 polos suministra una potencia de 2 MW con factor de potencia 0,85 a la tensión de 3300 V. La resistencia del inducido, entre bornes de la máquina, vale 0,1 Ω. Realizado un ensayo en vacío se mide una tensión de 3825 V y un par de 256 Nm. Calcular:

1. La reactancia sincrónica de la máquina.
2. El rendimiento para el funcionamiento indicado.
3. El par en el eje para suministrar 1,5 MVA con factor de potencia 0,9 a la tensión de 3300 V.

Ap. 1

$$I_s = \frac{P}{\sqrt{3} \cdot U \cdot \cos\varphi} = \frac{2000000}{\sqrt{3} \cdot 3300 \cdot 0{,}85} = 411{,}7$$

$$E_0 = \frac{3825}{\sqrt{3}} = 2208.4 \text{ V} \qquad U = \frac{3300}{\sqrt{3}} = 1905 \text{ V}$$

$$E_0 = \sqrt{(U \cdot \cos\varphi + R_s \cdot I_s)^2 + (U \cdot \text{sen}\varphi + X_s \cdot I_s)^2}$$

$$2208{,}5 = \sqrt{(1905 \cdot 0{,}85 + 0{,}05 \cdot 411{,}7)^2 + (1905 \cdot 0{,}53 + X_s \cdot 411{,}7)^2}$$

Resultando:

$$X_s = 1{,}1568\ \Omega$$

Ap. 2

$$P_{cs} = 3 \cdot R_s \cdot I^2_s = 3 \cdot 0{,}05 \cdot 411{,}7^2 = 25\,424 \text{ W}$$

$$P_{fe} + P_{r,v} = T_o \cdot \omega = 256 \cdot 2 \cdot \pi \cdot \frac{1000}{60} = 26\,808 \text{ W}$$

$$\eta = \frac{P_u}{P_{abs}} = \frac{P_u}{P_u + P_{c2} + P_{fe} + P_{r,v}} = \frac{2\,000\,000}{2\,000\,000 + 25\,424 + 26\,808} = 0{,}9745$$

Ap. 3

$$P_u = S \cdot \cos\varphi_2 = 1\,500\,000 \cdot 0{,}9 = 1\,350\,000 \text{ W}$$

$$I_s = \frac{S}{\sqrt{3} \cdot U} = \frac{1\,500\,000}{\sqrt{3} \cdot 3300} = 262{,}4 \text{ A}$$

$$P_{cs} = 3 \cdot R_s \cdot I^2_s = 3 \cdot 0{,}05 \cdot 262{,}4^2 = 10\,330 \text{ W}$$

$$T = \frac{P_{abs}}{\omega} = \frac{1\,350\,000 + 10\,330 + 26\,808}{2 \cdot \pi \cdot \frac{1000}{60}} = 13\,246 \text{ Nm}$$

Problema 11.4. Una máquina sincrónica de 500 kVA a 400 V, 3000 r.p.m. y 50 Hz tiene una resistencia por fase del devanado inducido de 0,008 Ω. Se realiza un ensayo en vacío obteniendo los resultados mostrados en la tabla adjunta.

I_{excit}	6	8	10	12	14	16	18	20	26	A
E_0	150	190	225	250	260	270	280	290	300	V

Con los ensayos correspondientes se determinan los lados del triángulo de Potier, resultando ser de 25 V y 5 A para una intensidad de corriente de inducido de 300 A. las pérdidas de vacio valen 7,5 kW,

Calcular para el funcionamiento a plena carga con factor de potencia 0,9 inductivo:

1. La f.e.m. inducida en carga.
2. La f.e.m. en vacío.
3. El par necesario para el accionamiento de la máquina en las condiciones indicadas.

Ap. 1

$$I_s = \frac{S}{\sqrt{3} \cdot U} = \frac{500}{\sqrt{3} \cdot 0,4} = 721,7 \text{ A}$$

$$E_c = \sqrt{(U \cdot cos\varphi + R_s \cdot I_s)^2 + (U \cdot sen\varphi + X_d \cdot I_s)^2} =$$

$$= \sqrt{(231 \cdot 0,9 + 0,008 \cdot 721,7)^2 + (231 \cdot 0,44 + 60)^2} = 267,4 \text{ V}$$

Ap. 2

$$\frac{270-267,4}{16-I_{ex}} = \frac{270-260}{16-14} \rightarrow I_c = 15,58 \text{ A}$$

$$I_{12} = \frac{721,7}{300} \cdot 5\text{A} = 12 \text{ A}$$

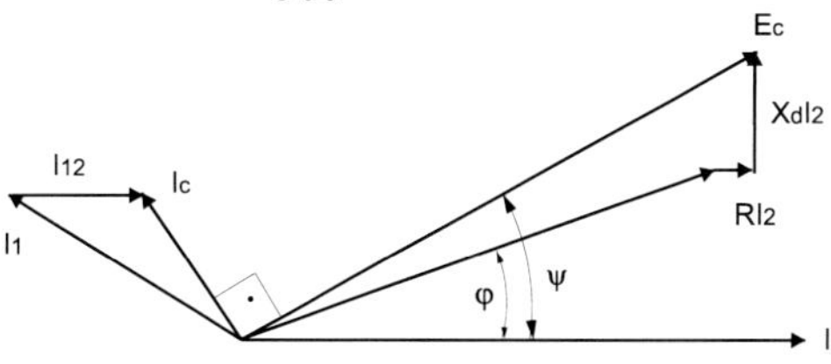

$$I_1 = \sqrt{(I_c \cdot \text{sen}\psi + I_{12})^2 + (I_c \cdot cos\psi)^2} = \sqrt{(15,58 \cdot 0,6 + 12)^2 + (15,58 \cdot 0,8)^2} = 24,7 \text{ A}$$

$$\psi = arccos \frac{U \cdot cos\varphi + R \cdot I}{E_c} = arccos \frac{231 \cdot 0,9 + 0,008 \cdot 721,7}{267,9} = 37,1°$$

$$\frac{300-290}{26-20} = \frac{300-E_c}{26-24.7} \rightarrow E_o = 297,83 \text{V}$$

Ap. 3

$$T = \frac{P_u + P_{cs} + P_0}{\omega_r} = \frac{500000 \cdot 0,9 + 3 \cdot 0,008 \cdot 721,7^2 + 7500}{\frac{3000}{60} \cdot 2 \cdot \pi} = 1496 \text{ Nm}$$

Problema 11.5. Una máquina sincrónica de 1500 kVA a 1000 V, 50 Hz y 1500 r/m funciona en régimen nominal suministrando energía a un receptor con factor de potencia 0,9. La resistencia por fase de inducido vale 0,015 Ω y la reactancia por flujos de dispersión de 0,055 Ω. La relación entre las tensiones magnéticas producidas por estator y rotor es que cada 500 A de estator se corresponden con 15 de rotor. El par necesario para accionar a la máquina en vacio es de 60 Nm y la característica de vacio está determinada por los siguientes valores:

I_{exc}	15	30	45	60	A
E_0	275	550	640	700	V

Calcular:

1. La f.e.m. en carga.
2. La intensidad de excitación.
3. El par necesario en el eje para el funcionamiento en régimen nominal.

Ap. 1

$$I_s = \frac{S}{\sqrt{3} \cdot U} = \frac{1500}{\sqrt{3} \cdot 1} = 866 \text{ A}$$

$$E_c = \sqrt{(U \cdot cos\varphi + R \cdot I_s)^2 + (U \cdot sen\varphi + X_d \cdot I_s)^2} =$$

$$= \sqrt{(577,4 \cdot 0,9 + 0,015 \cdot 866)^2 + (577,4 \cdot 0,44 + 0,055 \cdot 866,4)^2} = 610 \text{ V}$$

Ap. 2

$$\frac{610 - 550}{I_{ex} - 30} = \frac{640 - 550}{45 - 30} \rightarrow I_c = 40\,A$$

$$I_{12} = \frac{866}{500} \cdot 15\text{A} = 26 \text{ A}$$

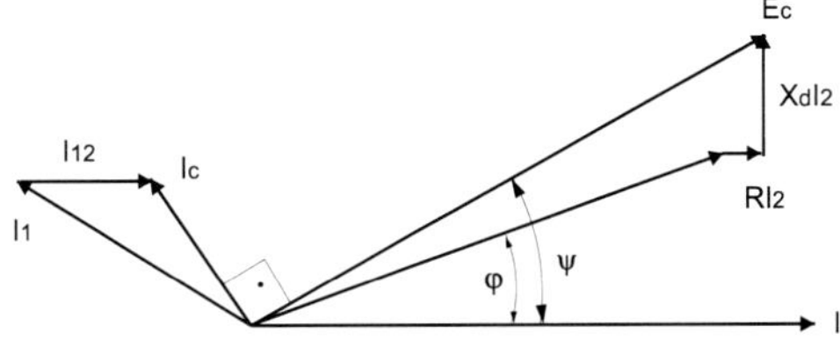

$$I_1 = \sqrt{(I_c \cdot sen\psi + I_{12})^2 + (I_c \cdot cos\psi)^2} = \sqrt{(40 \cdot 0,49 + 26)^2 + (40 \cdot 0,87)^2} = 57,36\text{A}$$

$$\psi = arccos\,\frac{U \cdot cos\varphi + R \cdot I}{E_c} = arccos\,\frac{577,4 \cdot 0,9 + 0,015 \cdot 866}{610} = 29,2°$$

Ap. 3

$$T = \frac{P_u + P_{cs}}{\omega_r} + T_0 = \frac{1\,500\,000 \cdot 0{,}9 + 3 \cdot 0{,}015 \cdot 866^2}{\frac{1500}{60} \cdot 2 \cdot \pi} + 60 = 8869\,\text{Nm}$$

Problema 11.6. Una máquina sincrónica de 2 MVA a 1000 V, 50 Hz y 3000 r/m funciona en régimen nominal suministrando energía a un receptor con factor de potencia 0,9. La resistencia por fase de inducido vale 0,012 Ω y la reactancia por flujos de dispersión de 0,040 Ω. Ensayándola en vacío a su velocidad y excitación nominal de 55 A se mide un par en el eje de 75 Nm. La característica de vacío está determinada por los siguientes valores:

I_{exc}	15	30	45	60	A
E_0	275	550	640	700	V

Calcular:

1. La f.e.m. en carga.
2. La reactancia sincrónica de una fase.
3. El par necesario en el eje para el funcionamiento en régimen nominal.

Ap. 1

$$E_c = \sqrt{(U \cdot cos\varphi + R_s I_s)^2 + (U \cdot sen\varphi + X_d I_s)^2}$$

donde:

$$I_s = \frac{S}{\sqrt{3}U} = \frac{2 \cdot 10^6}{\sqrt{3} \cdot 1000} = 1155A$$

luego:

$$E_C = \sqrt{\left(\frac{1000}{\sqrt{3}}0{,}9 + 0{,}012 \cdot 1155\right)^2 + \left(\frac{1000}{\sqrt{3}}0{,}436 + 0{,}040 \cdot 1155\right)^2} = 611\text{V}$$

Ap. 2

$$\frac{60 - 45}{700 - 640} = \frac{60 - 55}{700 - E_o} \rightarrow E_o = 680$$

$$E_o = \sqrt{\left(\frac{1000}{\sqrt{3}}0{,}9 + 0{,}012 \cdot 1155\right)^2 + \left(\frac{1000}{\sqrt{3}}0{,}436 + X_s \cdot 1155\right)^2} = 680\text{V}$$

$$X_s = 0{,}1472\ \Omega$$

Ap. 3

$$P_{cs} = 3R_sI_s^2 = 3 \cdot 0{,}012 \cdot 1155^2 = 48025\text{W}$$

$$P_{m,Fe} = T \cdot \omega = 75 \cdot 2 \cdot \pi \cdot \frac{3000}{60} = 23561\text{W}$$

$$P_u = 2000000 \cdot 0{,}9 = 1{,}8 \cdot 10^6\text{W}$$

$$P_m = P_u + P_{cs} + P_{m,Fe} = 1871586\text{W}$$

$$T = \frac{P_m}{2\pi n} = 5957\text{Nm}$$

Problema 11.7. Un generador sincrónico tetrapolar de 500 kVA con tensión nominal de 400 V y 1500 r/m funciona a plena carga con factor de potencia 0,9 y una c.d.t. del 24%. La armadura estatórica es de 350 mm de longitud y 200 mm de diámetro en la que se disponen 330 conductores sometidos a una inducción, de variación senoidal y valor máximo de 0,65 T. Las pérdidas en los conductores del inducido a plena carga son de 10 kW. (Considerar el factor de distribución del devanado igual a 1). Calcular:

1. La reactancia por flujos de dispersión.
2. La reactancia sincrónica.

Ap. 1

$$\phi = \frac{D \cdot L}{p} \cdot B_{max} = \frac{0{,}2 \cdot 0{,}35}{2} \cdot 0{,}65 = 0{,}02275\text{Wb}$$

$$E_c = 2{,}22 \cdot f \cdot \phi \cdot N = 2{,}22 \cdot 50 \cdot 0{,}02275 \cdot 110 = 277{,}8\text{V}$$

$$I_s = \frac{S}{\sqrt{3} \cdot U} = \frac{500}{\sqrt{3} \cdot 0{,}4} = 721{,}7\text{A}$$

$$R_s = \frac{P_{cs}}{3 \cdot I_s^2} = \frac{10000}{3 \cdot 721{,}7^2} = 0{,}0064\ \Omega$$

$$E_c^2 = \left(\frac{U}{\sqrt{3}} \cdot cos\varphi + R_s \cdot I_s\right)^2 + \left(\frac{U}{\sqrt{3}} \cdot sen\varphi + X_d \cdot I_s\right)^2 \rightarrow\rightarrow X_d = 0{,}109\Omega$$

Ap. 2

$$u\% = \frac{E_o - U}{U}100 \to\to 24 = \frac{E_o - \frac{400}{\sqrt{3}}}{\frac{400}{\sqrt{3}}}100 \to\to E_o = 286{,}4\,\text{V}$$

$$E_o^2 = \left(\frac{U}{\sqrt{3}} \cdot cos\varphi + R_s \cdot I_s\right)^2 + \left(\frac{U}{\sqrt{3}} \cdot sen\varphi + X_s \cdot I_s\right)^2 \to X_s = 0{,}126\,\Omega$$

Problema 11.8. Una máquina sincrónica de 3 MVA a 1500 V, 50 Hz y 3000 r/m funciona en régimen nominal suministrando energía a un receptor con factor de potencia 0,95. La resistencia por fase de inducido vale 0,04 Ω y la reactancia por flujos de dispersión de 0,016 Ω. Ensayándola en vacio a su velocidad y excitación nominales se mide un par en el eje de 75 Nm. La corriente de excitación rotórica que produce el mismo campo magnético que la corriente nominal en el estator es de 25 A y la característica de vacio está determinada por los siguientes valores:

I_{exc}	15	30	45	60	A
E_0	410	820	900	950	V

Calcular:

1. La f.e.m. en carga.
2. La intensidad de excitación necesaria para el funcionamiento en régimen nominal.
3. El par necesario en el eje para el funcionamiento en régimen nominal.

Ap. 1

$$E_c = \sqrt{\left(\frac{U}{\sqrt{3}} \cdot cos\varphi + R_s I_s\right)^2 + \left(\frac{U}{\sqrt{3}} \cdot sen\varphi + X_d I_s\right)^2}$$

donde:

$$I_s = \frac{S}{\sqrt{3}U} = \frac{3 \cdot 10^6}{\sqrt{3} \cdot 1500} = 1155A$$

luego:

$$E_C = \sqrt{\left(\frac{1500}{\sqrt{3}}0{,}95 + 0{,}04 \cdot 1155\right)^2 + \left(\frac{1500}{\sqrt{3}}0{,}31 + 0{,}016 \cdot 1155\right)^2} = 915{,}15\text{V}$$

Ap. 2

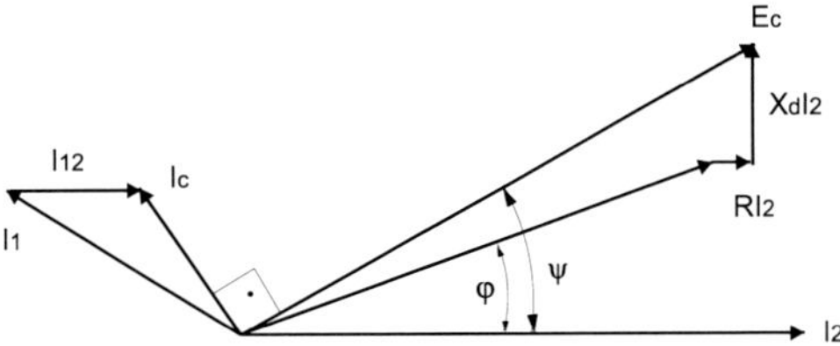

La intensidad de excitación correspondiente a esta f.e.m. se obtiene por interpolación, resultando:

$$I_c = 49{,}5\ \text{A}$$

La corriente de excitación que produce el mismo campo magnético que la corriente nominal en el estator es I_{12}= 25 A, luego:

$$I_1 = \sqrt{(I_c\, sen\Psi + I_{12})^2 + (I_c\, cos\Psi)^2} = \sqrt{(49{,}5\ sen18{,}2 + I_{12})^2 + (I_c\, cos18{,}2)^2}$$

$$\text{ya que, } \Psi = arcos\frac{U \cdot cos\varphi}{E_c} = 18{,}2°$$

$$I_1 = 62A$$

Ap .3

$$P_{cs} = 3R_s I_s^2 = 3 \cdot 0{,}04 \cdot 1155^2 = 160\,093\text{W}$$

$$P_{m,Fe} = T \cdot \omega = 75 \cdot 2 \cdot \pi \cdot \frac{3000}{60} = 23\,561\text{W}$$

$$P_u = 3\,000\,000 \cdot 0{,}95 = 2{,}85 \cdot 10^6\text{W}$$

$$P_m = P_u + P_{cexc} + P_{m,Fe} = 3\,033\,654\text{W}$$

$$T = \frac{P_m}{2\pi n} = 9656{,}4\text{Nm}$$

Problema 11.9. Una máquina sincrónica de 1000 kVA a 400 V, 3000 r.p.m. y 50 Hz tiene una resistencia de devanado inducido de 0,004 Ω y funciona a potencia nominal suministrando energía a un receptor con factor de potencia inductivo de 0,9. Se realiza un ensayo en vacío con la misma intensidad de excitación que tiene a plana carga, midiéndose una tensión de 510 V y un par de 90 Nm. Calcular:

1. La impedancia sincrónica.
2. El par necesario para el accionamiento de la máquina y la potencia mecánica requerida.

3. La potencia activa y reactiva que suministraría la máquina si, manteniendo la misma tensión, el ángulo que forma la f.e.m. en vacío y la tensión se reduce a la mitad. (despreciar, en este apartado, la resistencia de inducido).

Ap. 1

$$I_s = \frac{S}{\sqrt{3} \cdot U} = \frac{1000}{\sqrt{3} \cdot 0,4} = 1443,4\,\text{A}$$

$$E_o = \sqrt{(U \cdot cos\varphi)^2 + (U \cdot sen\varphi + X_s \cdot I_s)^2} \rightarrow 294.4\,\text{V} =$$

$$= \sqrt{(231 \cdot 0,9)^2 + (231 \cdot 0,44 + X_s \cdot 1443,4)^2}$$

$$X_s = 0,074\,\Omega$$

Ap. 2

$$T = \frac{P_u + P_{cs}}{\omega_r} + T_0 = \frac{1\,000\,000 \cdot 0,9 + 3 \cdot 0,004 \cdot 1443,4^2}{\frac{3000}{60} \cdot 2 \cdot \pi} + 90 = 2980\,\text{Nm}$$

Ap. 3

$$\delta_1 = asen\,\frac{P \cdot X_s}{3 \cdot U \cdot E_o} = asen\,\frac{900\,000 \cdot 0,074}{3 \cdot 231 \cdot 294,4} = 19°$$

$$E_o = \sqrt{(U \cdot cos\varphi)^2 + (U \cdot sen\varphi + X_s \cdot I_s)^2} =$$

$$= \sqrt{(231 \cdot 0,9)^2 + (231 \cdot 0,44 + 0,074 \cdot 721,7)^2} = 259,4$$

$$P = \frac{3 \cdot U}{X_s} E_o \cdot sen\delta = P = \frac{3 \cdot 231}{0,074} 259,4 \cdot sen\;9,5 = 400,9\,\text{kW}$$

$$Q = \frac{3 \cdot (E_o \cdot U \cdot cos\delta - U^2)}{X_s} = Q = \frac{3 \cdot (259,4 \cdot 231 \cdot \cos 9,5° - 231^2)}{0,074} = 229\,\text{kVAr}$$

Problema 11.10. Una máquina sincrónica de 2 MVA a 1000 V y 50 Hz que está conectada a una red de potencia infinita tiene una variación de tensión del 20% cuando funciona a plena carga con factor de potencia 0,9 inductivo. Calcular, despreciando la resistencia del inducido:

1. La reactancia sincrónica.
2. La potencia reactiva que suministrará y el factor de potencia si se aumenta la intensidad de excitación resultando que la f.e.m. aumenta un 10%, manteniendo la potencia activa constante.

Ap. 1

$$I_s = \frac{S}{\sqrt{3} \cdot U} = \frac{2\,000\,000}{\sqrt{3} \cdot 1000} = 1155 \text{ A}$$

$$E_0 = \frac{1000}{\sqrt{3}} \cdot (1+0{,}2) = 692 \text{V}$$

$$E_0^2 = \left(\frac{U}{\sqrt{3}} \cdot cos\varphi\right)^2 + \left(\frac{U}{\sqrt{3}} \cdot sen\varphi + X_s \cdot I_s\right)^2 \rightarrow 692^2 =$$

$$\left(\frac{1000}{\sqrt{3}} \cdot 0{,}9\right)^2 + \left(\frac{1000}{\sqrt{3}} \cdot 0{,}44 + X_s \cdot 1155\right)^2$$

$$X_s = 0{,}1762 \,\Omega$$

Ap. 2

$$E_0' = 692 \cdot (1+0{,}1) = 761 \text{ V}$$

$$P = \frac{3 \cdot U}{X_s} \cdot E_0' \cdot sen\delta \rightarrow 1\,800\,000 = \frac{3 \cdot 577}{0{,}1762}\, 761 \cdot sen\delta \rightarrow sen\delta = 0{,}24$$

$$Q = \frac{3 \cdot U\,(E_0' \cdot cos\delta - U)}{X_s} = \frac{3 \cdot 577\,(761 \cdot 0{,}97 - 577)}{0{,}1762} = 1\,583\,344 \text{ VAr}$$

$$cos\varphi = \frac{P}{S} = \frac{P}{\sqrt{P^2 + Q^2}} = \frac{1\,800\,000}{\sqrt{1\,800\,000^2 + 1\,583\,344^2}} = 0{,}751$$

Problema 11.11. Una máquina sincrónica de 3 MVA a 1000 V y 50 Hz que está conectada a una red de potencia infinita tiene una variación de tensión del 20% cuando funciona a plena carga con factor de potencia 0,85 inductivo. Calcular, despreciando la resistencia del inducido:

1. La reactancia sincrónica.
2. La potencia reactiva que suministrará y el factor de potencia si pasa a funcionar suministrando 1350 kW, manteniendo la corriente de excitación.

Ap. 1

$$I_s = \frac{S}{\sqrt{3} \cdot U} = \frac{3\,000\,000}{\sqrt{3} \cdot 1000} = 1732 \text{ A}$$

$$E_0 = \frac{1000}{\sqrt{3}} \cdot (1+0,2) = 692\,\text{V}$$

$$E_0{}^2 = \left(\frac{U}{\sqrt{3}} \cdot cos\varphi\right)^2 + \left(\frac{U}{\sqrt{3}} \cdot sen\varphi + X_s \cdot I_s\right)^2 \rightarrow 692^2 = \left(\frac{1000}{\sqrt{3}} \cdot 0,85\right)^2 + \left(\frac{1000}{\sqrt{3}} \cdot 0,53 + \text{X}_\text{s} \cdot 1732\right)^2$$

$$X_s = 0,105\ \Omega$$

Ap. 2

$$P = \frac{3 \cdot U}{X_s} \cdot E_0 \cdot sen\delta \rightarrow 1\,350\,000 = \frac{3 \cdot 577}{0,105} \cdot 692 \cdot sen\delta \rightarrow \delta = 6,79°$$

$$Q = \frac{3 \cdot U\,(E_0 \cdot cos\delta - U)}{X_s} = \frac{3 \cdot 577\,(692 \cdot cos\ 6,79 - 577)}{0,\ 105} = 1\,815\,842\ \text{VAr}$$

$$cos\varphi = \frac{P}{\sqrt{P^2 + Q^2}} = \frac{1350}{\sqrt{1350^2 + 1816^2}} = 0,6$$

Problema 11.12. Una máquina sincrónica de 5 MVA con tensión nominal de 1500 V y velocidad nominal de 3000 r/m, se ensaya en vacío, en cortocircuito y con factor de potencia cero obteniendo los siguientes resultados:

Característica de vacío:

I_{exc}	50	60	70	82	96	112	130	150	A
E_o	500	600	700	800	900	1000	1100	1200	V

Los lados del triángulo de Potier para una corriente de 1000 A son: 60 V, 20 A.

Calcular, despreciando el valor de la resistencia de inducido, la variación de tensión cuando suministre su potencia nominal con factor de potencia 0,9.

$$I_s = \frac{S}{\sqrt{3} \cdot U} = \frac{5000}{\sqrt{3} \cdot 1,5} = 1924\ \text{A}$$

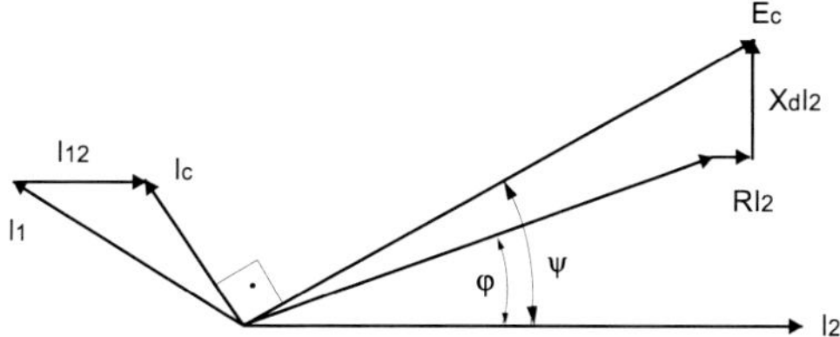

$$E_c = \sqrt{(U \cdot cos\varphi + R_s \cdot I_s)^2 + (U \cdot sen\varphi + X_d \cdot I_s)^2} =$$

$$\sqrt{(866 \cdot 0{,}9 +)^2 + (866 \cdot 0{,}44 + 60 \cdot 1{,}924)^2} = 924 \text{ V}$$

$$I_c = 99{,}8 \text{ A}$$

$$I_{12} = 20 \cdot 1{,}924 = 38{,}48 \text{ A}$$

$$\Psi = arcos\frac{U \cdot cos\varphi}{E_c} = arcos\frac{866 \cdot 0{,}9}{994} = 32{,}5°$$

$$\mathrm{I}_1 = \sqrt{(I_c \cdot sen\psi + I_{12})^2 + (I_c \cdot cos\psi)^2} = \sqrt{(99{,}8 \cdot sen32{,}5 + 38{,}48)^2 + (99{,}8 \cdot \cos 32{,}5)^2} = 124{,}9\text{A}$$

$$E_0 = 1072{,}2 \text{ V}$$

$$u\% = \frac{E_0 - U}{U} = \frac{1072{,}2 - 866}{866} 23{,}8\%$$

12

Máquinas de C.A. asincrónica de inducción

12.1. Deslizamiento

Como ya se demostró en temas anteriores, cuando el devanado estatórico de una máquina asincrónica de inducción está alimentado por un sistema trifásico de corrientes se produce un campo magnético que gira a la velocidad sincrónica. El giro del campo magnético hace que los conductores del rotor, en principio estáticos, corten las líneas de campo, por lo que se induce en ellos una f.e.m. Por estar los conductores en cortocircuito, circulará por ellos una intensidad. Así pues, los conductores del rotor, por los que circula corriente están en el seno de un campo magnético (el estatórico), por lo que se ejercerá una fuerza electromagnética que producirá el giro del rotor en la misma dirección del campo magnético estatórico.

Se deduce fácilmente que la velocidad de giro del rotor y la velocidad del campo magnético estatórico no pueden ser nunca iguales, ya que si así fuera, los conductores del rotor no cortarían líneas de campo (por girar a la misma velocidad), por lo que no induciría corriente alguna y, por tanto, no se produciría fuerza electromagnética en los conductores. Así pues, ambas velocidades son diferentes: para el funcionamiento como motor la velocidad de giro del rotor es inferior a la velocidad de giro del campo magnético estatórico y superior cuando la máquina funcione como generador.

Denominando por $\mathbf{n_s}$ a la velocidad de giro del campo estatórico y $\mathbf{n_r}$ a la velocidad de giro del rotor

Para el funcionamiento como motor:

$$n_s > n_r$$

Y si funciona como generador:

$$n_s < n_r$$

Se denomina deslizamiento **(s)** a la diferencia relativa entre ambas velocidades,

$$s = \frac{n_s - n_r}{n_s}$$

Como el rotor gira a una velocidad inferior a la del campo magnético estatórico, en un instante un conductor del rotor está sometido a la acción de un polo norte y, en otro instante, a la acción del polo sur. Por lo tanto, las f.e.m.s inducidas cambian de dirección según el instante considerado, es decir, son alternas. Por ello, las corrientes del rotor están asociadas a una determinada frecuencia y producen un campo magnético giratorio que se desplaza, respecto al propio rotor, a la velocidad $n_{r/r}$, cumpliéndose:

$$n_s = n_r + n_{r/r}$$

Ya que en todo momento ambos campos magnéticos: estatórico y rotórico, deben de girar a la misma velocidad. En consecuencia la velocidad del campo magnético estatórico debe ser la suma de la velocidad del rotor más la del campo magnético del rotor tomando como referencia el propio rotor

A partir de esta igualdad se deduce:

$$n_{r/r} = \frac{f_r}{p} = n_s - n_r \rightarrow f_r = (n_s - n_r) \cdot p = \frac{(ns - nr)}{ns} n_s \cdot p = s \cdot f_s$$

En consecuencia, la frecuencia de las corrientes rotóricas es igual al deslizamiento relativo por la frecuencia de las corrientes estatóricas.

12.2. F.e.m. e intensidades en la máquina asincrónica de inducción

De la misma forma que para el estudio de los transformadores, se recurre a un circuito equivalente, mediante el cual se determinan diversas características del funcionamiento: par, potencia absorbida y suministrada, rendimiento, etc.

Al estar conectado el devanado estatórico a una red eléctrica trifásica equilibrada se produce un campo magnético giratorio de velocidad sincrónica y despreciando armónicos de orden superior, la distribución de la inducción en el entrehierro será de forma senoidal. Este campo magnético produce sendas f.e.m.s. en los devanados del estator y del rotor, cuyos valores por fase son:

$$E_s = K_s \cdot f_s \cdot N_s \cdot \hat{\phi}$$

$$E_r = K_r \cdot f_r \cdot N_r \cdot \hat{\phi}$$

donde:

- $K_s = 2{,}22\, K_{as} \cdot K_{ds}$: coeficiente de Kapp del estator, producto de 2,22 factor de distribución y de acortamiento.
- $K_r = 2{,}22\, K_{ar} \cdot K_{dr}$: coeficiente de Kapp del rotor, producto de 2,22 factor de distribución y de acortamiento.

- f_s: frecuencia de la red de alimentación.
- N_s: n° de conductores por fase en el estator.
- N_r: n° de conductores por fase en el rotor.
- $\hat{\phi}$: flujo máximo, por polo.

Si el rotor es del tipo devanado, es decir, tres circuitos independientes conectados en estrella, quedan bien definidos el número de conductores y sus factores de distribución y acortamiento. En el caso de un rotor en cortocircuito o jaula de ardilla, aquellos conductores en los que se produzca una f.e.m. similar son lo que corresponden a una fase, que tendrán su correspondiente coeficiente de Kapp. La relación de f.e.m. es estator y rotor es:

$$\frac{E_s}{E_r} = \frac{K_s \cdot f_s \cdot N_s \cdot \hat{\phi}}{K_r \cdot f_r \cdot N_r \cdot \hat{\phi}} = \frac{K_s \cdot f_s \cdot N_s}{K_r \cdot s \cdot f_s \cdot N_r} = \frac{K_s \cdot N_s}{K_r \cdot s \cdot N_r} = \frac{r_t}{s}$$

Siendo r_t la relación de tensiones, producto del número de conductores y de los coeficientes de Kapp

Para la creación del campo magnético se necesita una intensidad, que denominaremos intensidad de vacío (I_0) y que será la única presente cuando la máquina funcione en vacío, es decir, sin suministrar ningún par al exterior. En este caso, el par interno es prácticamente nulo, solamente el necesario para vencer pérdidas por rozamiento y ventilación y, por tanto, las corrientes rotóricas despreciables y la velocidad del rotor muy próxima a la sincrónica, con un deslizamiento inferior, de forma general, al 0,1%. Esta corriente de vacío tiene dos componentes, la reactiva, correspondiente a la creadora del campo magnético y la activa, ya que se producen pérdidas en el hierro y pérdidas mecánicas.

Cuando el motor suministre un determinado par será necesaria una intensidad de corriente en el rotor (I_r) para que al estar en el campo magnético producido por el estator genere un par de fuerzas y, en consecuencia, un movimiento. El valor del campo magnético estatórico es aproximadamente constante independientemente de la carga, ya que es proporcional a la f.e.m. estatórica y esta última a la tensión de alimentación. Así pues, al producirse una corriente en el rotor, se tendrá que crear también otra en el estator (I'_s), de forma que las tensiones magnéticas creadas por una y otra corriente se compensen y se mantenga, aproximadamente, el mismo campo magnético. Así pues, la relación de corrientes será:

$$K_s \cdot N_s \cdot \overrightarrow{I'_s} + K_r \cdot N_r \cdot \overrightarrow{I'_r} = 0$$

En valores eficaces:

$$\frac{I_r}{I'_s} = \frac{K_s \cdot N_s}{K_r \cdot N_r} = r_i$$

Y la intensidad de corriente resultante en los devanados del estator:

$$\overrightarrow{I_s} = \overrightarrow{I'_s} + \overrightarrow{I_0}$$

Siendo la corriente de vacío I_0, la resultante de la suma de las componentes activa o de pérdidas en el hierro y la magnetizante, creadora de campo magnético:

$$\overrightarrow{I_0} = \overrightarrow{I_{fe}} + \overrightarrow{I_\mu}$$

Este estudio es muy parecido al que se realizó para los transformadores, en el que el campo magnético en el núcleo, esté la máquina en vacío o en carga, es aproximadamente el mismo. La diferencia más notoria de los valores de las magnitudes eléctricas y magnéticas, en comparación con el transformador, está en la corriente de vacío, que en el caso de la máquina de inducción es bastante más elevada que la correspondiente a los transformadores; ya que en las máquinas estáticas el circuito paramagnético es exclusivamente el que corresponde a los entrehierros de unión de chapas, mucho más reducido que el de las máquinas de inducción cuyo entrehierro es el de separación entre estator y rotor, necesario para que no haya colisión entre ambos elementos.

12.3. Circuito equivalente de la máquina asincrónica de inducción

Para realizar el estudio de la máquina asincrónica de inducción, uno de los métodos empleados es el modelo circuital que se obtiene a través de ensayos. Con este modelo se pueden obtener diferentes características de funcionamiento, como las potencias absorbida y suministrada, el rendimiento, el par, las intensidades….

Se iniciará el estudio del circuito equivalente partiendo del caso límite de funcionamiento de la máquina de inducción, que es la máquina frenada, esto es, el rotor parado, que se corresponde con el momento de arranque de la máquina.

12.3.1. Máquina con el rotor frenado o en cortocircuito

Al estar el rotor de la máquina de inducción frenado, tanto los conductores de estator y del rotor cortan las líneas del campo magnético estatórico a la misma velocidad que es la velocidad sincrónica. Por tanto, se tienen ambos devanados sometidos a la acción del mismo campo magnético giratorio, por lo que se induce en ellos sendas fuerzas electromotrices cuyos valores ya se indicaron en el apartado anterior. Puesto que el rotor está frenado y el deslizamiento es la unidad, la frecuencia de las corrientes del rotor es la misma que la frecuencia en el devanado estatórico:

$$E_s = K_s \cdot f_s \cdot N_s \cdot \hat{\phi}$$

$$E_r = K_r \cdot f_s \cdot N_r \cdot \hat{\phi}$$

La aplicación de la ley de ohm a un devanado del estator, dará lugar a la siguiente ecuación:

$$\overrightarrow{U}_s + \overrightarrow{E_s} = R_s\overrightarrow{I_s} + jX_s\overrightarrow{I_s}$$

En la que $R_s\overrightarrow{I_s}$ es la c.d.t. causada por la resistencia del devanado y $X_s\overrightarrow{I_s}$ la c.d.t. por efecto del flujo de dispersión que se crea en el devanado estatórico y no llega al rotórico.

La misma ley aplicada a una fase del devanado del rotor:

$$\overrightarrow{E}_r = R_r\overrightarrow{I_r} + jX_r\overrightarrow{I_r}$$

En la que $R_r\overrightarrow{I_r}$ es la c.d.t. causada por la resistencia y $X_r\overrightarrow{I_r}$ la c.d.t. por efecto del flujo de dispersión que se crea en el devanado del rotor.

Es fácil deducir que en esta situación es cuando mayor intensidad de corriente se generará en el rotor y, por tanto, en los devanados del estator, ya que el deslizamiento es la unidad y la f.e.m. del rotor es la máxima que pueda haber.

El circuito equivalente correspondiente a este funcionamiento es el que se indica en la Figura 12.1.

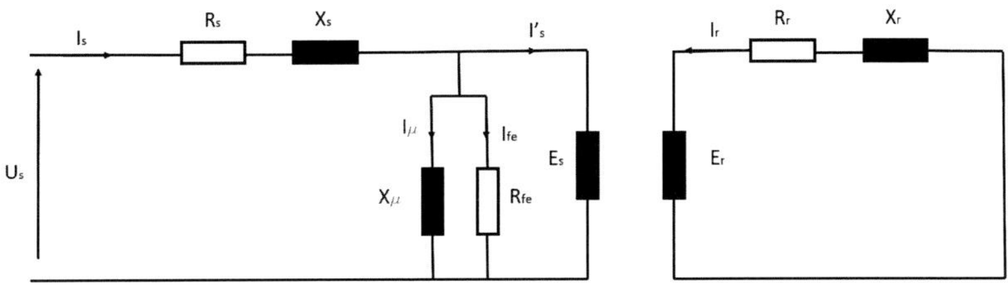

Figura 12.1.

Se puede comprobar que este circuito es similar al de un transformador funcionando en cortocircuito y, al igual que en el estudio se estas máquinas, a través de unas transformaciones se obtiene un circuito equivalente con una sola malla, para ello las magnitudes del rotor se ponen en función de las del estator, multiplicando la ecuación de tensiones por "$\mathbf{r_t}$"y la intensidad de corriente del rotor a través de la relación de intensidades de uno y otro circuito. Realizando estas operaciones, resulta:

$$r_t \cdot \overrightarrow{E_r} = r_t R_r \overrightarrow{I_r} + j r_t X_r \overrightarrow{I_r}$$

$$r_t \cdot \overrightarrow{E_r} = -r_i \; r_t R_r \overrightarrow{I'_s} - j r_i r_t X_r \overrightarrow{I'_r} \; ; \quad \overrightarrow{E_s} = -R'_r \overrightarrow{I'_s} - jX'_r \overrightarrow{I'_s}$$

$$\overrightarrow{U}_s - R'_r\overrightarrow{I'_s} - jX'_r\overrightarrow{I'_s} = R_s\overrightarrow{I_s} + jX_s\overrightarrow{I_s}$$

$$\overrightarrow{U}_s = R'_r\overrightarrow{I'_s} + jX'_r\overrightarrow{I'_s} + R_s\overrightarrow{I_s} + jX_s\overrightarrow{I_s}$$

Y el circuito que cumple esta última ecuación es el de la Figura 12.2, en el que se indican también las intensidades de corriente de vacío:

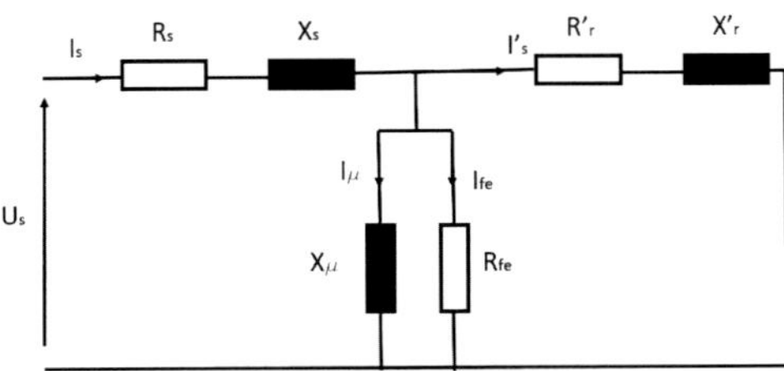

Figura 12.2.

12.3.2. Máquina con el rotor en circuito abierto o en vacío

Si el rotor está en circuito abierto no circula por él ninguna corriente. Esto solo es posible realizarlo en el caso de rotor bobinado estando los anillos colectores sin conexión alguna, ya que si es el rotor de jaula de ardilla no hay posibilidad de actuar sobre él. Bajo esta condición, la intensidad de corriente que circula por el devanado estatórico es únicamente $I_{0,}$ necesaria para crear el campo magnético, además de compensar las pérdidas en el hierro. El funcionamiento real de un motor de inducción que más se aproxima al indicado es el funcionamiento en vacío, ya que en este caso la corriente del rotor es muy pequeña, concretamente, la necesaria para vencer las pérdidas mecánicas, por lo que, prácticamente, la corriente del circuito del estator es igual a la que se produce con el circuito rotórico abierto. El circuito eléctrico equivalente a este funcionamiento (Figura 12.3) es el mismo que en el caso de cortocircuito, en el que se deja abierto el circuito del rotor al no pasar corriente por él.

Como ya se ha indicado, este análisis es muy parecido al que se realiza para los transformadores, la diferencia más importante de los valores de las magnitudes eléctricas y magnéticas, está en la corriente de vacío, que en el caso de la máquina de inducción es bastante más elevada que la correspondiente a los transformadores.

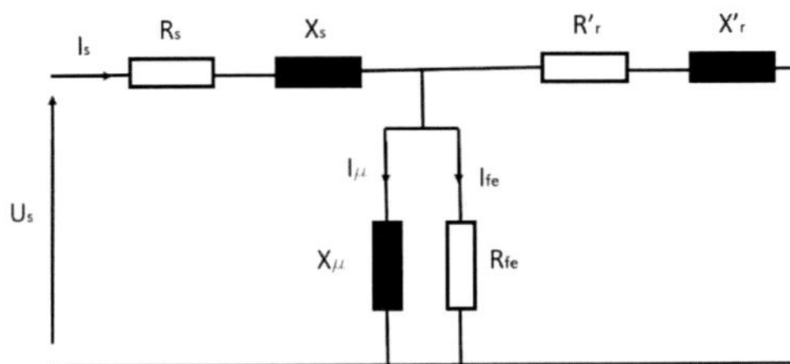

Figura 12.3.

12.3.3. Motor con el rotor en movimiento

Al estar el rotor en movimiento, la frecuencia de las magnitudes del rotor (f.e.m. y corriente) es f_r, diferente de la frecuencia de la red de conexión, de modo que no es tan inmediato la unión de los circuitos del estator y rotor. Para resolver este problema, se realiza una transformación, a fin de tener en ambos circuitos la misma frecuencia y, como en el caso anterior, unir los circuitos en el punto donde se tenga la misma corriente y tensión. El valor de la f.e.m. inducida en una fase del rotor para un deslizamiento "s", es:

$$E_r(s) = K_r \cdot f_r \cdot N_r \cdot \hat{\phi} = K_r \cdot s \cdot f_s \cdot N_r \cdot \hat{\phi} = s \cdot E_r$$

Esto es, el producto del deslizamiento por la f.e.m. inducida en el rotor a la frecuencia de estator

En cuanto a la reactancia del rotor para un deslizamiento "s":

$$x_r(s) = 2 \cdot \pi \cdot f_r \cdot L_r = 2 \cdot \pi \cdot s \cdot f_s \cdot L_r = s \cdot x_r$$

Como en el caso anterior, resulta ser el producto del deslizamiento por la reactancia del rotor a la frecuencia de estator.

De esta forma la ecuación de tensiones del rotor queda:

$$\overrightarrow{E}_r(s) = R_r \overrightarrow{I_r} + jX_r(s)\overrightarrow{I_r}$$

$$s \cdot \overrightarrow{E_r} = R_r \overrightarrow{I_r} + jsX_r \overrightarrow{I_r}$$

$$\overrightarrow{E}_r = \frac{R_r}{s}\overrightarrow{I_r} + jX_r \overrightarrow{I_r}$$

Con esta transformación se obtiene que las magnitudes que dependen de la frecuencia (f.e.m. y reactancia) pulsan a la frecuencia de estator, y la resistencia, que no depende de la frecuencia, queda dividida por el deslizamiento. Por tanto, el circuito del rotor es el mismo que el de la Figura 12.1, donde la resistencia de rotor se sustituye por $\frac{R'_r}{s}$ pero lo importante es que ya queda a la misma frecuencia, tensión y corriente que en el circuito del estator, por tanto, se puede hacer la unión de ambos circuitos de estator y rotor, obteniéndose el de la Figura 12.4, que es el mismo de la Figura 12.2, donde se sustituye R'_r por $\frac{R'_r}{s}$ que se corresponde con la suma de R'_r y $R'_r\left(\frac{1}{s} - 1\right)$.

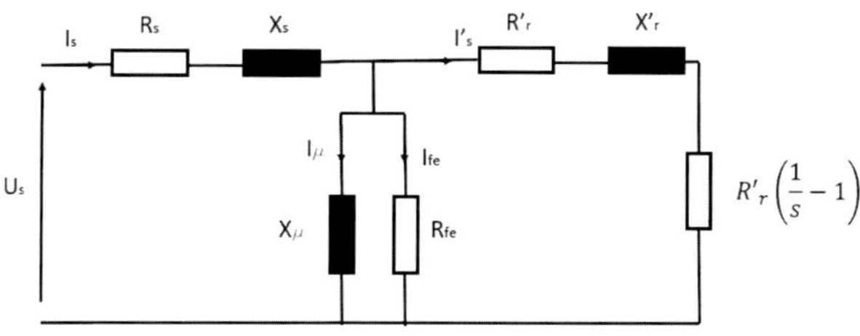

Figura 12.4.

12.3.4. Balance de potencias

Una de las aplicaciones más interesantes del circuito equivalente de la máquina de inducción es realizar el balance de potencias para cualquier funcionamiento de la máquina. Tomando como variable independiente la velocidad de rotación o el deslizamiento y conocidos los valores de los diferentes elementos pasivos (resistencias e inductancias), así como la tensión aplicada, se pueden conocer fácilmente los valores de las corrientes y de las potencias en cada resistencia, por tanto, el flujo de potencias en la máquina.

Así pues, la potencia absorbida por la máquina es el producto: $P_a = \sqrt{3} \cdot U_s \cdot I_s \cdot cos\varphi$

La potencia perdida en los conductores del estator: $P_{cs} = 3 \cdot R_s \cdot I_s^2$

La potencia perdida en el circuito magnético del estator: $P_{fe} = 3 \cdot R_{fe} \cdot I_{fe}^2$

La diferencia entre la potencia absorbida y estas pérdidas es la potencia que el estator entrega al rotor, también llamada potencia en el entrehierro o potencia sincrónica, $P_\delta = T_i \cdot \omega_s$ ya que es el par que realiza e campo magnético del estator sobre el rotor por la velocidad angular del campo magnético del estator y que se puede expresar también por el producto: $P_\delta = \left(\frac{R'_r}{s}\right) \cdot I'^2_s$.

La potencia entregada al rotor se divide en:

Pérdida en los conductores del rotor: $P_{cr} = 3 \cdot R'_r \cdot I'^2_s = s \cdot P_\delta$

Potencia mecánica interna: $P_{mi} = 3 \cdot R'_r \left(\frac{1}{s} - 1\right) \cdot I'^2_s = (1 - s) \cdot P_\delta = T_i \cdot \omega_r$

Observar que de la potencia sincrónica o del entrehierro, la proporción correspondiente al deslizamiento es la potencia perdida en los conductores del rotor y el resto (1-s) es la transformada en mecánica.

La potencia mecánica interna es la ya transformada, de la que una parte se perderá en rozamientos y ventilación $P_{r,v}$, el resto es la potencia en el eje del motor o potencia útil, P_u.

Observar que las pérdidas en el circuito magnético del rotor son despreciables, ya que, excepto en el instante del arranque, la frecuencia en el rotor es muy pequeña y, por tanto, las pérdidas por esta causa.

En la Figura 12.5 se esquematiza el balance de potencias, desde el circuito equivalente y desde un diagrama de flujo de potencia.

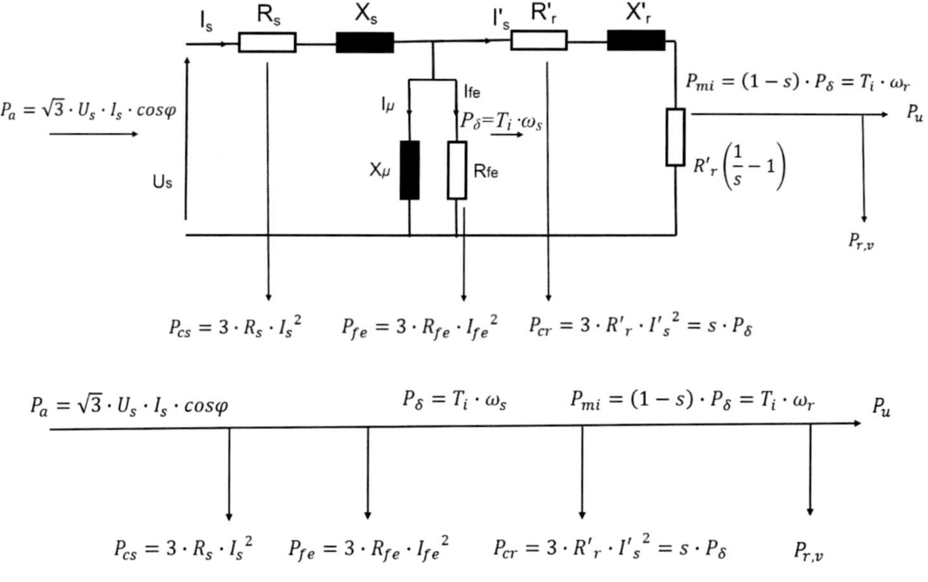

Figura 12.5.

12.4. Circuito equivalente simplificado y ensayos necesarios para su obtención

Para obtener el circuito equivalente de la máquina asincrónica de inducción, y por tanto el valor de los diferentes elementos pasivos que lo componen, se realizan dos ensayos: ensayo en vacío y ensayo con el rotor frenado o en cortocircuito. Además de medir la resistencia de una fase del devanado del estator.

El circuito de la Figura 12.5 tiene la dificultad de poder separar los valores de las reactancias X_s y X'_r, por lo que, para obtener experimentalmente el circuito equivalente, se utiliza el modelo simplificado de la Figura 12.6. Al utilizar este circuito en lugar del de la Figura 12.5, el error que se comete es despreciar los efectos de la corriente de vacío sobre la resistencia y reactancia del estator, efectos que siempre son muy reducidos dado el valor de la corriente de vació en comparación con las de plena carga o similares.

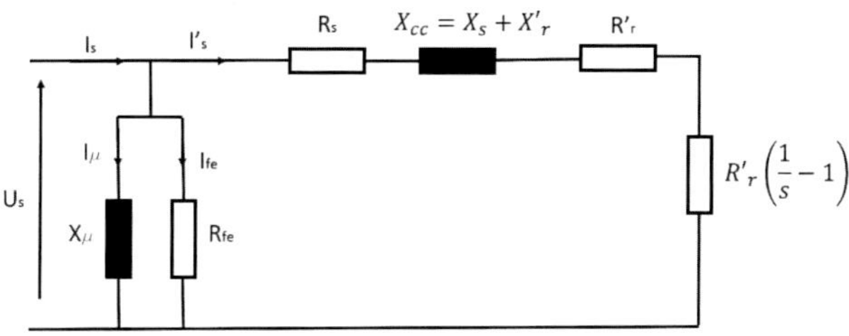

Figura 12.6.

12.4.1. Ensayo en vacío

Consiste en conectar el motor a su tensión nominal y dejar que el rotor gire libremente (en vacío). Al funcionar la máquina en vacío la velocidad de giro será prácticamente la sincrónica, con lo que el deslizamiento tiende a cero y el valor de $R'_r(\frac{1}{s}-1)$ tiende a infinito, por tanto, la intensidad en la rama en la que está este elemento tiende a cero y se despreciará, quedando solamente, a efectos prácticos, la rama de las impedancias R_{fe} y X_m (Figura 12.7).

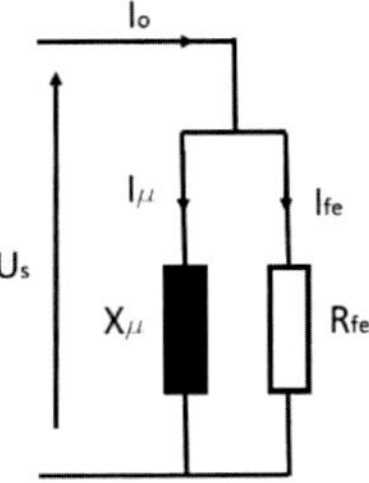

Figura 12.7.

Para realizar el ensayo se disponen los equipos de medida necesarios para obtener la tensión de alimentación U_s y comprobar que es la nominal (U_N), la potencia activa y la intensidad absorbida, que será la intensidad de vacío y que no coincidirá con la I_0 del modelo circuital, ya que en el ensayo la corriente de vacío incluye a la magnetizante I_m, y la activa por las pérdidas mecánicas y en el hierro, mientras que en el caso del circuito equivalente la corriente de vacío incluye la magnetizante y, solamente, la de pérdidas en el hierro.

Así pues, la potencia activa medida será:

$$P_o = P_{fe} + P_{r,v} + P_{cso}$$

$P_{o,}$ potencia activa en vacío, que se corresponde con la suma de las pérdidas mecánicas por rozamiento y ventilación ($P_{r,v}$), las pérdidas en el hierro (P_{fe}) y las pérdidas por efecto Joule al paso de la corriente de vacío por los devanados del estator (P_{cso}).

Se pueden separar los tres sumandos de la siguiente forma:

En primer lugar, las perdidas en los conductores, queda determinada por la expresión:

$$P_{cso} = 3 \cdot R_s \cdot I_o^2$$

Y se obtiene de la corriente medida y de la resistencia del devanado estatórico (R_s) que se puede determinar midiéndola con un polímetro.

Por otro lado, para separar las pérdidas en el hierro (P_{fe}), y las producidas por rozamiento y ventilación ($P_{r,v}$), se puede realizar dos ensayos en vacío a diferentes tensiones. Puesto que la velocidad es prácticamente invariable con la tensión y las pérdidas en el hierro dependen, aproximadamente, del cuadrado de la tensión, las ecuaciones de las pérdidas en vacío con dos tensiones diferentes serán:

$$P_o(U_N) = P_{fe} + P_{r,v} + P_{cso}$$

$$P_o\left(U_e \neq U_N\right) = \left(\frac{U_e}{U_N}\right)^2 P_{fe} + P_{r,v} + P'_{cso}$$

Las pérdidas en los conductores de estator debido a la corriente de vacío se obtienen por las ecuaciones:

$$P_{cso} = 3 \cdot R_s \cdot I_{cso}{}^2$$

$$P'_{cso} = 3 \cdot R_s \cdot I'_{cso}{}^2$$

Las magnitudes sin apostrofe corresponden a los ensayos realizados a tensión nominal y con los apostrofes a los realizados a tensión reducida. De esta forma quedarían dos ecuaciones con dos incógnitas de las que fácilmente se obtendría las pérdidas en el hierro y las pérdidas mecánicas.

Para determinar los valores de R_{fe} y de X_m se pueden utilizar las ecuaciones:

$$R_{fe} = \frac{U_N{}^2}{P_{fe}/3}$$

$$X_\mu = \frac{U_N{}^2}{Q_0/3}$$

Siendo la potencia reactiva de vacío (Q_0), obtenida por:

$$Q_o = \sqrt{\left(3 \cdot U_N \cdot I_o\right)^2 - P_o{}^2}$$

Conocido el valor de R_{fe} y X_m se podrá determinar el valor de la corriente de vacío correspondiente al circuito equivalente.

12.4.2. Ensayo con el rotor frenado o en cortocircuito

Este ensayo se realiza frenando el rotor y aplicando tensión al devanado estatórico. Como la velocidad es nula, el deslizamiento relativo es la unidad por lo que la resistencia $R'_r(\frac{1}{s}-1)$ se anula y la intensidad de corriente sería muy elevada si se realizara a tensión nominal, por ello hay que hacer el ensayo a tensión reducida, comprobando que la intensidad de corriente no supere la nominal. Al efectuar el ensayo a tensión reducida, la intensidad de vacío es muy pequeña frente a la que circula por las impedancias X_{cc}, R_s y R'_r por lo que la rama en la que están R_{fe} y X_m no se considera, resultando, por tanto, que el circuito equivalente para este ensayo será el indicado en la Figura 12.8.

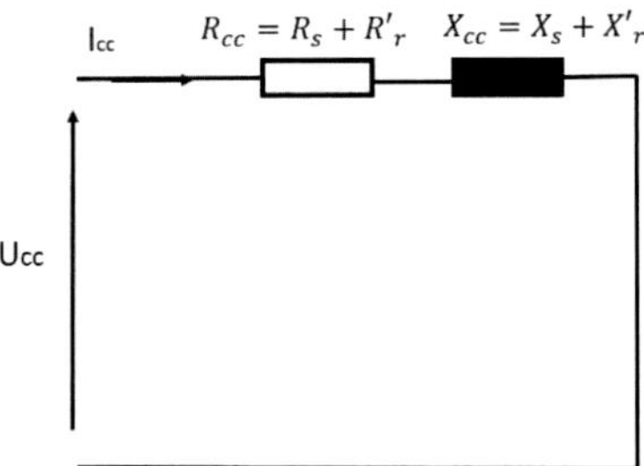

Figura 12.8.

Midiendo la potencia activa (P_{cc}), la tensión (U_{cc}) y la intensidad absorbida (I_{cc}) se puede obtener la potencia activa, la aparente y la reactiva y con ellos los valores de las impedancias Xcc R_{cc}:

$$R_{cc} = R_s + R'r = \frac{P_{CC}}{3 \cdot I_{CC}^2}$$

Como la resistencia R_s se puede obtener midiéndola directamente con un polímetro, se pueden separar las resistencias de estator y la equivalente del rotor R'_r:

$$R'r = R_{cc} - R_s$$

El cálculo de la reactancia de cortocircuito X_{cc} se obtiene a partir de la potencia reactiva de cortocircuito:

$$Q_{cc} = \sqrt{(3 \cdot U_{1cc} \cdot I_{1cc})^2 - P_{cc}^{\ 2}}$$

$$X_{cc} = \frac{Q_{cc}}{3 \cdot I_{cc}^2}$$

El ensayo con el rotor frenado se debe de realizar a tensión reducida para evitar corrientes elevadas en los devanados, no obstante, los valores de los elementos pasivos son independientes de la tensión de alimentación.

12.5. Obtención de las ecuaciones del par motor y de la intensidad

12.5.1. Par motor

Del circuito equivalente simplificado (Figura 12.6), tomando como variable independiente el deslizamiento, relacionado con la velocidad de giro del motor, se pueden obtener diversas magnitudes de funcionamiento, como son la intensidad de corriente absorbida, las pérdidas en los diferentes elementos de la máquina, el flujo de potencia (Figura 12.5), la potencia mecánica y el par.

En primer lugar, la intensidad de corriente absorbida, para una velocidad "n_r" o deslizamiento "s" es la suma de la corriente de vacío I_o y la corriente de rotor reducida a estator:

$$\overrightarrow{I_s} = \overrightarrow{I'_s} + \overrightarrow{I_0}$$

La corriente de vacío y sus componentes se pueden obtener a partir de la resistencia de pérdidas en el hierro (R_{fe}) y de la reactancia magnetizante, (X_m). En cuanto a la intensidad I'_s mediante el cociente:

$$I'_s = \frac{U_s}{\sqrt{\left(\frac{R'_r}{s} + R_s\right)^2 + X_{cc}{}^2}}$$

La potencia mecánica interna es la disipada en la resistencia $R'_r\left(\frac{1}{s} - 1\right)$, por tanto, su valor será:

$$P_{mi} = 3 \cdot I'_s{}^2 \cdot R'_r \left(\frac{1}{s} - 1\right)$$

Y, por último, el par interno, cociente entre la potencia mecánica interna y la velocidad angular:

$$T_i = \frac{P_{mi}}{\omega_r} = \frac{3 \cdot I'_s{}^2 \cdot R'_r \left(\frac{1-s}{s}\right)}{\omega_s(1-s)} = \frac{3 \cdot R'_r}{\omega_s \cdot s} \cdot \frac{U_s^2}{\left(\frac{R'_r}{s} + R_s\right)^2 + X_{cc}{}^2}$$

Para una tensión y frecuencia constantes, de esta ecuación se obtiene que, cuando el deslizamiento es muy pequeño, tendente a cero, el factor R'_s/s es mucho más grande que los otros sumandos del denominador, por lo que pueden despreciarse y resulta que el par es proporcional al deslizamiento, mientras que para deslizamientos que tienden a 1, el término X_{cc} es mucho más grande que los otros sumandos, luego en este caso el par es inversamente proporcional al deslizamiento.

De esta deducción se obtiene que en la característica T = f (s) hay un máximo, dado que para valores reducidos del deslizamiento el par aumenta y posteriormente, para los valores elevados, el par disminuye. Derivando e igualando a cero se obtiene que el deslizamiento de par máximo es:

$$s_{Tmax} = \frac{R'_r}{\sqrt{R'_r{}^2 + X_{cc}^2}}$$

y el valor correspondiente del par:

$$T_{max} = \frac{3}{2\omega_s} \cdot \frac{U_s^2}{R_s + \sqrt{R'^2_r + X_{cc}^2}}$$

Así pues, la característica del par con el deslizamiento tiene la forma que se indica en la Figura 12.9 y, teniendo en cuenta la relación entre la velocidad y el deslizamiento, la característica del par con la velocidad del rotor n_r es la que se presenta en la Figura 12.10, en la que se han indicado tres puntos característicos, el de funcionamiento nominal (1), el de par máximo (2) y el de arranque (3). Las relaciones entre los valores del par para estos tres puntos en máquinas comerciales son, aproximadamente, las siguientes: el par máximo unas 3 veces el nominal y el de arranque unas 2,5 veces el nominal. En la misma gráfica se ha representado también otras dos características de par T_{r1} y T_{r2} que corresponden a dos posibles mecanismos que accione el motor, uno de par constante con la velocidad y el segundo del par creciente con la velocidad. El conjunto motor mecanismo funcionará en un punto en el que se crucen las características de par y velocidad (4 para T_{r2} y 5 para T_{r1}). De forma que en el arranque cuando el par motor es superior al resistente, el conjunto acelerara hasta que los pares motor y resistente se igualen.

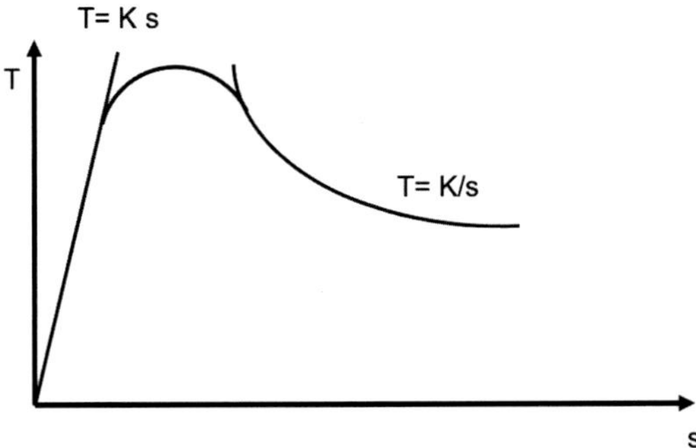

Figura 12.9.

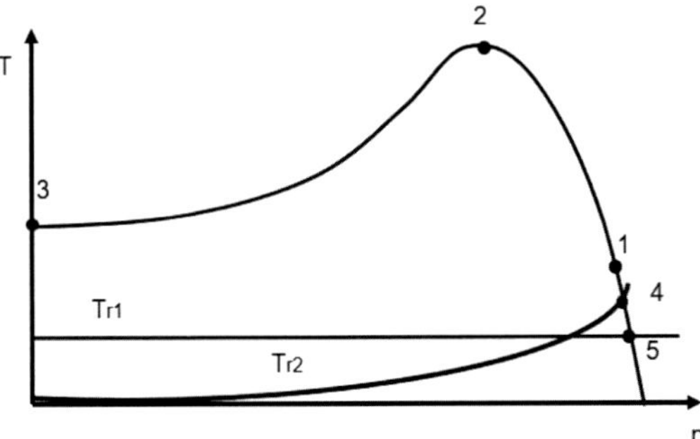

Figura 12.10.

Observar que a la derecha del punto 2 el funcionamiento del motor es estable ya que, ante un aumento de par resistente, la velocidad disminuye y el motor responde con un aumento del par motor, volviendo, otra vez al equilibrio de pares. A la izquierda del punto 2, si el par resistente aumenta, la velocidad disminuye y el motor responde con una disminución de par, lo que terminará parando al motor. El límite de funcionamiento del motor corresponde con el punto 2, que es el máximo par que puede proporcionar. De forma que si el motor está funcionando a la derecha del punto de par máximo y se producen aumentos de par, la velocidad del conjunto irá en disminución hasta alcanzar el par máximo, a partir de este valor, si sigue aumentando el requerimiento del sistema accionado, el motor se parará.

12.5.2. Intensidad

La característica de la intensidad se puede obtener de las ecuaciones derivadas del circuito equivalente:

$$\vec{I_s} = \vec{I'_s} + \vec{I_0}$$

$$I'_s = \frac{U_s}{\sqrt{\left(\frac{R'_r}{s} + R_s\right)^2 + X_{cc}^2}}$$

Como ya se ha indicado anteriormente, la intensidad de vacío depende del estado magnético de la máquina, relacionado con la corriente de magnetización y la de pérdidas en el hierro, ambas dependientes de la tensión y, por otra parte, de las pérdidas mecánicas, que están relacionadas con la velocidad de rotación. De modo que, si la máquina funciona a tensión constante y velocidad prácticamente invariable, se puede considerar que la corriente de vacío se mantendrá constante para cualquier régimen de funcionamiento.

Para deslizamientos próximos a cero la ecuación de I'_s se aproximará a la siguiente expresión:

$$I'_s = \frac{U_s}{R'_r} s$$

Ya que el término R'_r/s es mucho mayor que los otros sumandos. Y para deslizamientos tendentes a la unidad, el término que prevalecerá es X_{cc} por tanto la intensidad será constante. Enlazando ambas curvas se obtiene la característica de la intensidad I'_s con el deslizamiento, indicada en la Figura 12.11. La característica de la intensidad con la velocidad se incluye en la Figura 12.12 en la que se ha indicado el punto de funcionamiento nominal. Observar que la intensidad de arranque (n_r=0) es muy elevada y puede llegar a valer 7-8 veces la intensidad nominal.

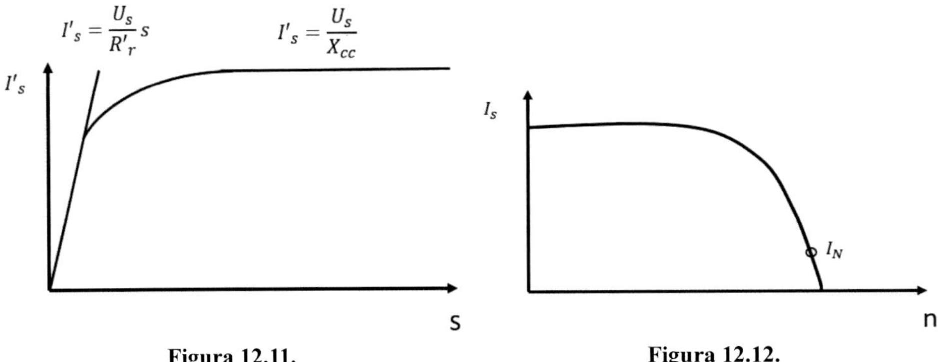

Figura 12.11. **Figura 12.12.**

12.5.3. Arranque del motor de inducción

Por un lado, la intensidad de corriente en el arranque llega a valer 7-8 veces la nominal y por otro, el par en el arranque no es proporcional a la corriente absorbida, sino que es, aproximadamente, 2 o 3 veces el nominal. Esta desproporcionalidad es consecuencia del desfase entre los campos magnéticos estatórico y del rotor, que depende de la naturaleza de la impedancia del rotor. Cuanto mayor sea la componente inductiva, mayor desfase hay entre la f.e.m. y corriente del rotor y las direcciones de los fasores de los campos magnéticos estatórico y rotórico se acercan más a los 0°, produciéndose, por tanto, un par menor. Como en el arranque el deslizamiento es igual a 1, la frecuencia de las corrientes rotóricas, cuyo valor es: $f_r = s \times f_s$, resultará: $fr = f_s$, en consecuencia, la impedancia del rotor en este proceso tiene un carácter inductivo muy acentuado, mayor que en cualquier otro punto de funcionamiento, con lo que el desfase entre la f.e.m. y la intensidad será el máximo que pueda haber y en consecuencia se tendrá un par relativamente bajo.

Esta deducción también se puede hacer mediante la ecuación del par o de la característica de éste con la velocidad.

Así pues, por un lado, es necesario limitar la corriente de arranque y por otro aumentar en la medida de lo posible el par motor en el arranque. Para reducir la corriente de arranque se utilizan dos métodos:

- Aumentar la impedancia rotórica.
- Reducir la tensión.

12.5.3.1. Aumentar impedancia del rotor

Este método se puede utilizar exclusivamente en los motores con rotor bobinado. El rotor de este tipo de máquina se conecta a unas resistencias exteriores en el arranque, con lo que se limita la corriente, obteniendo, además, un circuito rotórico de tipo óhmico, con lo que se produce un aumento del par dado el menor desfase entre f.e.m. y corriente del rotor. A medida que la máquina adquiere velocidad se eliminan progresivamente las resistencias de arranque hasta dejarlas totalmente cortocircuitadas.

En la Figura 12.13 se puede observar el circuito eléctrico de un motor de inducción con rotor bobinado y resistencias de arranque.

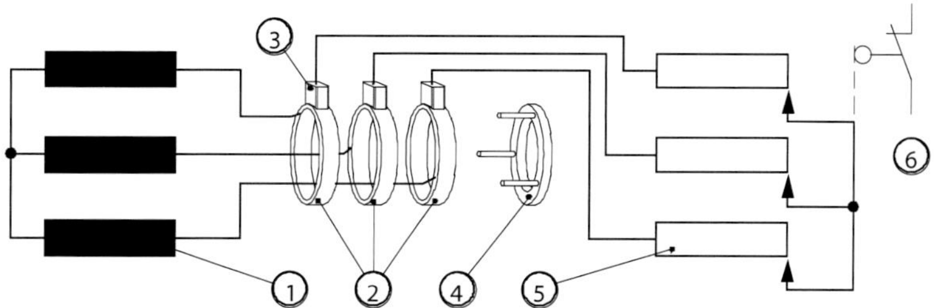

Figura 12.13. 1. Devanado rotorico. 2. Colector de anillos. 3. Escobilla. 4. Anillo de cortocircuito. 5. Resistencias de arranque. 6. Final de carrera de posición de arranque.

12.5.3.2. Reducir la tensión mediante arrancador estrella-triángulo

Uno de los procedimientos más usuales para arrancar los motores con rotor en jaula de ardilla es limitar la tensión en los devanados de la máquina con el arranque denominado estrella-triángulo que, como se puede ver en la Figura 12.14, consiste en conectar inicialmente los devanados del estator en estrella, cerrando los contactores CL y CE para que, una vez gire a la velocidad nominal o próxima a ella, conectarlos en triángulo al abrir el contactor CE y cerrar el CT. El procedimiento solo se puede emplear en máquinas que deban conectarse normalmente en triángulo, es decir, que la tensión de la red sea la más pequeña de las dos que se muestran en la placa de características del motor.

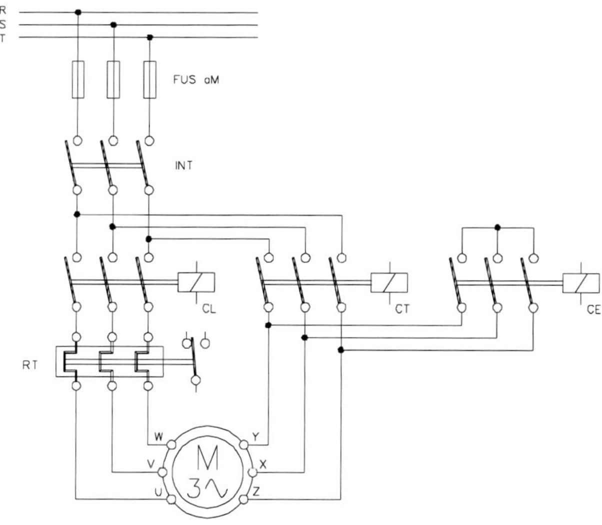

Figura 12.14.

De esta forma, la intensidad de corriente en la línea queda disminuida en 3 veces de la que se tendría si se conectara directamente en triángulo, ya que la relación entre las corrientes en una conexión estrella o triangulo es √3 y, por otro lado, al estar el motor conectado en estrella la tensión en los devanados es también√3 menor:

$$I_{L\Delta} = \sqrt{3} \cdot I_{D\Delta} = \sqrt{3} \cdot \sqrt{3} \cdot I_{DY} = 3 \cdot I_{LY}$$

Igualmente, el par de arranque se reduce 3 veces, pues el par motor depende del cuadrado de la tensión, y como ésta disminuye en √3 , el par se reducirá tres veces.

La disminución del par en el arranque puede plantear el problema de que el motor no se ponga en movimiento. Efectivamente, en general un conjunto motor y mecanismo, como es el caso de un accionamiento mediante motor asincrónico de inducción, aumenta la velocidad si el par motor es mayor que el resistente: $T_m > T_r$, de lo contrario, la velocidad disminuirá: $T_m < T_r$. Si el par motor y el resistente son iguales ($T_m = T_r$), se producirá un movimiento a velocidad constante: Observando la característica par-velocidad (Figura 12.15) de un motor asincrónico conectado en triángulo y se compara con la del mismo motor conectado en estrella, por la relación cuadrática existente entre el par motor y la tensión, las ordenadas de la segunda deben ser aproximadamente tres veces inferiores a las correspondientes de la conexión triángulo. Si la característica de par resistente es la indicada como par resistente 1 (por ejemplo característica típica de un montacargas o ascensor), se observa que en el arranque el par resistente es mayor que el par motor para conexión estrella, por lo que el motor no arrancará. Por lo que en este caso se deberá utilizar un arranque directo u otro procedimiento que se estudiará más adelante. En cambio, si la característica de par resistente es la indicada como par resistente 2 (típica de un ventilador o una bomba centrífuga) el motor arrancará con la conexión en estrella, acelerándose hasta llegar al punto de estabilidad 1 y pasando a funcionar en el punto de estabilidad 2 cuando efectúe la conmutación a conexión triángulo.

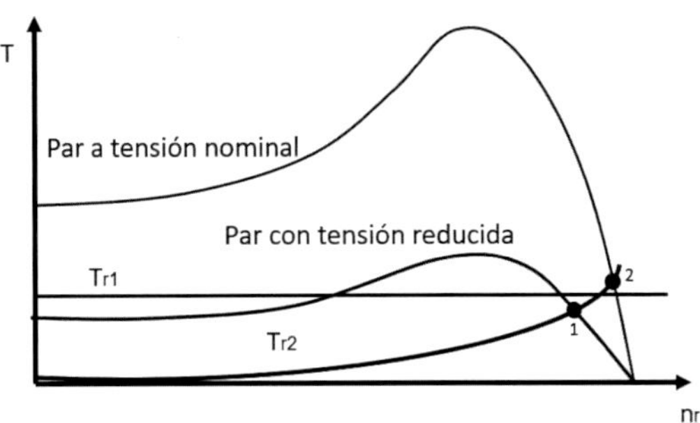

Figura 12.15.

12.5.3.3. Reducir la tensión mediante arrancador suave

Con el método anterior se consigue reducir la intensidad de arranque del motor con una sola posibilidad, que es una reducción a la tercera parte, con lo que el par se reduce en tres veces y siempre que el motor lo admita por conectarse habitualmente en triángulo.

Para conseguir diferentes posibilidades de tensiones de arranque se debe recurrir a procedimientos que puedan variar la tensión desde cero hasta la nominal. Se puede resolver mediante resistencias de arranque o con autotransformadores, que son métodos antiguos en desuso por su elevado coste y por consumo energético. Lo más habitual en la actualidad es la utilización de arrancadores suaves, que son equipos electrónicos en los que se programa una tensión inicial de arranque y el tiempo que transcurre desde esa tensión inicial hasta la máxima programada, que suele ser la nominal del motor. En cada fase de la red de alimentación se disponen tiristores o IGBTs en antiparalelo (Figura 12.16a) que irán abriendo el paso de corriente de forma programada en cada semiciclo, inicialmente dejando abierto el paso de corriente muy poco tiempo por semiciclo e ir aumentando el tiempo de apertura progresivamente hasta dejarlo totalmente abierto. (Figura 12.16b)

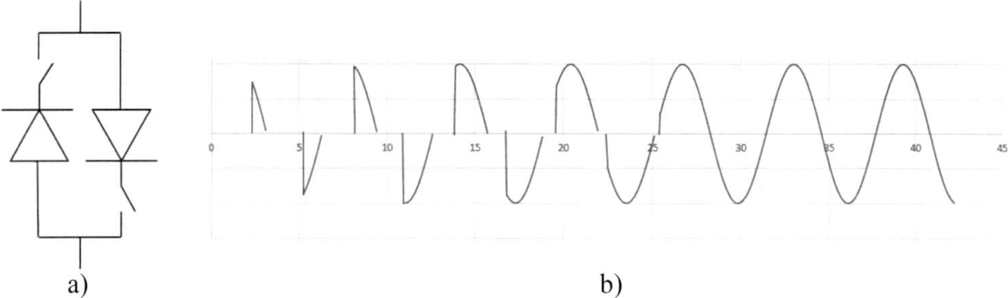

Figura 12.16. a) y b).

12.5.4. Aumento del par: utilización de rotores con dobles jaulas y ranuras profundas

Para conseguir aumentar el par de arranque se pueden utilizar diversos procedimientos, como es el caso de los motores que tienen el rotor con doble jaula o con ranuras profundas, como se muestran en la Figura 12.17. Estas Figuras son imágenes de las chapas del rotor de tres máquinas diferentes. Los conductores están situados en los espacios que quedan entre los dientes, esto es, en las ranuras. La Figura "a" corresponde a un rotor con jaula normal, la "b" a uno con doble jaula y la "c" a otro con ranuras profundas.

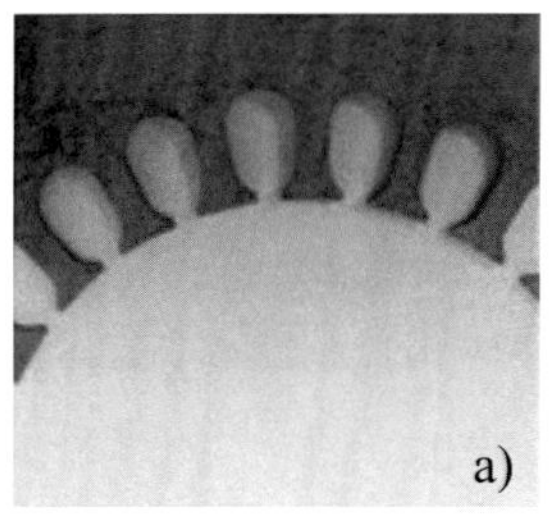

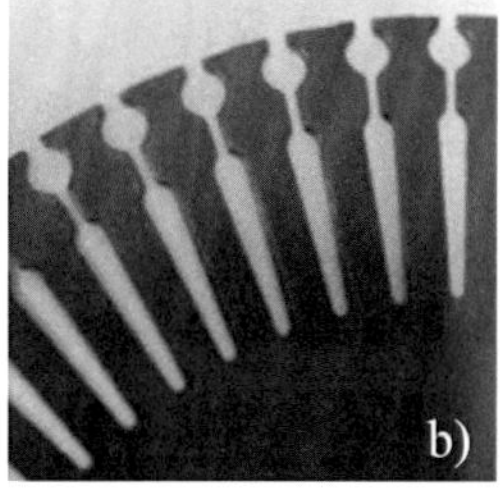

Figura 12.17. a), b) y c).

Observando el rotor de doble jaula, se comprueba que las secciones de las barras externas (1) es inferior a la de las interiores (2) por lo que la resistencia eléctrica de las exteriores es mayor que la resistencia de las internas, al contrario de lo que ocurre con las inductancias, ya que el flujo de dispersión circula más fácilmente por las interiores que por las de externas:

$$L_1 < L_2$$

$$R_2 < R_1$$

En el arranque, cuando la frecuencia rotórica es elevada y, por tanto, la impedancia correspondiente, la corriente circula principalmente, por la jaula exterior, por tener menor impedancia resultante. Esta jaula tiene mayor componente óhmica, consiguiendo por tanto un par de arranque mayor con una corriente más reducida.

Cuando el motor gira a velocidad estable (nominal o próxima a ella) circulará más corriente por la jaula interior, ya que la frecuencia es reducida y la reactancia, prácticamente no tiene trascendencia.

$$Z_1 = R_1 + j\,2\pi s f_s L_1$$

$$Z_2 = R_2 + j\,2\pi s f_s L_2$$

En el arranque, $S \cong 1$: $Z_1 < Z_2$ y la mayor parte de la intensidad circula por los conductores externos.

En el funcionamiento a velocidad próxima a la sincrónica $S \cong 0$: $Z_2 < Z_1$ y la mayor parte de la intensidad circula por los conductores internos.

Algo similar ocurre con el rotor de la Figura “c”, en este caso, durante el arranque la corriente eléctrica circula principalmente por la zona exterior, con mayor resistencia y, en el funcionamiento a velocidad próxima a la sincrónica, se distribuirá uniformemente por toda la ranura.

12.5.5. Regulación de la velocidad

El motor de inducción tiene una característica par-velocidad muy rígida en la zona de funcionamiento estable, es decir, que para el funcionamiento con pares en el entorno del nominal y hasta el par máximo, la velocidad es, prácticamente, constante. Si a esta propiedad se une la sencillez de construcción, determina que la máquina asincrónica de inducción es idónea para aplicaciones en las que se requiere una velocidad de funcionamiento con pocas variaciones.

Se estudiará a continuación los procedimientos más usuales para conseguir que el motor de inducción funcione a diversas velocidades. Para ello se tendrá en cuenta la ecuación que define la velocidad del rotor:

$$n_r = n_s \cdot (1 - s) = \frac{60 \cdot f_s}{p} \cdot (1 - s)$$

De la que se deduce que la velocidad depende del número de polos, del deslizamiento y de la frecuencia.

12.5.5.1. Regulación por variación del número de polos

Variando el número de polos del devanado estatórico de la máquina, se modifica la velocidad del campo giratorio y, en consecuencia, la velocidad de rotación del motor. Para aplicar este procedimiento es necesario que el motor disponga de varios devanados en el estator, conectando el que proceda, según la velocidad que se requiera.

Un caso particular de este método es la denominada Conexión DAHLANDER que consiste en dividir cada devanado estatórico en dos partes iguales, que pueden ponerse en serie o paralelo, reduciendo el número de polos a la mitad, modificando, de esta forma, la velocidad del campo magnético estatórico y por tanto la del rotor.

El inconveniente de estos procedimientos es que se obtiene una regulación de la velocidad discreta, esto es, la máquina podrá funcionar a tantas velocidades como diferentes devanados se dispongan en el estator. Aunque es un método caro, ya que hay que disponer diferentes circuitos en el estator, se utiliza en algunas aplicaciones como en elevadores que funcionan a dos velocidades: la de funcionamiento normal y la de aproximación.

12.5.5.2. Regulación por variación del deslizamiento

El deslizamiento se puede modificar variando la resistencia del rotor y también variando la tensión de alimentación. Mediante estos dos procedimientos se consigue modificar la característica del par en función de la velocidad. Efectivamente, las diferentes características de par para varias tensiones son las indicadas en la Figura 12.18, siendo la característica del par más próxima al eje de abscisas a medida que la tensión es menor. Si la característica de par resistente es la indicada en la figura, se observa que para cada tensión de alimentación la velocidad de funcionamiento será diferente. Este método tiene la desventaja de que las corrientes son elevadas, ya que lo es también el deslizamiento, además de no poderse utilizar para mecanismos que requieran pares elevados.

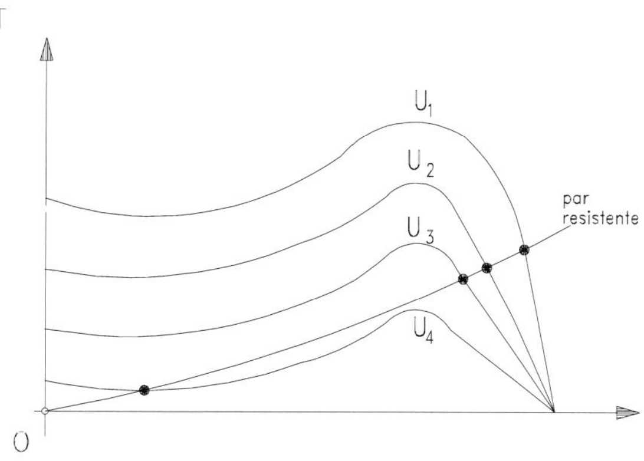

Figura 12.18.

12.5.5.3. Arranque y regulación de la velocidad por variación de frecuencia

Para soslayar los problemas que el motor de inducción tiene, tanto en el arranque como para conseguir variar su velocidad, se utilizan variadores electrónicos de frecuencia, cuya función es la de obtener magnitudes de tensión y frecuencia variables a voluntad, a partir de unos valores de estos parámetros fijos. El equipo que realiza esta función es un grupo rectificador-inversor que recibe el nombre genérico de variador de velocidad.

Estos dispositivos pueden proporcionar frecuencias inferiores o superiores a la de alimentación, pero hay que tener en cuenta que, aunque el par es proporcional al flujo, un aumento del flujo por encima del valor para el que está diseñado el motor puede producir problemas de calentamiento, por pérdidas en el hierro y por el aumento desmesurado de la corriente de vacío al entrar la máquina en saturación. Por ello, para frecuencias inferiores a la nominal del motor conviene reducir, en la misma proporción o similar, la tensión de alimentación, resultando un valor de flujo prácticamente constante, según se deduce de la ecuación de la tensión: $U \approx E = K \cdot \hat{\Phi} \cdot N \cdot f$. En cambio, para frecuencias superiores a la nominal se mantiene la tensión en el valor nominal.

En la Figura 12.19 se muestran las características de par-velocidad de un motor de inducción para diferentes valores de frecuencia y tensión. Las características indicadas tienen el mismo valor de par máximo para frecuencias inferiores a la nominal, ello es debido a que, como se ha indicado antes, para estas frecuencias se reduce la tensión en la misma proporción que la frecuencia. En cambio, la tensión permanece constante para frecuencias superiores a la nominal, por tanto, en estos casos el par máximo disminuye. En la gráfica inferior se observa que, para frecuencias inferiores a la nominal, la potencia máxima aumenta linealmente, ya que el par es constante y la velocidad crece, mientras que, para frecuencias superiores a la nominal, la potencia máxima se mantiene constante, ya que el par disminuye y la velocidad aumenta en la misma proporción.

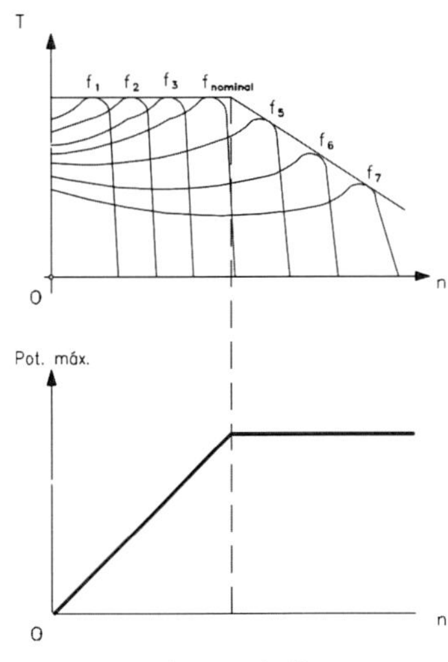

Figura 12.19.

Con estos procedimientos se consigue variar la velocidad, pero, además, se consigue arrancar con pares elevados debido a la reducción de frecuencia y la consiguiente disminución de la componente reactiva del rotor, a la vez que la intensidad de arranque se reduce debido a la disminución de la tensión aplicada. Para conseguir el máximo par en el arranque, que se produce cuando los fasores correspondientes a los campos magnéticos estatórico y rotórico estén en cuadratura, se debe realizar un control de par, mediante controles vectoriales o controles directos de par.

12.6. Generadores asincrónicos

Si mediante un accionamiento acoplado a una máquina asincrónica de inducción, se hace girar el rotor en el mismo sentido del campo magnético estatórico y a una velocidad superior a la sincrónica, el desplazamiento relativo de los conductores del rotor respecto del campo magnético del estator cambia de sentido, es decir, si, en el funcionamiento como motor los conductores del rotor se desplazan en un sentido respecto del campo magnético del estator, cuando el rotor gire a mayor velocidad que el campo del estator, este desplazamiento será el opuesto, en consecuencia las f.e.m.s inducidas y las corrientes en los conductores del rotor se invierten respecto al funcionamiento como motor. Como los amperios-vuelta de estator y rotor se deben compensar, cambiarán de dirección las intensidades del sistema estatórico, pasando a suministrar energía al exterior, esto es la máquina pasa a funcionar como generador. En la Figura 12.20 se observa que, para el funcionamiento como motor, el desplazamiento relativo del rotor respecto al campo magnético estatórico es el opuesto al que se tiene funcionando como generador, por ello, el sentido de las corrientes rotóricas es opuesto en uno y otro caso. Para que se produzca la situación descrita, en la máquina debe existir previamente un campo magnético giratorio, siendo la corriente que genera este campo la suministrada por la red a la que está conectado el generador, es decir, el generador asincrónico no produce la energía reactiva necesaria para su funcionamiento, sino que la debe absorber de la red.

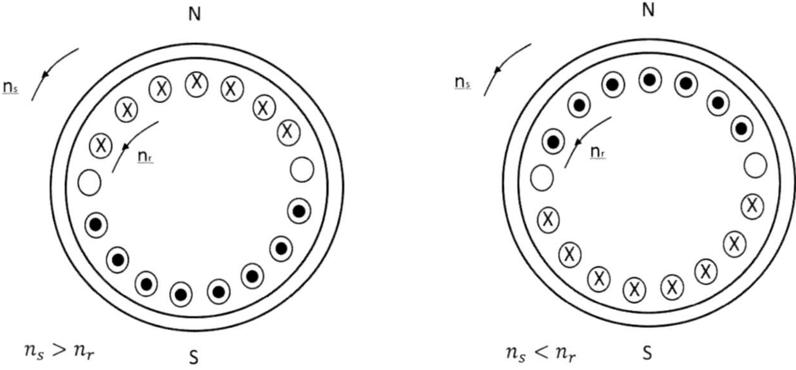

Figura 12.20.

La principal aplicación de la máquina de inducción funcionando como generador es, en la actualidad, en los aerogeneradores para producir energía eléctrica mediante el recurso eólico. El principal problema que tienen estas máquinas, por lo que se ha estudiado hasta el momento, es la poca flexibilidad de funcionamiento, esto es, tienen un rango muy reducido de velocidades de funcionamiento. En la Figura 12.21 se observa la característica del par en función de la velocidad, tanto para el caso de motor como para el de generador. El rango de velocidades en el primer caso es el limitado por las líneas "a" y "b" y para el funcionamiento como generador es el comprendido entre las líneas "b" y "c". Por lo que se comprueba que es un rango muy reducido de velocidades, siendo que la velocidad del viento, productora de la energía, es muy variable. Pues bien, además de los sistemas de regulación de las palas de los aerogeneradores a través de la inclinación de estas según la velocidad del viento, que determinará mayor o menor sustentación y, en consecuencia, mayor o menor acción del viento sobre la pala, se recurre a diferentes métodos de control del generador. Para ello se disponen máquinas de inducción con rotor bobinado, por lo que se puede acceder a las corrientes rotóricas. El rotor se conecta a la red de conexión eléctrica mediante un grupo rectificador inversor, por lo que se puede controlar la frecuencia de las corrientes rotóricas. Al controlar las corrientes del rotor, tanto en frecuencia como en amplitud, se está haciendo que esta máquina funcione como si fuera una máquina sincrónica y en consecuencia con las corrientes del rotor se puede regular potencia activa y reactiva, siempre que haya suficiente recurso eólico.

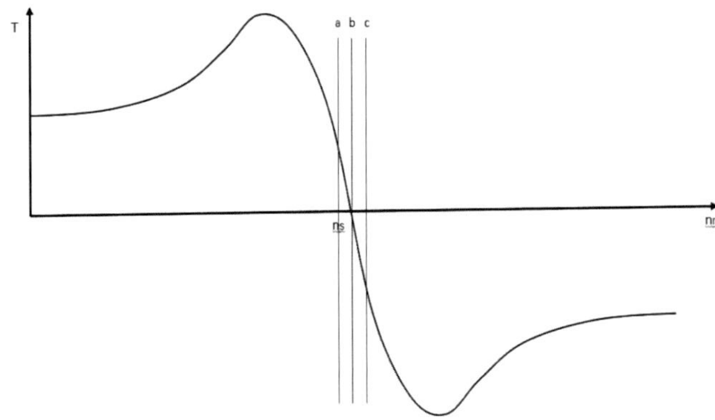

Figura 12.21.

12.7. Motores de inducción monofásicos

En el estudio de las máquinas de inducción trifásicas funcionando como motor, se parte de que hay tres devanados conectados a un sistema de tensiones trifásico, con lo que se consigue un campo magnético giratorio. En el caso de las máquinas monofásicas, al haber un solo devanado se va a producir un solo campo magnético estático en el espacio, aunque de módulo variable en el tiempo. Para conseguir el campo giratorio se necesita otro devanado auxiliar cuya corriente esté desfasada respecto del principal. Hay varias formas de conseguirlo lo que determina diferentes disposiciones constructivas de la máquina de inducción monofásica.

En referencia al rotor de estos motores, es siempre del mismo tipo que los de las máquinas trifásicas: rotor en jaula de ardilla.

12.7.1. Principio de funcionamiento de la máquina de inducción monofásica con devanado auxiliar

Una de las formas constructivas del motor de inducción monofásico es la indicada en la Figura 12.22. Existen dos devanados, el principal que ocupa las ranuras 1-6 y 1'-6', y el auxiliar, utilizado para el arranque, que ocupa las ranuras restantes.

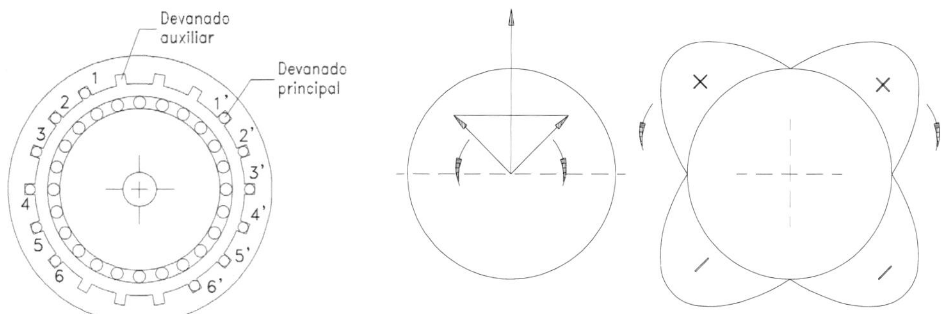

Figura 12.22. **Figura 12.23.**

El devanado principal, al ser recorrido por una corriente alterna, produce un campo magnético que mantiene la misma dirección en el tiempo, pero su intensidad se modifica. Esto es, se produce un campo del eje fijo en el espacio, pero de intensidad variable en el tiempo. Este campo magnético puede ser descompuesto en dos idénticos que son de intensidad constante en el tiempo, pero giran a la velocidad sincrónica en sentidos opuestos (Figura 12.23):

$$V_{R\theta} = \hat{V}cos(\omega t)\cdot cos(\theta)$$

$$V_{total} = \frac{1}{2}\hat{V}cos(\omega t - \theta) + \frac{1}{2}\hat{V}cos(\omega t + \theta)$$

La consecuencia de la existencia de estos dos campos es que el rotor será arrastrado en la dirección de cualquiera de ellos y con el mismo par, por lo tanto, quedará inmóvil. Efectivamente, al analizar la característica par-deslizamiento que producen ambos campos sobre el rotor, se observa que para un deslizamiento unidad, el par es el mismo, pero los sentidos son opuestos (Figura 12.24).

Si se inicia el giro del rotor en una dirección, por ejemplo, hacia la derecha, el deslizamiento respecto del campo que gira en este mismo sentido disminuirá, y el par correspondiente aumentará siendo en este caso T_d (Figura 12.24) mientras el deslizamiento respecto del campo que gira hacia la izquierda aumentará, y el par correspondiente disminuirá, pasando a valer T_i. Por consiguiente, se producirá una diferencia de pares que determinará un par resultante, que llevará al rotor a girar en el sentido en el que se había iniciado el movimiento.

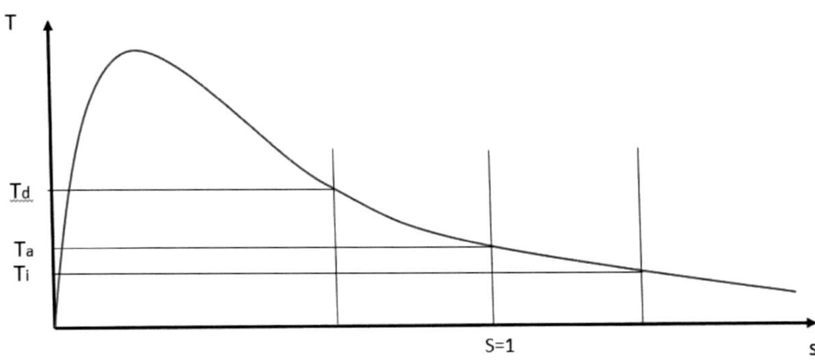

Figura 12.24.

12.7.2. Arranque del motor monofásico de inducción

Uno de los procedimientos que se utilizan para iniciar el movimiento del motor monofásico es mediante un segundo devanado, llamado devanado auxiliar que está desfasado en el espacio 90° eléctricos con el principal, y alimentado con una corriente que está también desfasada en el tiempo respecto a la corriente del devanado principal.

Con este devanado auxiliar, el motor monofásico de inducción, se convierte en un motor bifásico, en el que las dos corrientes desfasadas producen un campo giratorio que determina sobre el rotor un par suficiente para que se produzca el arranque del motor.

Este devanado auxiliar se dispone en las ranuras que deja libre el devanado principal, como se puede observar en la Figura 12.25.

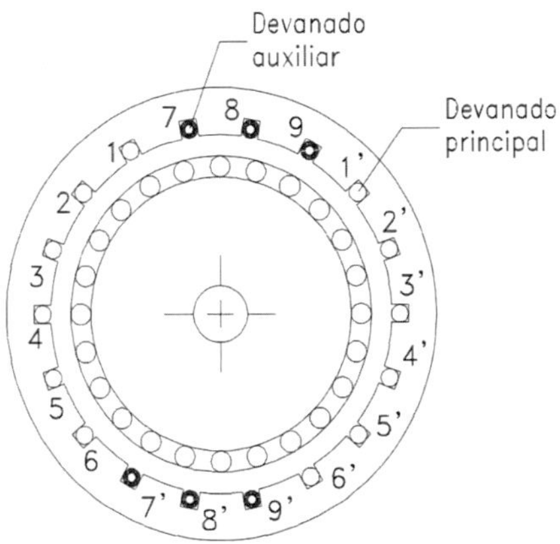

Figura 12.25.

El devanado auxiliar se conecta a la red mediante un condensador, que produzca un desfase de la corriente respecto a la que circula por el devanado principal (Figura 12.26). Una vez arrancado el motor, el devanado auxiliar puede desconectarse mediante un interruptor centrífugo o una resistencia PTC…. o bien seguir conectado indefinidamente

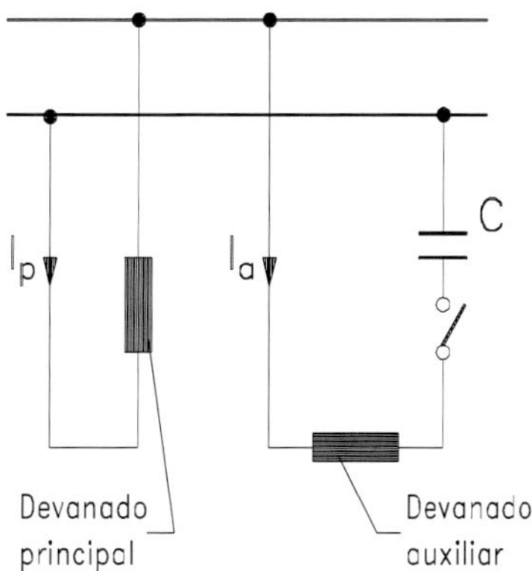

Figura 12.26.

12.7.3. Motor con espira de sombra

Otro tipo de motor monofásico, muy utilizado para pequeñas potencias, como es el caso de las bombas de extracción de agua de lavadoras y lavaplatos es el denominado motor con espira de sombra (Figura 12.27). Se observa el devanado principal formado por una sola bobina y una espira (o más) próximas al entrehierro en las que se induce una corriente eléctrica desfasada respecto de la que circula por el devanado principal, ya que es inducida. Así se tienen dos campos magnéticos desfasados en el espacio recorridos por dos corrientes desfasadas en el tiempo, lo que crean un campo magnético giratorio.

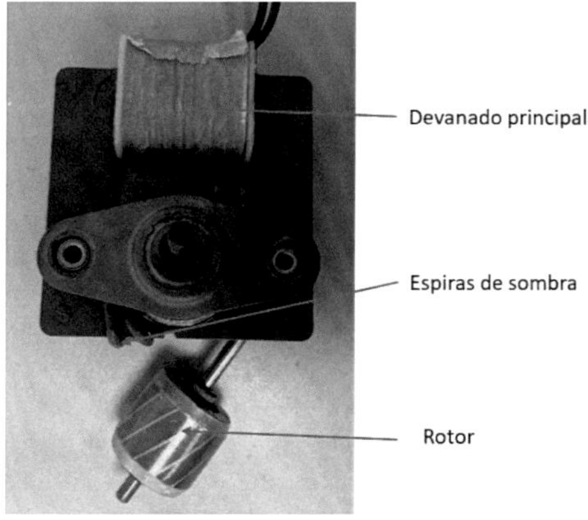

Figura 12.27.

Problemas tema 12

Problema 12.1. Las características nominales de un motor de inducción bipolar, con rotor de jaula de 15 kW son las siguientes: tensión de alimentación 400 V, conexión en triángulo, frecuencia 50 Hz, rendimiento a potencia nominal 90%, factor de potencia de 0,89. La resistencia de una fase del devanado del estator es de 0,65 Ω. Ensayado en vacío a la tensión nominal se mide una potencia de 909 W y una intensidad de corriente de 13 A y a la misma tensión, pero con conexión estrella se mide una potencia de 561 W y una corriente de 4,61 A El par máximo es 3 veces el nominal y el de arranque 2,3 veces el nominal. El motor acciona un mecanismo que requiere un par constante de 40 Nm. Determinar:

1. Las diferentes pérdidas de la máquina, para el funcionamiento en régimen nominal: pérdidas en los conductores del estator y del rotor, pérdidas en el hierro y pérdidas por rozamiento.
2. La velocidad de giro y el par nominal.
3. La mínima tensión con la que el motor podría funcionar arrastrando el mecanismo indicado.
4. La mínima tensión para la que el motor podría arrancar.

Ap1

$$P_0(triángulo) = P_{fe} + P_{roz} + 3R_s\left(\frac{I_{0t}}{\sqrt{3}}\right)^2 = P_{fe} + P_{roz} + 3 \cdot 0{,}65\left(\frac{13}{\sqrt{3}}\right)^2$$

$$P_0(estrella) = \frac{P_{fe}}{3} + P_{roz} + 3R_sI_{0e}^2 = P_{fe} + P_{roz} + 3 \cdot 0{,}65 \cdot 4{,}61^2$$

$$P_{fe} = 420W \qquad P_{roz} = 380W$$

$$I_s = \frac{P}{\eta \cdot \sqrt{3} \cdot U \cdot cos\varphi} = \frac{15000}{0{,}90 \cdot \sqrt{3} \cdot 400 \cdot 0{,}89} = 27{,}03A$$

$$P_{cs} = 3 \cdot R_s \cdot \left(\frac{I_s}{\sqrt{3}}\right)^2 = 3 \cdot 0{,}65 \cdot \left(\frac{27{,}03}{\sqrt{3}}\right)^2 = 475W$$

$$P_p = \frac{P_u}{\eta} - P_u = \frac{15000}{0{,}90} - 15000 = 1667W$$

$$P_{cr} = P_p - P_{cs} - P_{fe} - P_{roz} = 1667 - 475 - 420 - 380 = 392W$$

Ap2

$$S = \frac{P_{cr}}{P_\delta} = \frac{392}{16667 - 475 - 420} = 0{,}0249$$

$$n_r = n_s \cdot (1 - s) = 3000 \cdot (1 - 0{,}0249) = 2925rpm$$

$$T = \frac{15000}{2\pi \cdot \frac{2925}{60}} = 48{,}97Nm$$

Ap3

$$T_{max} = 3 \cdot 48{,}97 = 146{,}9Nm$$

$$146{,}9 = K \cdot 400^2$$

$$40 = K \cdot U^2 \rightarrow U = 208{,}7V$$

Ap4

$$T_a = 2{,}3 \cdot 48{,}97 = 112{,}63Nm$$

$$112{,}63 = K \cdot 400^2$$

$$40 = K \cdot U_a^2 \rightarrow U_{amin} = 238{,}37V$$

Problema 12.2. Un motor de inducción conectado en triángulo, tiene los siguientes valores nominales: 400 V, 50 Hz, 66,7 A y 985 r/m. La resistencia por fase del devanado del estator es de 0,25 Ω. Se realizan dos ensayos en vacío obteniendo las siguientes medidas: 400 V, 18 A y 2560 W para el primer caso y 200 V, 9A y 1420 W para el segundo. A continuación, se realiza un ensayo en carga, para obtener su curva de par en la zona estable. Para evitar calentamientos excesivos el ensayo se efectúa con tensión de 300 V, obteniéndose los siguientes puntos de la característica par velocidad:

T (Nm)	403,5	269	134,5
n (rpm)	970	980	990

Calcular:

1. Las pérdidas mecánicas y las del hierro
2. La potencia nominal del motor.
3. El rendimiento y el factor de potencia en régimen nominal.

Ap 1.

$$P_o(200\text{V}) = P_{r.v} + \frac{P_{fe}}{4} + 3 \cdot R_s \cdot \left(\frac{I_o}{\sqrt{3}}\right)^2 \rightarrow 1420 = P_{r.v} + \frac{P_{fe}}{4} + 3 \cdot 0{,}25 \cdot \left(\frac{9}{\sqrt{3}}\right)^2$$

$$P_o(400\text{V}) = P_{r.v} + P_{fe} + 3 \cdot R_s \cdot \left(\frac{I_o}{\sqrt{3}}\right)^2 \rightarrow 2560 = P_{r.v} + P_{fe} + 3 \cdot 0{,}25 \cdot \left(\frac{18}{\sqrt{3}}\right)^2$$

$$P_{r.v} = 1040\ W \quad y \quad P_{fe} = 1439\ W$$

Ap. 2 Como se conoce la velocidad nominal del motor y la característica de par, para 300 V, se puede obtener el par para la velocidad nominal con esa tensión del motor, que interpolando resulta:

$$\frac{980-990}{269-134{,}5} = \frac{980-985}{269-\text{T}}$$

El par para la conexión a 300 V es: 201,75 Nm y para la conexión de 400 V

$$T_N = \left(\frac{400}{300}\right)^2 \cdot 201{,}75 = 358{,}67\,\text{Nm}$$

Por tanto, la potencia nominal del motor es:

$$P_N = T_N \cdot \omega = 358{,}67 \cdot 2 \cdot \pi \cdot \frac{985}{60} = 36\,996\ \text{W}$$

Ap.3

$$P_{cs} = 3 \cdot \text{R}_\text{s} \cdot \left(\frac{\text{I}_\text{s}}{\sqrt{3}}\right)^2 = 3 \cdot 0{,}25 \cdot \left(\frac{66{,}7}{\sqrt{3}}\right)^2 = 1112{,}2\ \text{W}$$

$$P_m = P_u + P_{r,v} = 38\,036\ \text{W}$$

$$s = \frac{1000 - 985}{1000} = 0{,}015$$

$$P_{cr} = P_m \frac{s}{1-s} = 579{,}2\ \text{W}$$

$$P_{abs} = P_u + P_{fe} + P_{cr} + P_{cs} + P_{r.v} = 36996 + 1439 + 579 + 1112 + 1040 = 41\,166\text{W}$$

$$\eta = \frac{P_u}{P_{abs}} = \frac{36996}{41\,166} = 0{,}8987 \qquad cos\varphi = \frac{P_{abs}}{\sqrt{3} \cdot U \cdot I} = \frac{41\,166}{\sqrt{3} \cdot 400 \cdot 66{,}7} = 0{,}891$$

Problema 12.3. Un motor de inducción trifásico de 50 kW, 1455 r/m, con tensiones nominales de 400/230 V y 50 Hz, está conectado en triángulo y tiene un devanado estatórico de resistencia por fase de 0,10 Ω que absorbe a potencia nominal una intensidad de corriente de 160 A. Se le realizan dos ensayos en vacío, uno a tensión nominal y el segundo a mitad la de esta tensión, obteniendo unos valores de potencia y corrientes de 3990 W, 70 A y 2090 W y 30 A.

Calcular:

1. Las diferentes pérdidas de la máquina: pérdidas en el hierro, mecánicas, en los conductores del rotor y en los del estator.
2. El rendimiento y el factor de potencia.
3. La velocidad de giro cuando suministre un par de 200 Nm.

Ap 1

$$P_o(400\text{V}) = P_{r.v} + P_{fe} + 3 \cdot R_s \cdot \left(\frac{I_o}{\sqrt{3}}\right)^2 \rightarrow 3990 = P_{r.v} + P_{fe} + 3 \cdot 0{,}10 \cdot \left(\frac{70}{\sqrt{3}}\right)^2$$

$$P_o(200\text{V}) = P_{r.v} + \frac{P_{fe}}{4} + 3 \cdot R_s \cdot \left(\frac{I_o}{\sqrt{3}}\right)^2 \rightarrow 2090 = P_{r.v} + \frac{P_{fe}}{4} + 3 \cdot 0{,}10 \cdot \left(\frac{30}{\sqrt{3}}\right)^2$$

Resolviendo resulta:

$$P_{r.v} = 1500\ W \quad y \quad P_{fe} = 2000\ W$$

$$P_{cs} = 3 \cdot R_s \cdot \left(\frac{I_s}{\sqrt{3}}\right)^2 = 3 \cdot 0{,}10 \cdot \left(\frac{160}{\sqrt{3}}\right)^2 = 2560\ \text{W}$$

$$P_{cr} = P_m \frac{s}{1-s} = 51500 \frac{0{,}03}{1-0{,}03} = 1592\ \text{W}$$

Ap 2

$$P_{abs} = P_u + P_{fe} + P_{cr} + P_{cs} + P_{r.v} = 50000 + 2000 + 1500 + 2560 + 1592 = 57652\text{W}$$

$$\eta = \frac{P_u}{P_{abs}} = \frac{50000}{57652} = 0{,}867$$

$$cos\varphi = \frac{P_{abs}}{\sqrt{3} \cdot U \cdot I} = \frac{57652}{\sqrt{3} \cdot 230 \cdot 160} = 0{,}905$$

Ap 3

$$T_n = \frac{P_u}{\omega} = \frac{50000}{2 \cdot \pi \cdot \frac{1455}{60}} = 328{,}2$$

$$s(200\text{Nm}) = s(T_n)\frac{200}{T_n} = 0{,}03\frac{200}{328{,}2} = 0{,}0183$$

$$n(200\text{Nm}) = n_s(1 - s(200\text{Nm})) = 1500(1-0{,}0183) = 1472{,}6 \text{ r/m}$$

Problema 12.4. Un motor de inducción trifásico de 45 kW, conectado en triángulo, con tensión, intensidad, frecuencia, y velocidad nominales de 400 V, 81,3 A, 50 Hz y 1480 r/m, tiene una resistencia por fase del estator de 0,3 Ω y una relación entre el par de arranque y el nominal de 2,8. Se ensaya en vacío a su tensión nominal midiéndose una corriente de 18 A con factor de potencia 0,08 y a la mitad de su tensión nominal la corriente fue de 15 A y el factor de potencia 0,122. Determinar para el régimen nominal:

1. Las pérdidas mecánicas y las pérdidas en el hierro.
2. Las pérdidas en los conductores del rotor y del estator.
3. La velocidad de funcionamiento cuando acciona un sistema que requiere un par constante de 250 Nm. ¿Podría arrancar la máquina utilizando un arrancador estrella triángulo?

Ap 1

$$P_o(200) = P_{r.v} + \frac{P_{fe}}{4} + 3 \cdot R_s \cdot I_0^2 \rightarrow \sqrt{3} \cdot 200 \cdot 15 \cdot 0{,}122 = P_{r.v} + \frac{P_{fe}}{4} + 3 \cdot 0{,}3 \cdot \frac{15}{3}^2$$

$$P_o(400) = P_{r.v} + P_{fe} + 3 \cdot R_s \cdot I_o^2 \rightarrow \sqrt{3} \cdot 400 \cdot 18 \cdot 0{,}08 = P_{r.v} + P_{fe} + 3 \cdot 0{,}3 \cdot \frac{18}{3}^2$$

$$P_{r.v} = 455{,}0 \text{ W} \quad \text{y} \quad P_{fe} = 445{,}5 \text{ W}$$

Ap 2

$$P_{cs} = 3 \cdot R_s \cdot \left(\frac{I_s}{\sqrt{3}}\right)^2 = 3 \cdot 0{,}3 \cdot \left(\frac{81{,}3}{\sqrt{3}}\right)^2 = 1983 \text{ W}$$

$$P_m = P_u + P_{r,v} = 45455W$$

$$s = \frac{1500 - 1480}{1500} = 0{,}013$$

$$P_{cr} = P_m \frac{s}{1 - s} = 614{,}0 \text{ W}$$

Ap 3

$$T_n = \frac{45\,000}{\frac{1480}{60} \cdot 2 \cdot \pi} = 290{,}35 \text{ Nm}$$

$$s(250\text{Nm}) = \frac{250}{290{,}35} \cdot 0{,}013 = 0{,}011$$

$$n_r = (1 - s) \cdot n_s = (1 - 0{,}011) \cdot 1500 = 1483{,}5/\text{m}$$

$$T_a = 2{,}8 \cdot 290{,}35 = 813{,}0\text{Nm}$$

$$T_a\left(\frac{\text{Y}}{\text{D}}\right) = \frac{813{,}0}{3} = 271\text{Nm} > 250\text{Nm, sí podría arrancar}$$

Problema 12.5. Un motor de inducción trifásico de 45 kW conectado en triángulo tiene las siguientes características nominales: tensión: 400 V; frecuencia: 50 Hz; velocidad. 2960 r/m; intensidad nominal: 81,3 A; Relación entre el par máximo y el nominal: 3,2; rendimiento: 93,5%. En un ensayo en vacío a la tensión de 250 V se midió una intensidad de corriente de 31 A y una potencia de 980 W. Se conoce a través de la correspondiente medición que la resistencia de una fase de inducido vale 0,2 Ω. La máquina debe de suministrar energía a un mecanismo que requiere un par constante de 120 Nm. Calcular:

1. Las pérdidas en los conductores del rotor y del estator para el funcionamiento nominal, despreciando, para este apartado las pérdidas mecánicas.
2. Las pérdidas mecánicas y en el hierro para el funcionamiento nominal.
3. Estando conectado el motor a tensión nominal, justificar si podría seguir funcionando al producirse una disminución de tensión de 90 V sobre la tensión nominal.

Ap.1

$$P_{cs} = 3 \cdot R_s \cdot \left(\frac{\text{I}_\text{s}}{\sqrt{3}}\right)^2 = 3 \cdot 0{,}2 \cdot \left(\frac{81{,}3}{\sqrt{3}}\right)^2 = 1322\text{W}$$

$$s = \frac{3000 - 2960}{3000} = 0{,}0133$$

$$P_{cr} = P_m \frac{s}{1 - s} = (45\,000)\frac{0{,}0133}{1 - 0{,}0133} = 607\text{W}$$

Ap2

$$P_p = \frac{P_u}{\eta} - P_u = \frac{45\,000}{0{,}935} - 45\,000 = 3128\text{W}$$

$$P_{fe} + P_{r,v} = P_p - P_{cs} - P_{cr} = 3128 - 1322 - 607 = 1199W$$

Del ensayo en vacío:

$$P_o = \left(\frac{250}{400}\right)^2 P_{fe} + P_{rv} + 3 \cdot R_s \cdot \left(\frac{I_{so}}{\sqrt{3}}\right)^2$$

$$980 = 0{,}4P_{fe} + P_{rv} + 3 \cdot 0{,}2 \cdot \left(\frac{31}{\sqrt{3}}\right)^2 = 0{,}4P_{fe} + P_{rv} + 192$$

$$P_{rv} = 514\,\text{W}$$
$$P_{fe} = 685\,\text{W}$$

Ap3

$$T_n = \frac{45000}{\frac{2960}{60} \cdot 2 \cdot \pi} = 145\text{Nm}$$

$$T_{max} = 3{,}2 \cdot 145 = 464\text{Nm}$$

$$T_{MAX310V} = \left(\frac{310}{400}\right)^2 \cdot 464 = 279Nm \geq 120Nm$$

Luego, podría funcionar el motor.

Problema 12.6. Un motor asincrónico de inducción de 15 kW, con rendimiento del 91%, factor de potencia de 0,89 y velocidad nominal de 2930 r/m, conectado en triángulo a 400 V y 50 Hz tiene una relación entre par de arranque y nominal de 2,5, una relación entre la intensidad de arranque y la nominal de 6,5 y una resistencia por fase del devanado estatórico de 0,52 Ω. Se realizan dos ensayos en vacío, el primero a tensión nominal se mide una potencia de 672 W y una corriente de 10 A, en el segundo a 300 V se mide 502 W y 5 A. El motor debe de accionar un mecanismo que requiere un par constante con la velocidad de 37 Nm, siendo el rendimiento del motor cuando realiza este trabajo el mismo que el nominal. Calcular:

1. Las pérdidas mecánicas y en el hierro.
2. La velocidad de funcionamiento cuando acciona el mecanismo indicado.
3. Las pérdidas en los conductores del rotor y del estator cuando trabaja con este accionamiento.
4. La tensión mínima para que el motor pueda arrancar y la intensidad que absorberá en este instante.

Ap 1

$$P_o(400) = P_{r.v} + P_{fe} + 3 \cdot R_s \cdot I_o^2 \rightarrow 672 = P_{r.v} + P_{fe} + 3 \cdot 0{,}52 \cdot \frac{10}{3}^2$$

$$P_o(300) = P_{r.v} + \left(\frac{3}{4}\right)^2 P_{fe} + 3 \cdot R_s \cdot I_o^2 \rightarrow 502 = P_{r.v} + \frac{9 \cdot P_{fe}}{16} + 3 \cdot 0{,}52 \cdot \frac{5}{3}^2$$

Resolviendo resulta:

$$P_{r.v} = 320\ W \quad y \quad P_{fe} = 300\ W$$

Ap.2

$$T_N = \frac{P}{\omega_r} = \frac{15000}{2 \cdot \pi \cdot 2930/60} = 48{,}9\text{Nm};\ s_N = \frac{3000-2930}{3000} = 0{,}023$$

$$s(37\ \text{Nm}) = 0{,}023\frac{37}{48{,}9} = 0{,}018$$

$$n_r = n_s(1-s) = 3000 \cdot (1-0{,}018) = 2946\ \text{r/m}$$

Ap.3

$$P_u = T \cdot \omega = 37 \cdot 2 \cdot \pi \cdot \frac{2946}{60} = 11415\text{W};\ P_m = P_u + P_{r,v} = 11415 + 320 = 11735\text{W}$$

$$P_{cr} = P_m\frac{s}{1-s} = 11735\frac{0{,}018}{1-0{,}018} = 215\ \text{W}$$

$$P_{cs} = P_a - (P_u + P_{fe} + P_{cr} + P_{r.v}) = \frac{11415}{0{,}91} - (11415 + 300 + 215 + 320) = 294\text{W}$$

Ap.4

$$T_a = 2{,}5 \cdot 48{,}9 = 122{,}25\text{Nm}$$

$$U = 400\sqrt{\frac{37}{122{,}25}} = 220\ \text{V}$$

$$I_N = \frac{P}{\sqrt{3} \cdot U \cdot \eta \cdot \cos\varphi} = \frac{15000}{\sqrt{3} \cdot 400 \cdot 0{,}91 \cdot 0{,}89} = 26{,}7\ \text{A}$$

$$I_{a,\ tension\ nominal} = 6{,}5 \cdot 26{,}7 = 173{,}5\,\text{A};\ I_{a,\ tension\ reduc} = \frac{220}{400}173{,}5 = 95{,}4\ \text{A}$$

Problema 12.7. Un motor de inducción trifásico de cuatro polos, conectado en triángulo, con tensión y frecuencia nominales de 400 V y 50 Hz es ensayado en vacío con dos tensiones diferentes, y en cortocircuito, obteniéndose los siguientes valores:

- Vacío: U = 400 V; I = 5 A; P = 720 W
- Vacío: U = 200 V; I = 3 A; P = 407 W
- Cortocircuito: U = 80 V; I = 27,7 A; P = 1075 W
- La resistencia de una fase del rotor vale 0,8 Ω

Calcular para el funcionamiento a una velocidad de 1455 r/m:

1. El circuito equivalente por fase de la máquina.
2. La intensidad absorbida de la red y la potencia útil de la máquina.
3. El par motor.

Ap 1

$$P_o(400) = P_{r.v} + P_{fe} + 3 \cdot R_s \cdot I_o^2 \rightarrow 720 = P_{r.v} + P_{fe} + 3 \cdot 0{,}8 \cdot \frac{5}{3}^2$$

$$P_o(200) = P_{r.v} + \frac{P_{fe}}{4} + 3 \cdot R_s \cdot I_o^2 \rightarrow 407 = P_{r.v} + \frac{P_{fe}}{4} + 3 \cdot 0{,}8 \cdot \frac{3}{3}^2$$

$$P_{r.v} = 300\ W \quad y \quad P_{fe} = 400\ W$$

$$S_0 = \sqrt{3} \cdot U \cdot I_0 = \sqrt{3} \cdot 400 \cdot 5 = 3464\ \text{VA}$$

$$Q_0 = \sqrt{S_0^2 - P_{fe}^2} = \sqrt{3464^2 - 720^2} = 3388\ VAr$$

$$R_{fe} = \frac{3 \cdot U^2}{P_{fe}} = \frac{3 \cdot 400^2}{400} = 1200\Omega; \quad X_\mu = \frac{3 \cdot U^2}{Q_{fe}} = \frac{3 \cdot 400^2}{3388} = 142\ \Omega$$

$$R_{cc} = \frac{P_{cc}}{3 \cdot \left(\frac{I_{cc}}{\sqrt{3}}\right)^2} = \frac{1075}{27{,}7^2} = 1{,}4\Omega; \quad R_S = 0{,}8\Omega; \; R'_r = 0{,}6\Omega$$

$$Z_{cc} = \frac{U_{cc}}{\left(\frac{I_{cc}}{\sqrt{3}}\right)} = \frac{80}{\left(\frac{27.7}{\sqrt{3}}\right)} = 5\ \Omega; \quad X_{cc} = \sqrt{Z_{cc}^2 - R_{cc}^2} = \sqrt{5^2 - 1{,}4^2} = 4{,}8\ \Omega$$

Ap 2

$$I'_s = \frac{U}{\sqrt{X_{cc}^2 + \left(R_s + \frac{R'_r}{s}\right)^2}} = \frac{400}{\sqrt{4{,}8^2 + \left(0{,}8 + \frac{0{,}6}{0{,}03}\right)^2}} = 18{,}74\ \text{A}$$

$$\varphi_{cc} = arctang\frac{4{,}8}{0{,}8 + \frac{0{,}6}{0{,}03}} = 13°; \quad \varphi_0 = arccos\frac{720}{\sqrt{3} \cdot 400 \cdot 5} = 78°$$

$$I_{abs} = \sqrt{3} \cdot (I_o + I'_r) = \sqrt{3} \cdot (5_{-78} + 18{,}74_{-12}) = 32{,}5\text{A}$$

$$P_{mi} = 3 \cdot R'_r \left(\frac{1}{s} - 1\right) \cdot (I'_r)^2 = 3 \cdot 0{,}6\left(\frac{1}{0{,}03} - 1\right) \cdot (18{,}74)^2 = 20\,439\ \text{W};$$

$$P_u = P_{mi} - P_{r.v} = 20\,439 - 300 = 20\,139\ \text{W}$$

Ap 3

$$T = \frac{P_u}{\omega} = \frac{20\,139}{2 \cdot \pi \cdot \frac{1455}{60}} = 132{,}2\,\text{Nm}$$

Problema 12.8. Un motor de inducción trifásico de 400/230 V, 50 Hz y velocidad nominal de 1455 r/m conectado a 230 V se ensaya en vacío y con rotor frenado obteniéndose los siguientes resultados:

- Ensayo en vacío con conexión estrella: 495,7 W, 6 A
- Ensayo en vacío con conexión triángulo: 817,5 W, 15 A
- Ensayo con rotor frenado en triángulo: 800 W, 30 V, 40 A
- Resistencia de una fase del estator 0,3 Ω

Calcular:

1. El balance de potencias incluyendo las pérdidas mecánicas, en el hierro, en los conductores del rotor y del estator y la potencia útil para el funcionamiento a velocidad nominal. Calcular también par nominal.
2. El par máximo sabiendo que se produce para una velocidad de 1257 r/m.

Ap. 1

$$P_o\,(triangulo) = P_{r.v} + P_{fe} + 3 \cdot R_s \cdot \left(\frac{I_o}{\sqrt{3}}\right)^2 \rightarrow 817{,}5 = P_{r.v} + P_{fe} + 3 \cdot 0{,}3 \cdot \left(\frac{15}{\sqrt{3}}\right)^2$$

$$P_o\,(estrella) = P_{r.v} + \frac{P_{fe}}{3} + 3 \cdot R_s \cdot I_o^2 \rightarrow 495{,}7 = P_{r.v} + \frac{P_{fe}}{3} + 3 \cdot 0{,}3 \cdot 6^2$$

Resolviendo resulta:

$$P_{r.v} = 320\ W \quad y \quad P_{fe} = 430\ W$$

$$Z_{cc} = \frac{U_{cc}}{I_f} = \frac{30}{40/\sqrt{3}} = 1{,}307\,\Omega$$

$$R_{cc} = \frac{P_{cc}}{3 \cdot I^2} = \frac{800}{3 \cdot \left(\frac{40}{\sqrt{3}}\right)^2} = 0{,}5\,\Omega;\ R`_r = 0{,}5 - 0{,}3 = 0{,}2\,\Omega;\ X_{cc} = \sqrt{Z_{cc}^2 - R_{cc}^2} = 1{,}20\,\Omega$$

$$I'_{rf} = \frac{U}{\sqrt{X_{cc}^2 + \left(R_s + \frac{R`_r}{s}\right)^2}} \frac{230}{\sqrt{1{,}20^2 + \left(0{,}3 + \frac{0{,}2}{0{,}03}\right)^2}} = 32{,}5\ A$$

$$I_{Nf} = I'_{rf} + I_o = 32{,}5_{9{,}8^\circ} + \frac{15}{\sqrt{3}}_{82^\circ} = 36{,}0\ A$$

$$P_{cr} = 3 \cdot R'_r \cdot I_{rf}'^2 = 3 \cdot 0{,}2 \cdot 32{,}5^2 = 633\ W$$

$$P_{cs} = 3 \cdot R_s \cdot I_{Nf}^2 = 3 \cdot 0{,}3 \cdot 36^2 = 1166W$$

$$P_{mi} = 3 \cdot R'_r \left(\frac{1}{s} - 1\right) \cdot (I'_r)^2 = 3 \cdot 0{,}2\left(\frac{1}{0{,}03} - 1\right) \cdot (32{,}5)^2 = 20\,491 \text{ W} ;$$

$$P_u = P_{mi} - P_{r.v} = 20\,491 - 320 = 20\,171 \text{ W}$$

$$T_N = \frac{P_{m,N}}{\omega} = \frac{20171}{2 \cdot \pi \cdot \frac{1455}{60}} = 132{,}4 \text{ Nm}$$

Ap 2

$$T_{max} = \frac{3}{2\omega_s} \cdot \frac{U_S^2}{R_s + \sqrt{R'^2_r + X_{cc}^2}} = \frac{3}{2 \cdot 2 \cdot \pi \cdot 25} \cdot \frac{230^2}{0{,}3 + \sqrt{0{,}2^2 + 1{,}2^2}} = 333 \text{ Nm}$$

Problema 12.9. Las características nominales de un motor de inducción trifásico conectado en triángulo son: 400 V, 50 Hz, 69 A, 1475 r/m, rendimiento del 93% y factor de potencia de 0,84. Las pérdidas mecánicas son de 497 W y la resistencia de cada fase del devanado del estator es de 0,23 Ω. El par de arranque es de 2,8 veces el nominal. El motor debe de funcionar accionando un mecanismo que requiere un par constante de 190 Nm. Calcular:

1. Las pérdidas en los conductores del rotor y las pérdidas en el hierro para el funcionamiento nominal.
2. La velocidad de funcionamiento cuando acciona un mecanismo indicado.
3. La mínima tensión con la que podría arrancar el motor.

Ap.1

$$P_u = \sqrt{3} \cdot U \cdot I \cdot \eta \cdot cos\varphi = \sqrt{3} \cdot 400 \cdot 69 \cdot 0{,}93 \cdot 0{,}84 = 37345 \; W$$

$$P_{cs} = 3 \cdot R_s \cdot \left(\frac{I_s}{\sqrt{3}}\right)^2 = 3 \cdot 0{,}23 \cdot \left(\frac{69}{\sqrt{3}}\right)^2 = 1095W$$

$$s = \frac{1500 - 1475}{1500} = 0{,}01667$$

$$P_{cr} = P_s \frac{s}{1 - s} = (37345 + 497)\frac{0{,}01667}{1 - 0{,}01667} = 641W$$

$$P_p = P_a - P_u = \sqrt{3} \cdot U \cdot I \cdot cos\varphi - P_u = \sqrt{3} \cdot 400 \cdot 69 \cdot 0{,}84 - 37345 = 2811 \; W$$

$$P_{fe} = P_p - P_{cs} - P_{cr} - P_{roz} = 2811 - 1095 - 641 - 497 = 578W$$

Ap2

$$T_n = \frac{37345}{2\pi \cdot \frac{1475}{60}} = 242Nm$$

$$s_{190} = s_n \frac{T}{T_n} = 0{,}01667 \frac{190}{242} = 0{,}013$$

$$n_{190} = n_s(1 - s_{60}) = 1500 \cdot (1-0{,}013) = 1480{,}5 \text{ r/m}$$

Ap3

$$T_{arr} = 2.8 \cdot 242 = 677Nm$$

$$U_{\min arr} = 400\sqrt{\frac{190}{677}} = 212\ V$$

Problema 12.10. Un motor de inducción trifásico conectado en triángulo a 400 V y 50 Hz y con velocidad nominal de 1480 r/m, se ensaya con rotor bloqueado y en vacío, obteniendo los siguientes valores:

- Ensayo con rotor bloqueado: Tensión, 50 V, Intensidad 40 A, potencia 1280 W
- En vacío a tensión nominal: 15 A, 935 W
- En vacío a 200 V: 8 A, 523 W
- La resistencia de una fase del estator es de 0,5 Ω

Calcular:

1. Pérdidas en el hierro y pérdidas mecánicas.
2. Valor del par máximo y velocidad a la que se obtiene.
3. Potencia mecánica y pérdidas en los conductores del rotor a la velocidad nominal.

$$s_{Tmax} = \frac{R'_r}{\sqrt{R'^2_r + X^2_{cc}}} \qquad T_{max} = \frac{3}{2\omega_s} \cdot \frac{U_s^2}{R_s + \sqrt{R'^2_r + X^2_{cc}}}$$

Ap 1

$$P_o(U\ nominal) = P_{r.v} + P_{fe} + 3 \cdot R_s \cdot \left(\frac{I_o}{\sqrt{3}}\right)^2 \rightarrow 935 = P_{r.v} + P_{fe} + 3 \cdot 0{,}5 \cdot \left(\frac{15}{\sqrt{3}}\right)^2$$

$$P_o(200\text{ V}) = P_{r.v} + \frac{P_{fe}}{4} + 3 \cdot R_s \cdot \left(\frac{I_o}{\sqrt{3}}\right)^2 \rightarrow 523 = P_{r.v} + \frac{P_{fe}}{4} + 3 \cdot 0{,}5 \cdot \left(\frac{8}{\sqrt{3}}\right)^2$$

Resolviendo resulta:

$$P_{r.v} = 380\ W \qquad y \quad P_{fe} = 420\ W$$

Ap 2

$$Z_{cc} = \frac{U_{cc}}{I_f} = \frac{50}{40/\sqrt{3}} = 2{,}165\ \Omega$$

$$R_{cc} = \frac{P_{cc}}{3 \cdot I^2} = \frac{1280}{3 \cdot \left(\frac{40}{\sqrt{3}}\right)^2} = 0{,}8\ \Omega; \quad R'_r = 0{,}8 - 0{,}5 = 0{,}3\ \Omega;$$

$$X_{cc} = \sqrt{Z_{cc}^2 - R_{cc}^2} = \sqrt{2{,}165^2 - 0{,}8^2} = 2{,}01\ \Omega$$

$$s_{Tmax} = \frac{R'_r}{\sqrt{R'^2_r + X_{cc}^2}} = \frac{0.3}{\sqrt{0{,}3^2 + 2{,}01^2}} = 0{,}147; \quad n_r = 1500\ (1 - 0{,}147) = 1279\ r/m$$

$$T_{max} = \frac{3}{2\omega_s} \cdot \frac{U_s^2}{R_s + \sqrt{R'^2_r + X_{cc}^2}} = \frac{3}{2 \cdot 2 \cdot \pi \cdot 25} \cdot \frac{400^2}{0{,}5 + \sqrt{0{,}3^2 + 2{,}01^2}} = 603{,}4\ Nm$$

Ap 3

$$I'_{rotor} = \frac{U}{\sqrt{\left(R_s + \frac{R'_r}{s}\right)^2 + X_{cc}^2}} = \frac{400}{\sqrt{\left(0{,}5 + \frac{0{,}3}{0{,}1333}\right)^2 + 2{,}01^2}} = 17{,}39\ A$$

$$P_m = 3 \cdot \frac{R'_r}{s} \cdot I'^2_{rotor} = 3 \cdot \frac{0{,}3}{0{,}01333} \cdot 17{,}39^2 = 20413\ \text{W}$$

$$P_{cr} = 3 \cdot R'_r \cdot I'^2_{rotor} = 3 \cdot 0{,}3 \cdot 17{,}39^2 = 272\ W$$

13
Máquinas de corriente continua

13.1. Introducción

Como ya se trató en el tema de introducción a las máquinas eléctricas dinámicas, las máquinas de corriente continua realizan la trasformación de energía mecánica en energía eléctrica, siendo continuas en el tiempo las magnitudes de tensión y corriente.

En las máquinas de corriente continua, el sistema inductor está situado en el estátor y constituido por una carcasa exterior de hierro, que puede ser de fundición o chapa. Sobre esta carcasa se disponen los polos inductores (Figura 13.1), que son los creadores del campo

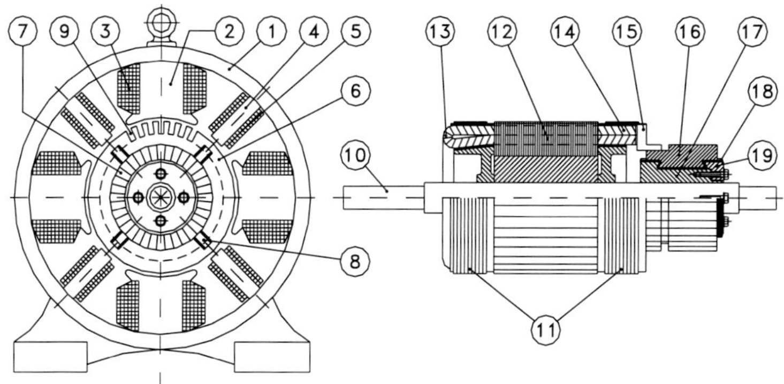

Figura 13.1. 1. Culata o yugo. 2. Núcleos de los polos principales. 3. Devanado de excitación. 4. Núcleos de los polos auxiliares o de conmutación. 5. Devanado de polo de conmutación. 6. Inducido, lado conexiones colector. 7. Conmutador o colector. 8. Escobilla. 9. Ranura de inducido. 10. Eje. 11. Zuncho cabezas devanado inducido. 12. Inducido o armadura. 13. Cabezas del devanado inducido. 15. Pieza de conexión con el colector. 16. Delga. 17. Cubo de fijación del colector. 18. Conos de aislamiento de las delgas. 19. Anillo de presión de las delgas.

magnético principal y que están constituidos por núcleos magnéticos sobre los que se arrollan unas bobinas que forman el devanado de excitación. Los polos inductores también pueden ser realizados mediante imanes permanentes, solución adoptada para máquinas de pequeña potencia. El sistema inducido, situado en el rotor, está formado por una armadura cilíndrica, realizada de chapa magnética apilada, sobre cuya periferia se practican unas ranuras en las que se disponen los conductores inducidos. Debido a que la f.e.m. que se produce en los conductores rotóricos es de carácter alterno, pues un determinado conductor está situado en un instante frente a un polo y más tarde frente al polo opuesto, es necesario rectificar esa f.e.m. y de ello se encarga el conjunto colector y escobillas. De este modo, los conductores del inducido se deben conectar a las delgas de este colector.

Ya se obtuvieron en temas anteriores las expresiones de la f.e.m. inducida y del par electromagnético de estas máquinas, estas son:

$$E = \frac{P}{C} \cdot N \cdot \Phi \cdot n$$

$$T = \frac{1}{2\pi} \frac{p}{c} N \cdot I \cdot \Phi$$

en la que:

p, número de pares de polos.

C, número de pares de vías de arrollamiento.

N, número de conductores totales dispuestos en el rotor de la máquina.

n, velocidad en r/s.

Φ, flujo por polo.

I, intensidad en el inducido.

13.2. Reacción del inducido en las máquinas de c.c.

De forma análoga al estudio que se realizó para las máquinas sincrónicas, cuando la máquina de c.c. está en vacío, la tensión magnética generada por el sistema inducido produce el flujo denominado de vacío y que determina la f.e.m. que se tiene en la máquina en estas condiciones. Si la máquina está en carga, además de la tensión magnética producida por la corriente del sistema inductor, circula corriente por el sistema inducido, que crea, asimismo, una tensión magnética. Esta tensión se suma con la del sistema inductor, resultando que el estado magnético de la máquina en vacío y en carga no es el mismo. Así pues, en la máquina en vacío solo está presente el flujo $\phi_{o,}$ producido por el sistema inductor, y en carga está el flujo $\phi_{c,}$ producido por los sistemas inductor e inducido. Se analizarán, a continuación, los estados magnéticos de la máquina en vacío y en carga para obtener las consecuencias de la reacción de inducido.

La distribución de la inducción en el entrehierro en el funcionamiento en vacío es la indicada en la curva 1 de la Figura 13.2: se muestra el valor máximo y constante de inducción en las zonas frente a los polos, mientras que esta se anula en las zonas interpolares. La correspondiente al sistema inducido es la indicada por la curva 2: la forma de esta distribución queda justificada porque la distribución de los conductores del inducido es uniforme y por todos ellos pasa la misma corriente, por lo que la tensión magnética producida por ellos tiene la forma representada por la curva 3; la atenuación de la inducción en las zonas interpolares es debido a que, en esta zona, las líneas de campo tienen que atravesar un circuito paramagnético importante. Si el circuito magnético de la máquina no está saturado, la distribución de la inducción en el entrehierro es la suma punto a punto de las dos curvas, resultando la indicada en la figura por 4, pero si la máquina está saturada la distribución de la inducción es la indicada con la curva 5.

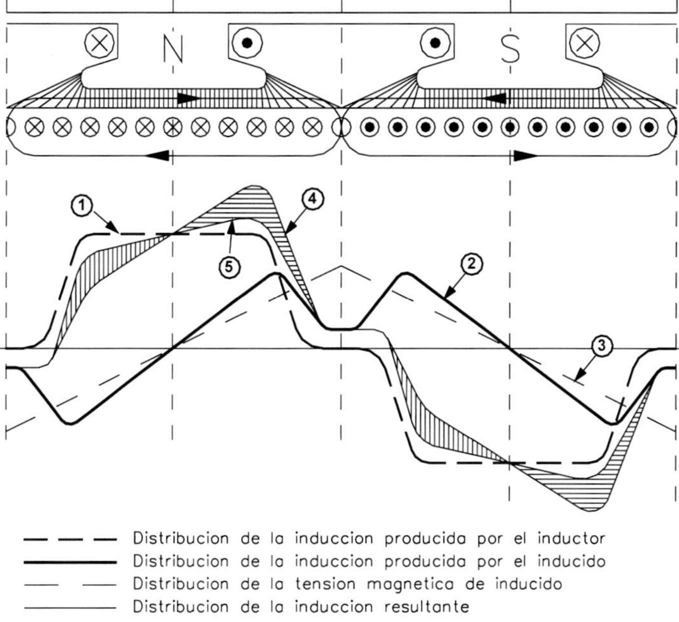

Figura 13.2.

Las consecuencias de la reacción del inducido, a la vista del análisis realizado y de las curvas indicadas es, en primer lugar, un aumento del valor máximo de la inducción en algunos puntos del entrehierro de la máquina, lo que determina que la f.e.m. inducida en los conductores, cuando ocupen esos lugares, sea más elevada, así como la tensión entre delgas que puede determinar la aparición de arcos en el colector. Otra consecuencia es el desplazamiento de la línea neutra de la máquina, esto es, la línea que une los puntos donde se hace nula la inducción; como se observa, estos puntos se han desplazado hacia la derecha. Por último, si la máquina está saturada, el valor medio de la inducción es menor en carga que en vacío, por lo que la f.e.m. también se reduce.

El estudio realizado de la reacción de inducido se ha centrado para el caso en que la conmutación tenga lugar en la línea neutra, pero si, para evitar los arcos que se pueden producir en la conmutación, se desplazan las escobillas un ángulo genérico a cuando la máquina está en carga, los conductores situados a un lado de la línea neutra tienen una dirección de corriente y los situados al otro lado tienen el sentido opuesto (Figura 13.3). Es por ello que los situados en el ángulo 2a determinan una tensión magnética opuesta a la creada por los polos principales, mientras que el resto de conductores producen una tensión magnética de dirección transversal, cuyo efecto es el mismo que el estudiado en la máquina sin decalado de escobillas. Así pues, cuando se decalan las escobillas de la máquina de c.c. se origina un campo magnético opuesto al principal que determina una disminución de la f.e.m. generada, resultando que el valor de la f.e.m. en carga sea inferior a la de la máquina en vacío.

En la Figura 13.4 se representan los fasores de las tensiones magnéticas producidas por inductor e inducido, descomponiendo esta última en sus componentes longitudinal y transversal. Para la realización de estos diagramas se ha considerado solamente el primer armónico de tensiones magnéticas.

El valor aproximado de la f.e.m. inducida en vacío en una máquina con decalado de escobillas es:

$$E_0 = \left(1 - \frac{\alpha}{90}\right)\frac{p}{c}N \cdot \Phi\frac{n}{60}$$

Ya que los conductores situados en el ángulo 2a producen una f.e.m. que se opone a la generada en el resto.

El valor del flujo de reacción se puede obtener a partir de la diferencia entre la f.e.m. inducida en vacío y en carga según la expresión:

$$\Phi_{Ra} = \frac{E_0 - E_c}{\left(1 - \frac{\alpha}{90}\right)\frac{p}{c}N\frac{n}{60}}$$

Para compensar el campo transversal en la zona de conmutación, así como producir el flujo necesario para evitar arcos eléctricos por causa de la conmutación, se disponen unos polos auxiliares entre cada dos principales, cuyos devanados se conectan en serie con el inducido.

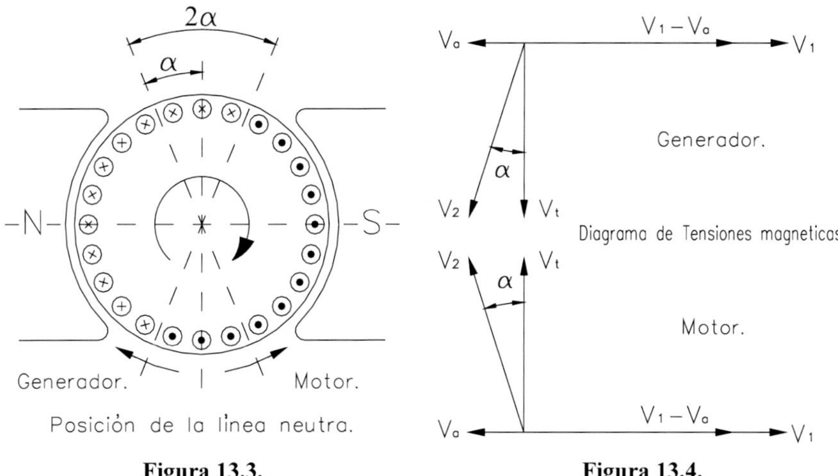

Figura 13.3. **Figura 13.4.**

13.3. Funcionamiento de las máquinas de c.c. como generador

Cuando la máquina de c.c. funciona como generador, es habitual que la corriente necesaria para la creación del campo magnético principal la proporcione la propia máquina, esta forma de funcionamiento se denomina autoexcitación. En el caso de máquinas de pequeña potencia el campo es producido por imanes permanentes.

Existen tres posibilidades de conexión del devanado de excitación respecto del devanado de inducido, estas son en serie, derivación y compuesta, que consiste en disponer dos devanados, uno conectado en serie y otro en paralelo, (Figura 13.5). Para disminuir las pérdidas producidas en estos circuitos, los devanado serie se construyen con pocas espiras de hilo grueso y los devanados derivación, al contrario, con muchas espiras de hilo delgado, de modo que en el primer caso la excitación magnética es producida con pocas espiras por las que circula mucha corriente y al contrario para el segundo caso.

Según la conexión de los devanados, la característica exterior, esto es la tensión en bornes en función de la corriente proporcionada, es diferente, según se muestra en la Figura 13.6. Para el generador con conexión derivación, con corriente de carga nula, la tensión es la máxima, que se corresponde con la f.e.m. inducida en vacío. A medida que la corriente aumenta, lo hace la c.d.t. por lo que la tensión en bornes decrece. Pero con corriente de carga muy elevada, dado que la corriente de excitación es producida por la tensión en bornes, se tiene una tensión pequeña por la c.d.t. y por la poca excitación, de modo que por ambas razones la tensión decrece mucho y, de la misma forma, la corriente de carga, llegando al cortocircuito con intensidad de corriente reducida.

En el generador con excitación serie, cuando la corriente de carga es nula, la f.e.m. es muy pequeña, exactamente la producida por el magnetismo remanente; a medida que la corriente de carga aumenta, lo hace de la misma forma la de excitación, la f.e.m., y la tensión en bornes, hasta llegar al codo de saturación de la máquina. En este caso, la c.d.t. es aproximadamente igual al aumento de la f.e.m., por lo que la tensión es prácticamente constante. Por último, termina disminuyendo cuando los aumentos de c.d.t. son superiores a los de f.e.m. por estar la máquina saturada.

En el generador con excitación compuesta, si los amperios-vuelta de ambos devanados de excitación se suman, la disminución de la tensión producida por la c.d.t. es compensada con la excitación del devanado serie, por lo que la tensión permanece prácticamente constante. En cambio, si la excitación del devanado serie se opone a la producida por el devanado derivación, la tensión disminuye rápidamente cuando aumenta la corriente de carga.

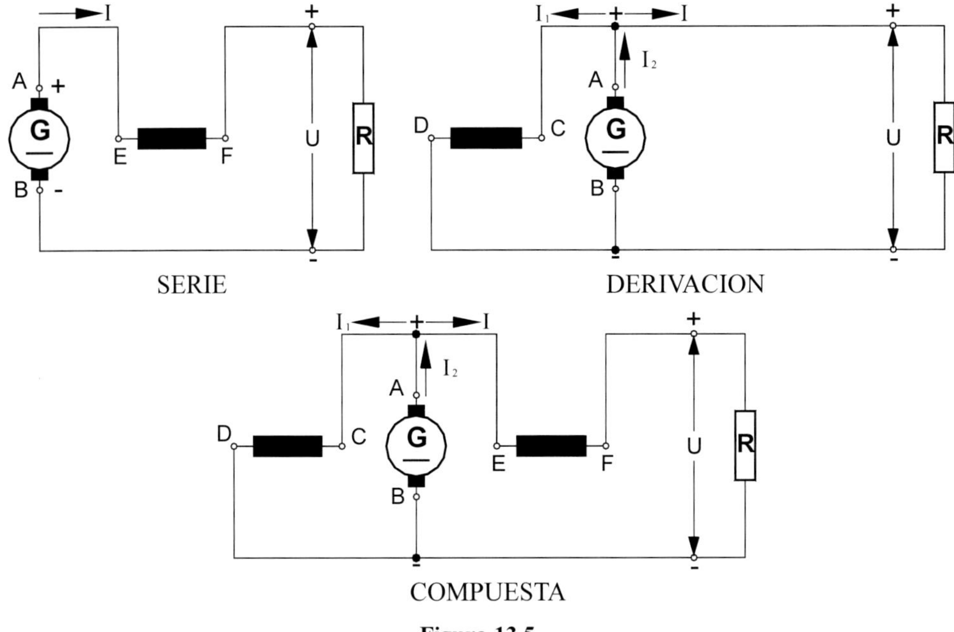

Figura 13.5.

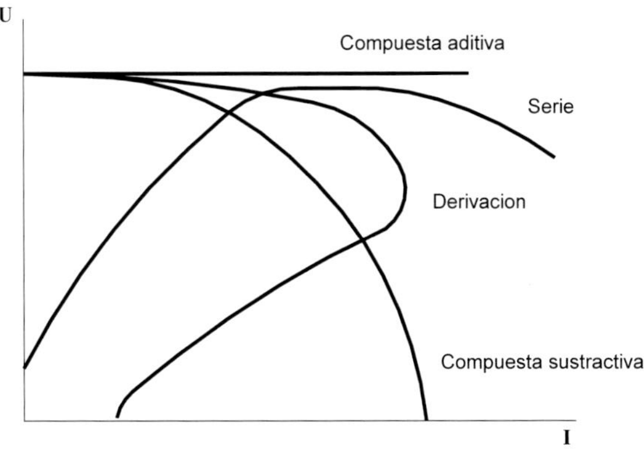

Figura 13.6.

13.4. Funcionamiento de las máquinas de c.c. como motor

De la misma forma que los generadores de corriente continua, los motores pueden tener excitación serie, derivación o compuesta (Figura 13.7). Según el tipo de excitación el comportamiento del motor será diferente. También existe la posibilidad de que el campo se produzca mediante imanes permanentes, solución cada vez mas empleada en máquinas de pequeña potencia. En este último caso el comportamiento es igual al del motor con excitación derivación, ya que, en uno y otro caso, el flujo permanece constante.

Para el estudio de cualquier motor es necesario recordar las ecuaciones del par, de la velocidad y de la corriente absorbida, estas son:

Ecuación del par:

$$T = \frac{1}{2\pi}\frac{p}{c}N \cdot I \cdot \Phi$$

Ecuación de la velocidad:

$$n = \frac{U - c.d.t.}{\frac{P}{C} \cdot N \cdot \Phi \cdot n}$$

Ecuación de la intensidad:

$$I = \frac{U - E}{\sum R}$$

En la ecuación de la velocidad, la c.d.t. hace referencia a la producida en las escobillas, en el devanado inducido y en los devanados en serie con este (polos auxiliares y devanado serie). En la ecuación de la intensidad, $\sum$R hace referencia a las resistencias de inducido, polos auxiliares y devanado serie.

De las ecuaciones anteriores se deduce que, indistintamente del tipo de excitación, el par es proporcional a la intensidad y la velocidad es, prácticamente, proporcional a la tensión. De ello se deduce que, en general, la variación de velocidad del motor de c.c. es muy fácil, para ello solo hay que variar la tensión de alimentación, lo que tecnológicamente es muy sencillo. Esta es la razón por la que ha sido el motor más utilizado, hasta hace algunos años, en aplicaciones en las que era necesario la variación de la velocidad. No obstante, en la actualidad, gracias al avance de la electrónica de potencia y de los microprocesadores, es posible variar la frecuencia de forma bastante sencilla a escala industrial, por lo que la máquina de inducción, mucho más barata que la de continua, está sustituyéndola.

Respecto de la ecuación de la intensidad, hay que tener presente que, en el arranque, cuando la f.e.m. es nula por serlo la velocidad, la corriente es muy elevada por lo que es necesario reducirla limitando la tensión. Sin embargo, hay que tener en cuenta que el par será elevado, ya que depende directamente de la corriente, por lo que, si la máquina absorbe en este instante el doble de corriente que la nominal, el par también será, como mínimo, el doble del nominal.

De las ecuaciones anteriores se deducen las características exteriores (par en función de la velocidad) de las diferentes máquinas (Figura 13.8) que, desde el punto de vista mecánico, son las más interesantes.

La máquina con excitación derivación o con imanes permanentes tiene una característica de velocidad prácticamente constante, ya que, al aumentar el par, lo hace la corriente y, por tanto, aumenta la c.d.t. reduciendo la velocidad. En una máquina con excitación compuesta, si se compensa la disminución del numerador de la ecuación de la velocidad, por motivo del aumente de la c.d.t. con una disminución del flujo, producido por la oposición del devanado de excitación serie, se consigue una velocidad independiente del par. La máquina con excitación serie es la más inestable, ya que, si el par es reducido, lo es la corriente y el flujo que está en el denominador de la ecuación de la velocidad, por lo que esta última será muy elevada, y al contrario, con pares elevados, la intensidad y el flujo también lo serán, por lo que disminuye la velocidad.

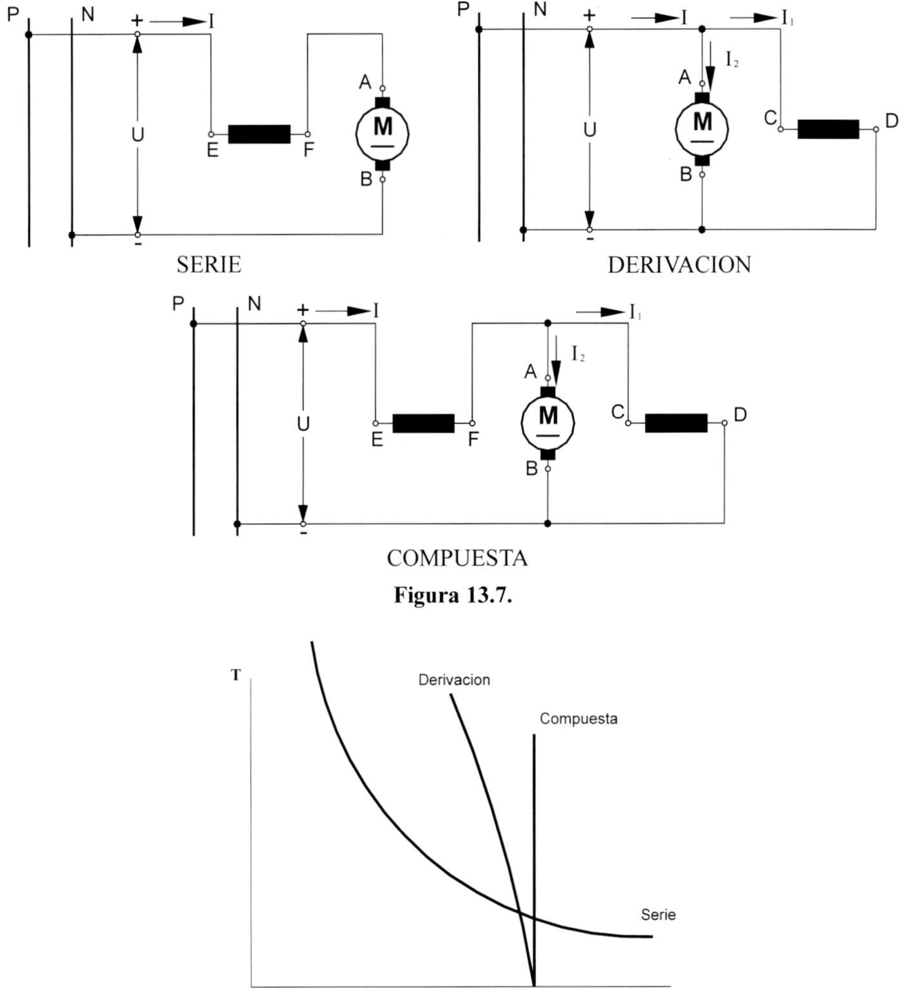

Figura 13.7.

Figura 13.8.

13.5. Elección de las máquinas de c.c. y servos

Los límites de funcionamiento de las máquinas eléctricas quedan determinados por la temperatura que pueden soportar las partes mas débiles a estos efectos, que son los dieléctricos. En consecuencia, la potencia nominal de una máquina establece la máxima potencia que puede proporcionar de forma indefinida. Pero si una máquina trabaja en regímenes variables, esto es, durante un tiempo determinado desarrolla una potencia, posteriormente otra diferente, a continuación se para, y así progresivamente, en alguno de estos intervalos podría proporcionar una potencia superior a la nominal sin llegar a un calentamiento excesivo. Este hecho se justifica debido a que, en el tiempo de suministrar potencia por encima de la nominal, aunque se produciría una velocidad de calentamiento elevada, no llegaría a la temperatura máxima y, si posteriormente parase se enfriaría o, incluso si funciona a un régimen de potencia bajo, también se puede dar el caso de enfriamiento.

Ciclos de estas características se pueden encontrar en los motores de los ascensores, que continuamente están en funcionamiento, con diferentes potencias, según las personas que ocupan el ascensor, o parándose para recoger o dejar personas. También es el caso de las máquinas herramientas, que realizan el trabajo de perforación, fresado, torneado… y posteriormente paran para cambiar de herramienta o de pieza a fabricar.

De modo que para seleccionar la máquina eléctrica que realizara un ciclo de trabajo determinado, lo que se debe comprobar es que la temperatura que alcance tras la realización de numerosos ciclos de trabajo sea inferior a la máxima soportada por los aislamientos. Es decir, si la máquina funciona de forma indefinida consumiendo su intensidad nominal I_N, en ella se producirá un calentamiento, llegando a una temperatura determinada, esta debe ser igual o superior a la que se produciría en ella realizando el ciclo de trabajo con diferentes pares y tiempos.

En las máquinas a las que nos referimos, servos o de c.c., se puede decir que el par es proporcional a la intensidad y la energía perdida proporcional al tiempo y al cuadrado de la intensidad:

Supóngase que la máquina realiza un ciclo de trabajo tal que durante el tiempo t_1 absorbe la intensidad I_1, durante el tiempo t_2 la intensidad $I_{2\ldots\ldots}$ durante el tiempo t_n la intensidad $I_{n.}$ y así hasta completar un ciclo de trabajo que repetirá numerosas veces. La energía perdida en ese ciclo será:

$$W = R \cdot {I_1}^2 \cdot t_1 + R \cdot {I_2}^2 \cdot t_2 + \ldots + R \cdot I_n^2 \cdot t_n$$

Siendo R la resistencia del inducido por la que pasan las diferentes intensidades. Como el par es proporcional a la intensidad (T=K I), la expresión anterior se puede poner como:

$$W = \frac{R}{K^2} \cdot T_1^2 \cdot t_1 + \frac{R}{K^2} \cdot T_2^2 \cdot t_2 + \ldots + \frac{R}{K^2} \cdot T_n^2 \cdot t_n = K'\left(\sum T_i^2 \cdot t_i \right)$$

Llamando I_c a la intensidad que al circular por la máquina produjera el mismo calentamiento:

$$W = R \cdot I_c^2 \cdot (t_1 + t_2 + \ldots + t_n) = \frac{R}{K^2} \cdot T_c^2 \cdot (t_1 + t_2 + \ldots + t_n) = K' \cdot T_c^2 \cdot \sum t_i$$

Igualando las energías perdidas:

$$K' \cdot \sum (T_i^2 \cdot t_i) = K' \cdot T_c^2 \cdot \sum t_i$$

$$T_c = \sqrt{\frac{\sum (T_i^2 \cdot t_i)}{\sum t_i}}$$

Lo que significa que desarrollando el par T_c durante todo el ciclo de trabajo, se produce el mismo calentamiento que haciendo el ciclo de trabajo indicado con diversos pares y tiempos.

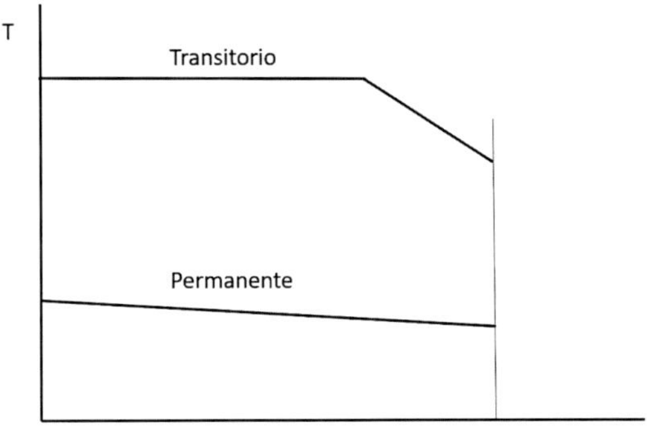

Figura 13.9.

La Figura 13.9 corresponde a las curvas características que ofrecen los fabricantes de servomotores. Son dos características de par con velocidad angular. La que se ha denominado "permanente" corresponde al limite de funcionamiento de la máquina de forma indefinida. Esto es, en cualquiera de los puntos por debajo de esta característica puede funcionar el motor por tiempo indefinido. Y por debajo de la característica denominada "transitorio" puede funcionar el motor durante un tiempo limitado.

Así pues, para seleccionar el motor, una vez conocido el ciclo de trabajo se deberá calcular el para medio cuadrático, T_c, este valor tiene que estar por debajo de la característica "permanente" y cualquier par T_i, con la velocidad correspondiente, deberá estar por debajo de la característica "transitorio".

Problemas tema 13

Problema 13.1. Un servomotor debe realizar el siguiente ciclo de trabajo:

- Arranque de 0 a 2500 r/m en 0,5 segundos
- Funcionamiento a velocidad constante de 2500 r/m durante 2 segundos accionando un mecanismo que requiere un par de 12 Nm
- Frenada de 2500 r/m a 0 en 0,8 segundos.
- Parada durante 7,5 segundos.

La inercia del conjunto de elementos móviles que acciona el motor es de 0,08 kgm^2, que se considerará solamente en los tiempos de arranques y frenadas. Determinar:

1. El par requerido en cada parte del ciclo de trabajo.
2. El par cuadrático medio y el servomotor más adecuado de los adjuntados en las siguientes figuras.

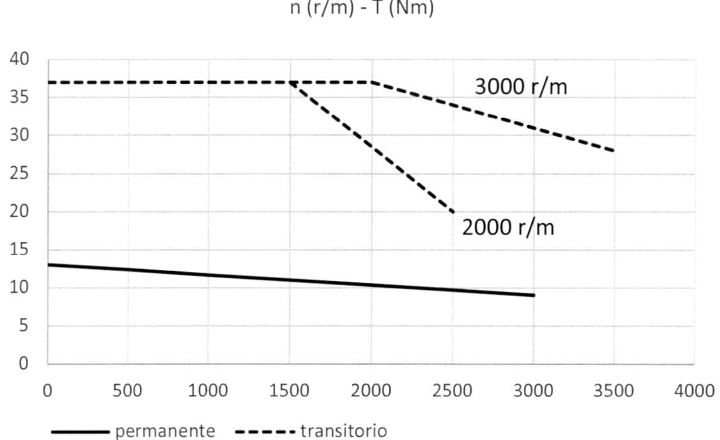

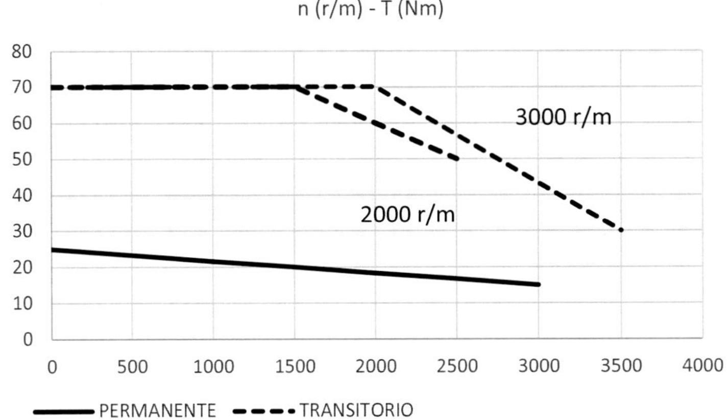

$$T = J \cdot \alpha$$

$$\alpha_{arranque} = \frac{V}{t} = \frac{\frac{2500 \cdot 2 \cdot \pi}{60}}{0{,}5} = 523{,}6 \text{ r/s}^2$$

$$T_{arranque} = 0{,}08 \text{ kgm}^2 \cdot 523{,}6 \text{ r/s}^2 = 41{,}88 \text{ Nm}$$

$$\alpha_{freno} = \frac{V}{t} = \frac{\frac{2500 \cdot 2 \cdot \pi}{60}}{0{,}8} = 327{,}3 \text{ r/s}^2$$

$$T_{freno} = 0{,}08 \text{ kgm}^2 \cdot 327{,}3 \text{ r/s}^2 = 26{,}18 \text{ Nm}$$

Régimen permanente 12 Nm

$$T_m = \sqrt{\frac{T_a^{\,2} \cdot t_a + T_{rp}^{\,2} \cdot t_{rp} + T_f^{\,2} \cdot t_f}{\sum t_i}} = \sqrt{\frac{41{,}88^2 \cdot 0{,}5 + 12^2 \cdot 2 + 26{,}18^2 \cdot 0{,}8}{0{,}5 + 2 + 0{,}8 + 7{,}5}} = 12{,}59\text{Nm}$$

Motor apropiado el que se corresponde con la segunda gráfica

Problema 13.2. Un servomotor debe realizar el siguiente ciclo de trabajo:

- Arranque de 0 a 4500 r/m en 1 segundo.
- Funcionamiento a velocidad constante durante 4 segundos accionando un mecanismo que requiere un par de 12 Nm
- Frenada de 4500 r/m a 0 en 1,2 segundos.
- Parada durante 3 segundos.

La inercia del conjunto de elementos móviles que acciona el motor es de 0,08 kgm^2, que se considerará solamente en los tiempos de arranques y frenadas.

Determinar:

1. El par requerido en cada parte del ciclo de trabajo.
2. El par cuadrático medio.

$$T = J \cdot \alpha$$

$$\alpha_{arranque} = \frac{V}{t} = \frac{\frac{4500 \cdot 2 \cdot \pi}{60}}{1} = 471{,}2 \text{ r/s}^2$$

$$T_{arranque} = 0{,}08 \text{ kgm}^2 \cdot 471{,}2 \text{ r/s}^2 = 37{,}7 \text{ Nm}$$

$$\alpha_{freno} = \frac{V}{t} = \frac{\frac{4500 \cdot 2 \cdot \pi}{60}}{1{,}2} = 392{,}7 \text{ r/s}^2$$

$$T_{freno} = 0{,}08 \text{ kgm}^2 \cdot 392{,}7 \text{ r/s}^2 = 31{,}4 \text{ Nm}$$

Régimen permanente 12 Nm

$$T_m = \sqrt{\frac{T_a^2 \cdot t_a + T_{rp}^2 \cdot t_{rp} + T_f^2 \cdot t_f}{\sum t_i}} = \sqrt{\frac{37{,}7^2 \cdot 1 + 12^2 \cdot 4 + 31{,}4^2 \cdot 1{,}2}{1 + 4 + 1{,}2 + 3}} = 18{,}59\text{Nm}$$

Problema 13.3. El servomotor cuya gráfica de funcionamiento se adjunta debe realizar el siguiente ciclo de trabajo:

- Arranque de 0 a 3500 r/m en 0,4 segundos
- Funcionamiento a velocidad constante de 3500 r/m durante 4 segundos accionando un mecanismo que requiere un par de 2,5 Nm
- Frenada de 3500 r/m a 0 en 0,55 segundos.
- Parada durante 4 segundos.

La inercia del conjunto de elementos móviles que acciona el motor es de 0,02 kgm^2, y la del servo de $11{,}3 \cdot 10^{-4}$ kgm^2

Determinar:

1. El par requerido en cada parte del ciclo de trabajo y el par cuadrático medio.
2. Justificar si puede utilizarse el motor previsto.

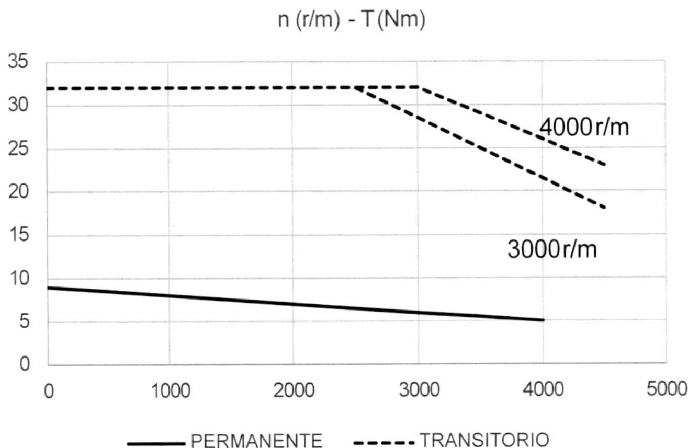

Ap. 1

Arranque

$$T = J \cdot \alpha$$

$$\alpha_a = \frac{V}{t} = \frac{\frac{3500 \cdot 2 \cdot \pi}{60}}{0{,}4} = 916 \text{ r/s}^2$$

$$T_a = (0{,}02 \text{ kgm}^2 + 11{,}3 \cdot 10^{-4}) \cdot 916 \text{ r/s}^2 = 19{,}35 \text{ Nm}$$

en deceleración:

$$\alpha_a = \frac{V}{t} = \frac{\frac{3500 \cdot 2 \cdot \pi}{60}}{0{,}55} = 666 \text{ r/s}^2$$

$$T_a = (0{,}02 \text{ kgm}^2 + 11{,}3 \cdot 10^{-4}) \cdot 666 \text{ r/s}^2 = 14{,}1 \text{ Nm}$$

El par medio cuadrático del ciclo es:

$$T_m = \sqrt{\frac{T_a^2 \cdot t_a + T_{rp}^2 \cdot t_{rp} + T_f^2 \cdot t_f}{\sum t_i}} = \sqrt{\frac{19{,}35^2 \cdot 0{,}4 + 2{,}5^2 \cdot 4 + 14{,}1^2 \cdot 0{,}55}{0{,}4 + 4 + 0{,}55 + 4}} = 5{,}6 \text{ Nm}$$

Ap. 2

En régimen de arranque y frenado, así como en el de trabajo los pares quedan dentro de la gráfica, el cuadrático medio queda muy ajustado, pero en el interior, por lo que sí que podría utilizarse el motor.

Problema 13.4. El servomotor de 3000 r/m, cuya gráfica se adjunta, tiene un momento de inercia del rotor de $22 \cdot 10^{-4}$ kgm^2 y debe accionar un mecanismo con momento de inercia de $185 \cdot 10^{-4}$ kgm^2 que requiere un par de 8 Nm a la velocidad de 2000 r/m. El mecanismo debe de funcionar en cada ciclo durante 4 segundos suministrando el par indicado. Calcular:

1. El mínimo tiempo de arranque y frenado, suponiendo que en estos procesos no se incluye el par de 8 Nm requerido por el accionamiento.
2. El mínimo tiempo de parada entre ciclos.

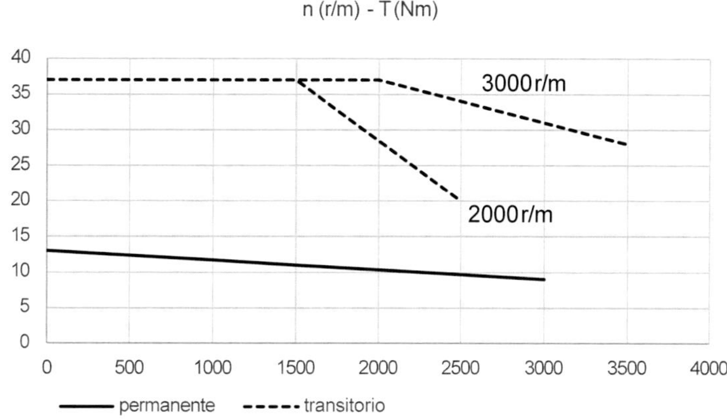

Ap. 1

El par máximo de régimen transitorio es de 37 Nm, luego la aceleración:

$$\alpha = \frac{T}{\sum J} = \frac{37}{(185 + 22)10^{-4}} = 1787 \ rad/s^2$$

Y los tiempos de arranque y frenada:

$$t = \frac{V_f - V_i}{\alpha} = \frac{2 \cdot \pi \cdot 2000/60}{1787} = 0{,}117 \text{ s}$$

Ap. 2

Y el par medio cuadrático de 10 Nm

$$T_m = \sqrt{\frac{\sum T_i^2 t_i}{\sum T_i}} = \sqrt{\frac{37^2 \cdot 0{,}117 + 37^2 \cdot 0{,}117 + 8^2 \cdot 4}{\sum T_i}} = 10$$

Luego

$$\sum T_i = 5{,}76 \text{ s} \Longrightarrow t_{parada} = 5{,}76 - 0{,}117 - 0{,}117 - 4 = 1{,}53 \text{ seg}$$

Problema 13.5. Un servomotor eléctrico debe de realizar, de forma indefinida, el siguiente ciclo de trabajo: Arranque en 0,2 s, funcionamiento en régimen estable durante 4 segundos produciendo un par de 12 Nm a la velocidad de 2000 r/m, frenado eléctrico durante 0,15 s y parada durante 2 segundos. Durante el tiempo de arranque y de frenado no está presente el par de régimen estable. La inercia del sistema accionado es de $2\cdot10^{-2}$ kgm^2

Para realizar este trabajo se quiere utilizar un servomotor de 3000 r/m que tiene un momento de inercia del rotor de $22\cdot10^{-4}$ kgm^2 y cuya característica par-velocidad se presenta en el problema P13.4. Justificar si el servomotor seleccionado es válido para la aplicación indicada.

Ap. 1

La aceleración y deceleración en los tiempos de arranque y frenada son:

$$\alpha_a = \frac{V_f - V_i}{t} = \frac{2\cdot\pi\cdot\frac{2000}{60} - 0}{0{,}2} = 1047 \text{ rad/s}^2$$

$$\alpha_f = \frac{V_f - V_i}{t} = \frac{0 - 2\cdot\pi\cdot 2000/60}{0{,}15} = -1396 \text{ rad/s}^2$$

El par requerido en ambos casos:

$$T_a = \sum J\cdot\alpha = (200 + 22)10^{-4}\cdot 1047 = 23{,}24 \text{ Nm}$$

$$T_f = \sum J\cdot\alpha = (200 + 22)\,10^{-4}\cdot(-1396) = -31{,}00 \text{ Nm}$$

Por tanto, cumple

Y el par medio cuadrático medio:

$$T_m = \sqrt{\frac{\sum T_i^2 t_i}{\sum T_i}} = \sqrt{\frac{23{,}24^2\cdot 02 + (-31)^2\cdot 0{,}15 + 12^2\cdot 4}{2 + 4 + 0{,}15 + 0{,}2}} = 11{,}42 \text{ Nm}$$

Por encima de 10, no cumple por lo que el servomotor no es válido.

Problema 13.6. El servomotor eléctrico de 3000 r/m que tiene un momento de inercia del rotor de $22\cdot10^{-4}$ kgm^2 y cuya característica par-velocidad se presenta en la figura del problema P13.4 , debe de realizar, de forma indefinida, el siguiente ciclo de trabajo: Arranque (de 0 a 2000 r/m) con un par de 35 Nm, funcionamiento en régimen estable durante 4 segundos produciendo un par de 12 Nm a la velocidad de 2000 r/m, frenado eléctrico con un par de 35 Nm y parada. Durante el tiempo de arranque y de frenado no está presente el par de régimen estable. La inercia del sistema accionado es de $2\cdot10^{-2}$ kgm^2.

Calcular el mínimo tiempo de parada entre ciclos que posibilite la utilización del servomotor.

$$T = \sum J \cdot \alpha = (200 + 22)10^{-4} \cdot \alpha = 35 \text{ Nm}$$

$$\alpha = 1576 \, m/s^2$$

$$t = \frac{V}{a} = \frac{2 \cdot \pi \cdot 2000/60}{1576} = 0{,}1328 \text{ s}$$

Y el par medio cuadrático medio:

$$T_m = \sqrt{\frac{\sum T_i^2 t_i}{\sum T_i}} = \sqrt{\frac{2 \cdot 35^2 \cdot 0{,}1328 + 12^2 \cdot 4}{t_p + 4 + 2 \cdot 0{,}1328}} = 10 \text{ Nm} \rightarrow t_p = 4{,}75 \text{ seg}$$

Problema 13.7. Un motor *brushless* con par nominal de 10 Nm y máximo de 25 Nm debe realizar un ciclo de trabajo consistente en acelerar en 0,3 segundos hasta la velocidad de 2500 r/m, funcionar a par contante de 6 Nm durante 2 segundos, frenar eléctricamente en 0,4 segundos y parar durante 1 segundo. La inercia del mecanismo es de 0,02 kgm^2 y la del motor de 0,005 kgm^2. Justificar si el motor sirve para la aplicación indicada.

$$\alpha_1 = \frac{V}{t} = \frac{2 \cdot \pi \cdot 2500/60}{0{,}3} = 872{,}7\frac{r}{s^2} \qquad T_1 = \alpha_1 \cdot J = 827{,}7 \cdot 0{,}025 = 21{,}8 \text{ Nm}$$

$$\alpha_2 = \frac{V}{t} = \frac{2 \cdot \pi \cdot 2500/60}{0{,}4} = 654{,}5\frac{r}{s^2} \qquad T_2 = \alpha_2 \cdot J = 654{,}5 \cdot 0{,}025 = 16{,}4 \text{ Nm}$$

$$T_m = \sqrt{\frac{\sum T_i^2 t_i}{\sum T_i}} = \sqrt{\frac{21{,}8^2 \cdot 0{,}3 + 6^2 \cdot 2 + 16{,}4^2 \cdot 0{,}4}{0{,}3 + 2 + 0{,}4 + 1}} = 9{,}33 \text{ Nm}$$

El motor es adecuado, ya que el par de arranque y frenado están por debajo de 25 Nm y el cuadrático medio por debajo de 10 Nm.

Problema 13.8. Un servomotor, cuya característica se indica en el problema P13.4, debe realizar el siguiente ciclo de trabajo:

- Arranque de 0 a 3500 r/m en 0,4 segundos
- Funcionamiento a velocidad constante de 3500 r/m durante 4 segundos accionando un mecanismo que requiere un par de 3 Nm
- Frenada de 3500 r/m a 0 en 0,3 segundos.

La inercia del conjunto de elementos móviles que acciona el motor es de 0,02 kgm^2, y la del servo de $11{,}3 \cdot 10^{-4}$ kgm^2

Determinar:

1. El par requerido en el arranque y frenada y cuál de los dos motores indicados podría utilizarse.
2. El tiempo mínimo de parada para que pueda ser utilizado el motor previsto en el apartado anterior.

Ap. 1

Arranque

$$T = J \cdot \alpha$$

$$\alpha_a = \frac{V}{t} = \frac{\frac{3500 \cdot 2 \cdot \pi}{60}}{0,4} = 916 \text{ r/s}^2$$

$$T_a = (0,02 \text{ kgm}^2 + 11,3 \cdot 10^{-4}) \cdot 916 \text{ r/s}^2 = 19,35\text{Nm}$$

En deceleración:

$$\alpha_a = \frac{V}{t} = \frac{\frac{3500 \cdot 2 \cdot \pi}{60}}{0,3} = 1221 \text{ r/s}^2$$

$$T_f = (0,02 \text{ kgm}^2 + 11,3 \cdot 10^{-4}) \cdot 1221 \text{ r/s}^2 = 25,8 \text{ Nm}$$

Se deberá utilizar el motor de 4000 r/m.

Ap. 2

El par medio cuadrático del ciclo es:

$$T_m = \sqrt{\frac{T_a^2 \cdot t_a + T_{rp}^2 \cdot t_{rp} + T_f^2 \cdot t_f}{\sum t_i}} = \sqrt{\frac{19,35^2 \cdot 0,4 + 3^2 \cdot 4 + 25,8^2 \cdot 0,3}{0,4 + 4 + 0,3 + t_p}} = 6,0\text{Nm}$$

$$t_p = 6 \text{ seg}$$

Problema 13.9. El servomotor eléctrico de 4000 r/m, cuya característica se adjunta y que tiene una inercia de $18 \cdot 10^{-4}$ kgm^2, debe de realizar, de forma indefinida, un ciclo de trabajo consistente en arrancar desde cero hasta 3500 r/m, realizar un trabajo de mecanizado durante 5 s para lo que se requiere un par de 5 Nm, frenar eléctricamente y parar para el cambio de pieza. En los tiempos de arranque y de frenado no está presente el par de régimen estable. La herramienta que debe accionar tiene una inercia de $1,5 \cdot 10^{-2}$ kgm^2

Calcular:

1. Los tiempos mínimos de arranque y frenada.
2. El tiempo mínimo de parada.

3. Justificar si sería posible reducir el tiempo total del ciclo y de qué forma se podría hacer.

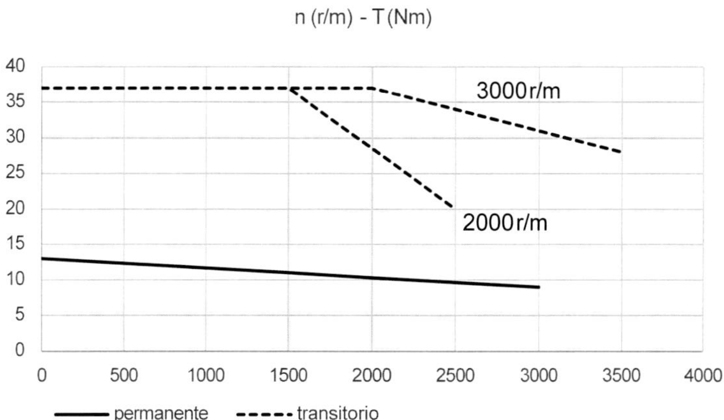

Ap. 1

La aceleración y deceleración máximas en los tiempos de arranque y frenada son:

$$\alpha_a = \alpha_f = \frac{T}{\sum J} = \frac{35}{18\ 10^{-4} + 150\ 10^{-4}} = 2083\ rad/s^2$$

$$t_a = t_f = \frac{V_f - V_i}{\alpha_a} = \frac{2 \cdot \pi \cdot \frac{3500}{60} - 0}{2038} = 0{,}18\ \text{s}$$

Ap. 2

El tiempo mínimo de parada se obtendrá del par medio cuadrático medio:

$$T_m = \sqrt{\frac{\sum T_i^2 t_i}{\sum T_i}} \rightarrow 7\ \text{Nm} = \sqrt{\frac{35^2 \cdot 0{,}18 + 35^2 \cdot 0{,}18 + 5^2 \cdot 5}{0{,}18 + 0{,}18 + 5 + \text{t}_\text{p}}} \rightarrow t_p = 6{,}19$$

Ap. 3

Disminuyendo el par en el arranque y arrancando con menor rapidez se puede disminuir el tiempo total del proceso al disminuir el tiempo de parada.

Problema 13.10. Un servomotor debe de realizar un ciclo trabajo consistente en arrancar desde velocidad cero hasta 3500 r/m, realizar un mecanizado durante 3 segundos para el que se necesita un par de 7 Nm, frenar eléctricamente y, por último, parar para el cambio de pieza durante 2 segundos. El servomotor elegido puede proporcionar un par máximo de 30 Nm y un par permanente de 9 Nm para la velocidad de funcionamiento indicada. La inercia conjunta del mecanismo y motor es de 0,02 kgm^2.

Calcular:

1. Si es posible acelerar y frenar con el par máximo.
2. En caso de que no sea posible, el mínimo tiempo de aceleración y frenada necesarios.

Ap. 1

$$\alpha = \frac{T}{J} = \frac{30}{0{,}02} = 1500\frac{r}{s} \qquad t = \frac{v}{\alpha} = \frac{2 \cdot \pi \cdot 3500}{60 \cdot 1500} = 0{,}244 \text{ s}$$

$$\sqrt{\frac{30^2 \cdot 0{,}244 \cdot 2 + 7^2 \cdot 3}{3 + 2 + 2 \cdot 0{,}244}} = 10{,}33 \text{ Nm} > 9 \text{ Nm}$$

Luego, no es posible.

Ap. 2

$$\sqrt{\frac{T_{a,f}^2 \cdot t_{a,f} \cdot 2 + 7^2 \cdot 3}{3 + 2 + 2 \cdot t_{a,f}}} = 9 \text{ Nm} \qquad t = \frac{v}{T_{af}/J} = \frac{2 \cdot \pi \cdot 3500}{60 \cdot T/0{,}02} = \frac{7{,}33}{T_{af}}$$

$$\frac{\frac{7{,}33^2}{t_{a,f}^2} \cdot t_{a,f} \cdot 2 + 7^2 \cdot 3}{3 + 2 + 2 \cdot t_{a,f}} = 81 \rightarrow t_{a,f} = 0{,}34 \text{ s}; \quad T_{af} = 21{,}55 \text{ Nm}$$

Problema 13.11. El servomotor eléctrico de 3000 r/m, cuya característica se anexa, debe de realizar, de forma indefinida, el siguiente ciclo de trabajo: Arranque de 0 a 2000 r/m en el mínimo tiempo posible, funcionamiento en régimen estable durante 5 segundos produciendo un par de 15 Nm a la velocidad de 2000 r/m, frenado eléctrico de 2000 a 0 r/m durante en el mínimo tiempo posible y parada durante 3 segundos. Durante el tiempo de arranque y de frenado no está presente el par de régimen estable. La inercia del sistema accionado es de $4 \cdot 10^{-2}$ kgm^2, la del rotor del motor de $41 \cdot 10^{-4}$ kgm^2 y la constante de par del motor, $K_t = 2{,}45$ Nm/A. Calcular la intensidad de corriente absorbida en cada parte del ciclo y la posibilidad de utilizar el motor indicado.

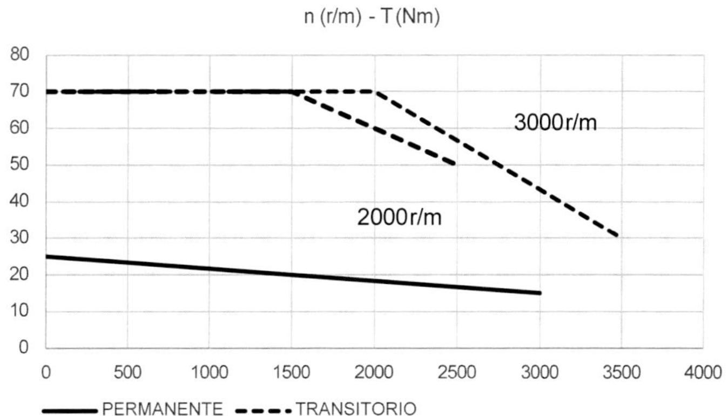

La aceleración y deceleración en los tiempos de arranque y frenado son:

$$\alpha_a = \alpha_f = \frac{T_{max}}{J} = \frac{70}{(400 + 41) \cdot 10^{-4} \cdot} = 1587 \text{ rad/s}^2$$

El tiempo de arranque y frenado:

$$t = \frac{V_f - V_i}{\alpha_f} = \frac{2 \cdot \pi \cdot \frac{2000}{60} - 0}{1587} 0{,}132 \text{ s}$$

Y la intensidad de corriente:

$$I_a = I_f = \frac{T_{max}}{K_t} = \frac{70}{2{,}45} = 28{,}6 \text{ A}; \quad I_{trab} = \frac{T_{trab}}{K_t} = \frac{15}{2{,}45} = 6{,}12 \text{ A}$$

$$T_m = \sqrt{\frac{\sum T_i^2 t_i}{\sum T_i}} = \sqrt{\frac{70^2 \cdot 0{,}132 \cdot 2 + 15^2 \cdot 5}{3 + 5 + 0{,}132 \cdot 2}} = 17{,}1 \text{ Nm}$$

Está por debajo de 18, es el par de régimen permanente correspondiente a esa velocidad.

Problema 13.12. Un motor de c.c. de 10 kW a 220 V y 1500 r/m tiene unas pérdidas en el hierro y por rozamientos de 350 W. La resistencia del devanado de excitación es de 250 Ω, y la conjunta del inducido, polos auxiliares y contactos móviles de 0,25 Ω, se determinará:

1. La intensidad en el inducido para el funcionamiento a plena carga.
2. La velocidad de vacío.
3. El rendimiento.

Ap. 1

La potencia absorbida por el inducido, que es el producto de la tensión por la intensidad en él, se transforma en potencia útil más pérdidas mecánicas, pérdidas en el hierro y pérdidas en los conductores:

$$P_a = P_{rv} + P_{fe} + P_{C2} + P_{Cp} + P_u = UI_2$$

$$350 + 0{,}25 I_2^2 + 10\,000 = 220 I_2$$

resolviendo la ecuación anterior se obtiene:

$$I_2 = 49{,}87 \text{ A}$$

Ap. 2

La relación entre la velocidad en vacío y en carga es la misma que la relación entre las f.e.m.s respectivas, ya que el resto de parámetros de la citada expresión son constantes.

$$n_0 = n\frac{E_o}{E_c} = n\frac{U - (R_2 + R_p)I'_2}{U - (R_2 + R_p)I_2}$$

donde I'_2 es la intensidad en el inducido, cuyo valor es:

$$I'_2 = \frac{P_{rv} + P_{fe}}{U} = \frac{350}{220} = 1{,}59A$$

luego:

$$n_o = 1500\frac{220 - 0{,}25 \cdot 1{,}59}{220 - 0{,}25 \cdot 49{,}87} = 1587{,}24 \text{ r/m}$$

Ap. 3

Las pérdidas en el cobre del devanado inductor son:

$$P_{C1} = R_d I_1^2 = \frac{U^2}{R_1} = \frac{220^2}{250} = 193{,}6W$$

las correspondientes al inducido, polos auxiliares y contactos móviles:

$$P_{C2} + P_{Cp} = (R_2 + R_p)I_2^2 = 0{,}25 \cdot 49{,}87^2 = 621{,}75W$$

por tanto, el rendimiento:

$$\eta = \frac{P_u}{P_u + P_{C1} + P_{C2} + P_{Cp} + P_{rv} + P_{fe}} = \frac{10\,000}{10000 + 193{,}6 + 621{,}75 + 350} = 0{,}8956$$

$$\eta = 89{,}56\%$$

Problema 13.13. Un motor de c.c. derivación de 220 V, es ensayado al freno a su intensidad nominal de 30 A, midiéndose un par de 35 Nm y una velocidad de 1500 r/m. La resistencia del devanado inductor tiene el valor de 320 Ω, la conjunta de inducido y polos auxiliares 0,33 y, la c.d.t. en las escobillas 2 V. Se determinará:

1. La potencia útil y el rendimiento.
2. Las pérdidas eléctricas.
3. Las pérdidas mecánicas y en el hierro.

Solución:

Ap. 1

La potencia útil es el producto del par y la velocidad angular:

$$P_u = 2\pi T n = 2\pi 35 \frac{1500}{60} = 5497{,}8W$$

el rendimiento:

$$\eta = \frac{P_u}{P_a} = \frac{5497{,}8}{220 \cdot 30} = 0{,}833$$

Ap. 2

Las pérdidas en los conductores del devanado inductor:

$$P_{C1} = R_1 I_1{}^2 = \frac{U_2^2}{R_1} = \frac{220^2}{320} = 151{,}3W$$

las del devanado inducido:

$$P_{C2} = R_2 I_2{}^2 = R_2(I - I_1)^2 = 0{,}33\left(30 - \frac{220}{320}\right)^2 = 283{,}5W$$

las pérdidas en las escobillas:

$$P_{esc} = U_e I = 2\left(30 - \frac{220}{320}\right) = 58{,}6W$$

Ap. 3

Mediante un balance de potencias:

$$P_{m,Fe} = P_a - P_u - P_{C1} - P_{C2} - P_{esc} = 220 \cdot 30 - 5497{,}8 - 151{,}3 - 283{,}5 - 58{,}6 = 608{,}8W$$

Problema 13.14. Un motor de corriente continua, excitado en derivación, de 15 kW a 250 V y 1500 r/m tiene una resistencia de inducido de 0,10 Ω, siendo el valor correspondiente al devanado de los polos auxiliares de 0,05 Ω y la del devanado de excitación de 160 Ω. Sabiendo que las pérdidas mecánicas y en el hierro totalizan 550 W, se determinará:

1. La intensidad absorbida a plena carga.
2. Las pérdidas en los diferentes devanados de la máquina.
3. La potencia mecánica máxima.

Ap. 1

Realizando un balance de potencias:

$$UI_2 = P_u + P_{m,Fe} + (R_2 + R_p)I_2^2$$

$$250I_2 = 15000 + 550 + 0{,}15I_2^2$$

$$0{,}15I_2^2 = 250I_2 - 15550 = 0 \rightarrow I_2 = 64{,}71 \text{ A}$$

$$I_1 = \frac{U}{R_1} = \frac{250}{160} = 1{,}56$$

$$I = I_1 + I_2 = 66{,}27A$$

Ap. 2

Por aplicación de la ley de Joule:

$$P_{c1} = R_1 I_1^2 = 160 \cdot 1{,}56^2 = 389{,}4W$$

$$P_{c2} = R_2 I_2^2 = 0{,}1 \cdot 64{,}71^2 = 418{,}74W$$

$$P_{cp} = R_p I_2^2 = 0{,}05 \cdot 64{,}71^2 = 209{,}37W$$

Ap. 3

La condición de P_m máxima es:

$$E = (R_2 + R_p)I_2 \rightarrow E = \frac{U}{2} = 125V$$

$$I_2 = \frac{125}{0.15} = 833.3A$$

$$\hat{P}_m = EI_2 = 125 \cdot 833.3 = 104166W$$

Problema 13.15. Un motor de c.c., con imanes permanentes, de 1,5 kW a 110 V y 3000 r/m tiene un rendimiento del 80 % y la resistencia del devanado inducido es de 0,6 Ω. Se determinará:

1. Las pérdidas mecánicas y en el hierro.
2. El par a régimen nominal.
3. La tensión de alimentación para el funcionamiento a 1000 r/m suministrando un par 1,2 veces el nominal.

Ap. 1

Las pérdidas mecánicas y en el hierro, se obtendrán por un balance energético:

$$P_{m,Fe} = P_{abs} - P_u - P_{c1}$$

$$P_{abs} = \frac{P_u}{\eta} = \frac{1500}{0{,}8} = 1875$$

$$P_{c1} = R \cdot I^2$$

$$I = \frac{P}{\eta \,.\, U} = \frac{1500}{0{,}8 \cdot 110} = 17{,}045$$

$$P_{m,Fe} = 1875 - 1500 - 0{,}6 \cdot 17{,}045^2 = 200{,}7\mathrm{W}$$

Ap. 2

$$T = \frac{P}{\omega} = \frac{1500}{2.\pi \,.\, \frac{3000}{60}} = 4{,}77\,Nm$$

Ap. 3

La tensión se obtiene de la expresión:

$$U = E + R \cdot I$$

En la que la f.e.m. es 1/3 de la de régimen permanente, que a su vez es:

$$E_{rp} = U - R \,.\, I = 110 - 0{,}6 \cdot 17{,}045 = 99{,}27V$$

La intensidad, por ser un motor de imanes permanentes, es proporcional al par, luego será 1,2 veces la nominal:

$$U = \frac{99{,}27}{3} + 0{,}6 \cdot 1{,}2 \cdot 17{,}045 = 45{,}5 \text{ V}$$

Bibliografía

Boldea, I., Nasar, A. (2006). *Electrical Drives*, CRC. https://doi.org/10.1201/9781315368573

Chapman, Stephen J. (2012). *Máquinas Eléctricas.* Mc Graw Hill.

De Doncker, R.W., Pulle, D.W.J., Veltman, A. (2020). *Advanced Electrical Drives: Analysis, Modeling, Control.* 2ª Ed. Springer. https://doi.org/10.1007/978-3-030-48977-9

Fraile Mora, J. (2003) *Máquinas Eléctricas.* Mc Graw Hill.

Gieras, Jacek F. (2017). *Electrical Machines. Fundamentals of electromechanical energy conversion.* CRC.

Gross, C.A. (2007). *Electrical Machines*. CRC.

Hughes, A., Drury, W. (2019). *Electric Motors and Drives*. 5ª Ed. Elsevier Science & Technology.

Ponce, P., Sampé, J. (2008). *Máquinas Eléctricas y técnicas modernas de control.* Alfaomega.

Sanz Feito, J. (2002). *Máquinas Eléctricas*, Pearson.

Serrano Iribarnegaray, L., Martínez Román, J.A. (2017), *Máquinas Eléctricas*, Universitat Politècnica de València. http://hdl.handle.net/10251/77750

Veltman, A., Pulle, D. W., & De Doncker, R. W. (2016). *Fundamentals of electrical drives.* 2ª Ed. Power systems: Springer. https://doi.org/10.1007/978-3-319-29409-4